# 广东湿地植物

# Aquatic and Wetland Plants
# of Guangdong

王瑞江　主编

河南科学技术出版社
·郑州·

**图书在版编目（CIP）数据**

广东湿地植物 / 王瑞江主编 . — 郑州 : 河南科学技术出版社 , 2021.9
ISBN 978-7-5725-0601-7

Ⅰ . ①广… Ⅱ . ①王… Ⅲ . ①沼泽化地－植物－广东－图集 Ⅳ .
① Q948.526.5-64

中国版本图书馆 CIP 数据核字 (2021) 第 186690 号

出版发行：河南科学技术出版社
　　　　　地址：郑州市郑东新区祥盛街 27 号　　邮编：450016
　　　　　电话：（0371）65737028　65788613
　　　　　网址：www.hnstp.cn
策划编辑：杨秀芳
责任编辑：杨秀芳
责任校对：李晓雪
整体设计：张　伟
责任印制：张　巍
印　　刷：河南瑞之光印刷股份有限公司
经　　销：全国新华书店
开　　本：889 mm×1 194 mm　1/16　印张：29　字数：670 千字
版　　次：2021 年 9 月第 1 版　2021 年 9 月第 1 次印刷
定　　价：480.00 元

# 内容简介

　　广东省具有非常丰富的湿地资源。通过文献整理和海岸及内陆江河湖塘等湿地植物资源的野外调查，记录到广东省湿地植物有 112 科 336 属 583 种 9 亚种 17 变种共 609 个种及种下分类群。本书对其中淡水湿地植物 94 科 224 属 402 种 6 亚种 11 变种共 419 个种及种下分类群的形态特征、产地、分布、生境等进行了介绍，每种植物配有精美的图片。这是首部对广东省本土湿地植物资源进行详细介绍的著作，可为将来开展湿地生态恢复和湿地生物多样性保护等提供基础资料。

# **Summary**

Guangdong Province has very rich wetland resources. Based on literature compilation and field investigation to aquatic and wetland plants in the coastal zone and inland rivers, lakes and ponds, etc., we recorded 609 taxa, including 583 species, 9 subspecies and 17 varieties belonging to 112 families and 336 genera, in Guangdong Province. Only the 419 taxa of 402 species, 6 subspecies and 11 varieties growing in inland freshwater wetland are included in this book, and their morphological characters, origin, distribution, and habitat are introduced with excellent pictures as well. It is the first work to present a comprehensive explanation about the aquatic and wetland plants and can provide the basic information for wetland ecological restoration and biodiversity conservation in Guangdong in the future.

# 前言

　　湿地具有蓄水调洪、调节气候、保持水土、净化水质等作用，对于保护生物多样性具有不可替代的生态价值，被称为"地球之肾"。广东省位于我国南部，属低纬度的热带和亚热带季风气候，热量充足、雨量充沛，再加上地形复杂、植被丰富，形成了众多河流湖泊。此外，广东省海岸线长，在河流入海处也形成了大面积的近海与海岸湿地。丰富的湿地植物资源在为经济绿色发展提供保障的同时，其多样性的保护也成了目前最为紧要的问题。

　　对广东省湿地植物的研究可以分成 3 个阶段。第一阶段为 1990 年以前，主要以颜素珠等为代表的研究团队在广东河网地带进行了专门调查，当时调查到的水生植物主要有密刺苦草（*Vallisneria denseserrulata*）、竹叶眼子菜（*Potamogeton wrightii*）、穗状狐尾藻（*Myriophyllum spicatum*）、野芋（*Colocasia esculenta* var. *antiquorum*）、荸荠（*Eleocharis dulcis*）、金银莲花（*Nymphoides indica*）以及红树林植物等。第二阶段为 1990—2005 年，这一阶段是改革发展最早和经济发展最快的时期。1998 年在南澳、深圳、珠海、惠东和阳江等地先后爆发的大面积赤潮开始引起人们对湿地破坏的忧思，而许多江河湖田中的湿地植物也在此期间大面积减少或消亡，如以前的水禾（*Hygroryza aristata*）、茶菱（*Trapella sinensis*）、细果野菱（*Trapa incisa*）和水鳖（*Hydrocharis dubia*）等许多常见种已经在野外绝灭或极度濒危，而外来植物的入侵已经不容忽视。第三阶段为 2006 年至今，这一时期以《广东省红树林恢复发展规划 (2006—2015)》《广东省湿地恢复和发展规划 (2006—2015)》和《广东省湿地保护条例》的制定和实施为标志，拉开了重塑广东湿地大省的序幕。

　　本书主编带领的研究团队自 1994 年参与红树林植物研究之始，长期以来一直关注着广东省湿地植物的生长动态和变化状况。经过近几年对广东省内生长在江河湖田中的湿地植物进行全面调查和整理，形成了完整的广东湿地植物名录。尽管如此，在判定是否为湿地水生植物时仍不可避免存在一些主观性。在种类的排序上，基本遵从了《广东维管植物多样性编目》（王瑞江，2017）的分类处理。调查过程中所采集的植物凭证标本均存放于中国科学院华南植物园标本馆（IBSC）。

　　本书是对广东省海岸的盐碱地湿地植物和内陆的河流、湖泊、沼泽、人工以及农田等淡水湿地植物总体现状的一个总结。在种类特征和图片展示上，本书着重于介绍生长在内陆淡水生态环境中的植物种类，而对生长在近海与海岸湿地的植物，则已于《中国热带海岸带耐盐植物》（王瑞江，2020）进行了介绍。由于湿地中出现的大多数外来入侵植物在以前出版的《广州入侵植物》（王瑞江，2019）一书中曾有说明，故本书也不再赘述。

　　为了更好地保护湿地生物多样性，落实"山水林田湖草是生命共同体"的生态文明思想，截至 2019 年底，广东省已经建立了国际重要湿地 4 处、湿地自然保护区 110 处、湿地公园 254 处，49.24% 的湿地得到了有效管护，为更多湿地生物建立了"伊甸园"。更为可喜的是，为了保护湿地，恢复和修复退化湿地，维护湿地生态功能及生物多样性，保障生态安全，促进生态文明建设，《中华人民共和国湿地保护法（草案）》征求意见稿已经出台，《广东省湿地保护条例》（第 3 次修订版）也已于 2021 年开始施行，相信这些法律和条例的制定和推出，将会对湿地保护起到重要的推动作用。因此，本书的出版可为促进广东省湿地生物多样性资源的保护和管理、加强湿地生态环境的恢复和修复、提高湿地生态服务功能、推进湿地生态文明建设和社会经济的可持续发展、保障生态安全和生物安全提供重要参考。

感谢中国科学院华南植物园陈又生博士、福建师范大学陈炳华副教授、广东省广州市从化区孙观灵老师和黄冠文老师、广东乐昌杨东山十二度水省级自然保护区的邹滨先生、广东南雄小流坑－青嶂山省级自然保护区的钟平生先生、广东省广州市梁丽娟女士、广东省江门市台山市刘悦尧先生、广东广州海珠国家湿地公园谢惠强先生等提供部分植物照片。

中国科学院华南植物园陈忠毅研究员和李泽贤高级工程师在书稿撰写过程中提出了许多宝贵意见和建议，在此一并致谢！

本项目在开展过程中得到了广东省林业局湿地管理处的全面指导，使野外调查工作得以有序进行！

本书的出版得到广东省科技计划项目"广东省湿地水生植物资源科学考察 (2018B030320004)"和广东省野生动物监测救护中心项目"广东重要湿地植物调查"的资助！

由于调查时间及编者知识水平有限，对诸如莎草科、禾本科、蓼科等湿地主要草本植物种类的收录会有遗漏，对湿地植物的认定也存在主观因素，对植物种类的鉴定可能也有偏颇，恳请读者见谅并批评指正！

2021 年 3 月

# 目录

**第一章 广东湿地及湿地植物多样性** ········ 1

一、广东湿地类型 ········ 2
（一）自然湿地 ········ 2
（二）人工湿地 ········ 9
（三）湿地公园 ········ 11

二、湿地植物及其生态学作用 ········ 12
（一）湿地植物的概念和分类 ········ 12
（二）湿地植物的用途与价值 ········ 16
（三）湿地植物的生态学作用和意义 ········ 17
（四）国内外对湿地植物的研究进展 ········ 18

三、广东湿地植物多样性 ········ 19
（一）调查范围和对象 ········ 19
（二）广东湿地植物种类 ········ 19
（三）广东湿地植物物种组成分析 ········ 37
（四）广东湿地植物的濒危状况 ········ 38
（五）广东湿地的入侵植物 ········ 40

四、广东湿地植物保护策略 ········ 44
（一）法律法规的制定与强化实施 ········ 44
（二）提高政府和公众对湿地生态系统的科学保护和修复 ········ 45
（三）加强对湿地水体污染源的治理 ········ 45
（四）加大建设和保护湿地自然保护地力度 ········ 46
（五）建立健全湿地生态监测体系 ········ 47
（六）加强科学研究和国际合作交流 ········ 47

**第二章 广东湿地植物种类详述** ········ 48

一、藻类植物 Algae ········ 49

轮藻科 Characeae ········ 49

二、苔类植物 Liverworts ········ 50
钱苔科 Ricciaceae ········ 50

三、蕨类植物 Ferns ········ 52
（一）木贼科 Equisetaceae ········ 52
（二）瓶尔小草科 Ophioglossaceae ········ 54
（三）紫萁科 Osmundaceae ········ 55
（四）槐叶蘋科 Salviniaceae ········ 57
（五）蘋科 Marsileaceae ········ 62
（六）凤尾蕨科 Pteridaceae ········ 64
（七）蹄盖蕨科 Athyriaceae ········ 65
（八）金星蕨科 Thelypteridaceae ········ 66

四、裸子植物 Gymnosperms ········ 67
柏科 Cupressaceae ········ 67

五、被子植物 Angiospermae ········ 73
（一）莼菜科 Cabombaceae ········ 73
（二）睡莲科 Nymphaeaceae ········ 75
（三）三白草科 Saururaceae ········ 84
（四）樟科 Lauraceae ········ 86
（五）菖蒲科 Acoraceae ········ 87
（六）天南星科 Araceae ········ 88
（七）泽泻科 Alismataceae ········ 101
（八）水鳖科 Hydrocharitaceae ········ 112
（九）水蕹科 Aponogetonaceae ········ 123
（十）眼子菜科 Potamogetonaceae ········ 124
（十一）薯蓣科 Dioscoreaceae ········ 131
（十二）兰科 Orchidaceae ········ 132
（十三）鸢尾科 Iridaceae ········ 134

（十四）石蒜科 Amaryllidaceae ·············· 136
（十五）鸭跖草科 Commelinaceae ·············· 137
（十六）田葱科 Philydraceae ·············· 149
（十七）雨久花科 Pontederiaceae ·············· 150
（十八）芭蕉科 Musaceae ·············· 154
（十九）美人蕉科 Cannaceae ·············· 156
（二十）竹芋科 Marantaceae ·············· 159
（二十一）姜科 Zingiberaceae ·············· 161
（二十二）香蒲科 Typhaceae ·············· 162
（二十三）黄眼草科 Xyridaceae ·············· 165
（二十四）谷精草科 Eriocaulaceae ·············· 166
（二十五）花水藓科 Mayacaceae ·············· 170
（二十六）灯心草科 Juncaceae ·············· 172
（二十七）莎草科 Cyperaceae ·············· 175
（二十八）禾本科 Poaceae ·············· 213
（二十九）金鱼藻科 Ceratophyllaceae ·············· 266
（三十）毛茛科 Ranunculaceae ·············· 267
（三十一）莲科 Nelumbonaceae ·············· 270
（三十二）扯根菜科 Penthoraceae ·············· 271
（三十三）小二仙草科 Haloragaceae ·············· 272
（三十四）豆科 Fabaceae ·············· 276
（三十五）蔷薇科 Rosaceae ·············· 278
（三十六）大麻科 Cannabaceae ·············· 279
（三十七）桑科 Moraceae ·············· 280
（三十八）荨麻科 Urticaceae ·············· 285
（三十九）胡桃科 Juglandaceae ·············· 289
（四十）葫芦科 Cucurbitaceae ·············· 290
（四十一）秋海棠科 Begoniaceae ·············· 291
（四十二）卫矛科 Celastraceae ·············· 292
（四十三）杜英科 Elaeocarpaceae ·············· 293
（四十四）藤黄科 Clusiaceae ·············· 294
（四十五）川苔草科 Podostemaceae ·············· 296
（四十六）沟繁缕科 Elatinaceae ·············· 297
（四十七）杨柳科 Salicaceae ·············· 298
（四十八）大戟科 Euphorbiaceae ·············· 302
（四十九）叶下珠科 Phyllanthaceae ·············· 303
（五十）千屈菜科 Lythraceae ·············· 306
（五十一）柳叶菜科 Onagraceae ·············· 312
（五十二）桃金娘科 Myrtaceae ·············· 316
（五十三）野牡丹科 Melastomataceae ·············· 318
（五十四）无患子科 Sapindaceae ·············· 319
（五十五）楝科 Meliaceae ·············· 320
（五十六）锦葵科 Malvaceae ·············· 321
（五十七）十字花科 Brassicaceae ·············· 324
（五十八）蓼科 Polygonaceae ·············· 330
（五十九）蓝果树科 Nyssaceae ·············· 351
（六十）茅膏菜科 Droseraceae ·············· 352
（六十一）猪笼草科 Nepenthaceae ·············· 355
（六十二）石竹科 Caryophyllaceae ·············· 356
（六十三）苋科 Amaranthaceae ·············· 358
（六十四）落葵科 Basellaceae ·············· 359
（六十五）凤仙花科 Balsaminaceae ·············· 360
（六十六）报春花科 Primulaceae ·············· 363
（六十七）猕猴桃科 Actinidiaceae ·············· 366
（六十八）茜草科 Rubiaceae ·············· 367
（六十九）夹竹桃科 Apocynaceae ·············· 375
（七十）紫草科 Boraginaceae ·············· 376
（七十一）旋花科 Convolvulaceae ·············· 378
（七十二）楔瓣花科 Sphenocleaceae ·············· 379
（七十三）车前科 Plantaginaceae ·············· 380
（七十四）母草科 Linderniaceae ·············· 395
（七十五）爵床科 Acanthaceae ·············· 403
（七十六）狸藻科 Lentibulariaceae ·············· 407
（七十七）唇形科 Lamiaceae ·············· 413
（七十八）通泉草科 Mazaceae ·············· 421
（七十九）桔梗科 Campanulaceae ·············· 422
（八十）花柱草科 Stylidiaceae ·············· 424
（八十一）睡菜科 Menyanthaceae ·············· 425
（八十二）菊科 Asteraceae ·············· 428
（八十三）五加科 Araliaceae ·············· 435
（八十四）伞形科 Apiaceae ·············· 439
参考文献 ·············· 443
中文名索引 ·············· 446
拉丁名索引 ·············· 450

# 第一章

## 广东湿地及湿地植物多样性

# 一、广东湿地类型

湿地与森林、海洋一起并称为全球三大生态系统，不但可以提供粮食、药材和农副产品，还具有蓄水调洪、降解污染、净化水体、调节气候、美化环境和保护生物多样性等重要功能，因此被誉为"地球之肾"。为保护全球湿地及湿地资源，1971 年在伊朗拉姆萨尔召开了湿地及水禽保护国际会议，18 个国家代表共同签署了《关于特别是作为水禽栖息地的国际重要湿地公约》(Convention on Wetlands of International Importance Especially as Waterfowl Habitat)。该公约将湿地定义为"天然或人工、永久或暂时的沼泽地、湿原、泥炭或水域地带，包括静止或流动的淡水、半咸水或咸水水体，以及海洋和低潮时水深不超过 6 m 的浅海水水域"。

湿地是一种多类型、多层次的复杂生态系统，具有水陆过渡性、系统脆弱性、功能多样性和结构复杂性的特征，支撑着独具特色的物种，具有较高生产力，是人类生存和发展的重要保障。因此，湿地已成为众多濒危野生动植物的最后栖息地和繁殖地，是国家生态安全体系的重要组成部分和实现经济与社会可持续发展的重要基础。湿地生态系统所独具的巨大资源潜力和环境调节功能，对人类生存环境、资源利用以及社会经济的可持续发展具有十分重要的意义，因而极具保护与利用价值。

广东省大陆海岸线长达 4 114.3 km，岛屿海岸线长 1 649.5 km，大小海湾 510 多个，大小海岛 759 个，92 条大小河流流入南海（广东省统计局，2010；王瑞江，任海，2017）。漫长的海岸线、星罗棋布的岛礁、纵横交错的河流水道以及大小不一的水库，孕育出 175.34 万 hm² 的湿地（不包括水稻田），其中自然湿地面积有 115.81 万 hm²，人工湿地有 59.53 万 hm²（屈明，胡喻华，2015；许文安，叶冠锋，2015）。

2010 年我国开始实施的湿地分类标准（GB/T 24708—2009）对我国湿地类型的分类系统、分类层次和技术标准进行了规定，为湿地综合调查、监测、管理、评价和保护规划提供了重要依据。此标准参考了湿地国际建议的湿地分类系统并根据我国的实际情况，在综合考虑湿地成因、地貌类型、水文特征、植被类型等基础上，将我国湿地分为三级，其中第 1 级将全国湿地生态系统分为自然湿地和人工湿地两大类。其中，自然湿地分为第 2 级（4 类）和第 3 级（30 类），人工湿地仅划分为第 2 级（12 类）。

广东省的自然湿地包括近海与海岸湿地、河流湿地、湖泊湿地和沼泽湿地，人工湿地则有水库、池塘、运河、输水河、水产养殖场、盐田和水稻田等（郭盛才，2011）。另外，随着人们生态环境保护意识的提高，各级政府加强了生态文明建设，许多湿地公园也因此应运而生，这种基于自然或人工湿地生态系统而产生的湿地，本书将单独作为一类进行说明。

## （一）自然湿地

### 1. 近海与海岸湿地

广东省近海与海岸湿地类型有浅海水域、潮下水生层、珊瑚礁、岩石海岸、沙石海滩、淤泥质海滩、潮间盐水沼泽、红树林、河口水域、河口三角洲/沙洲/沙岛、海岸性咸水湖、海岸性淡水湖。

图 1　广东省恩平市镇海湾海岸红树林湿地

红树林和半红树林植物是生长在河口地区海洋潮间带的一类植物，是近海与海岸湿地植被的重要组成部分（图1）。广东省红树林群落的主要植物种类有秋茄（*Kandelia obovata*）、桐花树（*Aegiceras corniculatum*）等红树植物和水黄皮（*Pongamia pinnata*）、银叶树（*Heritiera littoralis*）等半红树植物。红树林是海岸带最重要的湿地生态系统，所谓"相逢以为路尽头，点化方知土刚生"就是对红树林生态功能的最好写照。

## 2. 河流湿地

河流湿地是河水浅区处发生沼泽化过程而形成的湿地，分为永久性河流和洪泛平原湿地两种类型。

永久性河流是指常年有河水径流的河流，仅包括河床部分。广东省的河流湿地中，永久性河流占绝对多数（图2）。境内大大小小的河流约有2 000条，面积100km²以上的河流有543条，河流顺着地势由北向南流，其中独流入海的有54条，分属七大流域，分别是东江、西江、北江、珠江三角洲水系、韩江、粤东、粤西沿海诸河（曾昭璇，黄伟峰，2001）。

洪泛平原湿地是在丰水季节由洪水泛滥的河滩、河心洲、河谷、季节性泛滥的草地以及常年或季节性被水浸润的内陆三角洲所组成的湿地（图3）。这类湿地主要分布在珠江三角洲和各大河流域中（郭盛才，2011）。

河流浅水区、河滩等区域水流速度比较平缓，适合湿地植物的生长，主要植被有毛蓼（*Polygonum barbatum*）、酸模叶蓼（*Polygonum lapathifolium*）、聚花草（*Floscopa scandens*）、鸭跖草（*Commelina communis*）、

图2　广东省韶关市始兴县境内的北江支流墨江湿地

图3　广东省湛江市吴川市长岐镇梅江河心洲湿地

水龙（*Ludwigia adscendens*）等；河底伴有植物常有苦草（*Vallisneria natans*）、密刺苦草、黑藻（*Hydrilla verticillata*）、竹叶眼子菜、小眼子菜（*Potamogeton pusillus*）、眼子菜（*Potamogeton distinctus*）、光叶眼子菜（*Potamogeton lucens*）、南方眼子菜（*Potamogeton octandrus*）、菹草（*Potamogeton crispus*）等；而水流湍急的河岸常伴有小乔木或灌木生长，如琴叶榕（*Ficus pandurata*）、石榕树（*Ficus abelii*）、水翁（*Syzygium nervosum*）、细叶水团花（*Adina rubella*）等。

### 3. 湖泊湿地

湖泊湿地是湖泊岸边或浅湖发生沼泽化过程而形成的湿地，包括湖泊水体本身，共分为永久性淡水湖、季节性淡水湖、永久性咸水湖和季节性咸水湖 4 大类。广东省只有永久性淡水湖一种湿地类型，全省面积大于 8 hm$^2$ 的永久性淡水湖有 6 处，包括肇庆星湖（图 4）、惠州潼湖、惠州西湖、湛江湖光岩、普宁白坑湖、潮安凤凰山天池等，总面积为 0.15 万 hm$^2$，约占全省湿地总面积的 0.1%（郭盛才，2011）。

湖泊浅区常生长或者栽培一些湿生植物，例如，落羽杉（*Taxodium distichum*）、池杉（*Taxodium distichum* var. *imbricatum*）、水松（*Glyptostrobus pensilis*）等植物。

图 4　广东省肇庆市星湖湿地

图 5　广东省南雄市江头镇云峰山的天然池塘

　　此外,广东省还有面积较小的天然池沼(图 5),这些湿地中生长的浮水和沉水植物(submerged plant)居多,有莼菜(*Brasenia schreberi*)、睡莲(*Nymphaea tetragona*)、水筛(*Blyxa japonica*)等。

## 4. 沼泽湿地

　　广东省沼泽湿地总面积为 3 624 hm²,草本沼泽总面积为 3 328.37 hm²,占 91.80%,主要分布在韶关市曲江区罗坑山地和湛江市吴川市兰石镇附近。

　　罗坑草本沼泽属广东省罗坑鳄蜥国家级自然保护区的核心区域,海拔高度在 1 000m 左右,湿地面积约为 524 hm²(图 6)。沼泽湿地内主要分布着龙师草(*Eleocharis tetraquetra*)、疏蓼(*Polygonum praetermissum*)、长鬃蓼(*Polygonum longisetum*)、长箭叶蓼(*Polygonum hastatosagittatum*)、水蓑衣(*Hygrophila ringens*)、水毛花(*Schoenoplectus mucronatus* subsp. *robustus*)、萤蔺(*Schoenoplectus juncoides*)、长梗柳(*Salix dunnii*)、石龙尾(*Limnophila sessiliflora*)、稗荩(*Sphaerocaryum malaccense*)、半边莲(*Lobelia chinensis*)、三白草(*Houttuynia cordata*)、野慈姑(*Sagittaria trifolia*)、水香薷(*Elsholtzia kachinensis*)、高秆莎草(*Cyperus exaltatus*)等植物。

　　吴川市兰石镇的香根草(*Chrysopogon zizanioides*)沼泽湿地曾经拥有国内面积最大的天然香根草群落。

图 6　广东省韶关市曲江区罗坑鳄蜥国家及自然保护区的沼泽湿地

夏汉平和敖惠修（1998）报道了吴川的香根草群落在 1957 年主要以香根草和牛鞭草（*Hemarthria sibirica*）为主，群落的组成简单，群落总覆盖度一般为 85%~95%，最大可达 100%；群落中还有甜根子草（*Saccharum spontaneum*）、拟高粱（*Sorghum propinquum*）和细柄草（*Capillipedium parviflorum*）等，另外还有少量的有芒鸭嘴草（*Ischaemum aristatum*）、弊草（*Hymenachne assamica*）、圆果雀稗（*Paspalum scrobiculatum* var. *orbiculare*）。而在 1997 年，由于整个湿地受人类活动的影响较大，再加之地形等小环境的变化，原来的香根草植物群落中的香根草，覆盖度仅 10%~15%；下层以牛鞭草为主；在河涌中间有金银莲花（*Nymphoides indica*）；河涌边有弊草、两耳草（*Paspalum conjugatum*）、水蓼（*Polygonum hydropiper*）等；在低洼泛滥积水地，则分布着香根草 - 牛鞭草群落，还有白茅（*Imperata cylindrica*）、狗尾草（*Setaria viridis*）、有芒鸭嘴草、甜根子草等；草丛中间有方叶五月茶（*Antidesma ghaesembilla*）、含羞草（*Mimosa pudica*）、截叶铁扫帚（*Lespedeza cuneata*）等散生小灌木。2020 年 10 月，我们再次到吴川市兰石镇调查，发现原先大面积分布的香根草群落已经基本绝迹，取而代之的是大量湿地被开发成水稻田或因各种原因被弃耕（图 7）。弃耕后的湿地主要生长着弊草和两耳草，偶尔还可见到小面积生长的普通野生稻（*Oryza rufipogon*）（图 8），部分地块种植了莲藕。

图 7　广东省湛江市吴川市兰石镇的沼泽湿地现状

图 8　广东省湛江市吴川市兰石镇的小面积普通野生稻

## （二）人工湿地

### 1. 池塘

人工池塘一般是指人工开发出来的场地，除了养殖鱼、虾、蟹之类的水产品外，还常种植莲（*Nelumbo nucifera*）、芡实（*Euryale ferox*）等经济作物，也常有浮萍、紫萍（*Spirodela polyrrhiza*）、大藻和凤眼蓝（*Eichhornia crassipes*）生长。

另外，公园或居民小区内的池塘对于美化生活环境、改善区域小气候、提供绿化水源、作为禽类栖息地以及珍稀物种保育基地等也具有重要的作用（图9）。

图 9 广东省广州市天河区华南植物园内的人工池塘

### 2. 水库

水库是在山沟或河流的狭口处建造拦河坝形成的人工湖泊，有防洪、蓄水灌溉、供水、发电、养鱼等作用。广东省水库大多分布于丘陵、山地，据不完全统计水库大约有 6 340 个，其中 1 000 hm² 的水库有 13 个，面积共 74 336 hm²，例如，河源新丰江水库、龙川枫树坝水库、鹤地水库、乳源南水水库、惠东白盆珠水库（图10）、高州水库、恩平锦江水库、广州流溪河水库、海丰公平水库、开平大沙河水库、台山大隆洞水库等。由于水库水位常年较深,极少有沉水植物生长,水面上仅见一些漂浮植物,易受大藻和凤眼蓝这两种入侵植物危害。水库浅水区或者周边则适合大部分诸如铺地黍之类的湿生植物生长。

图 10　广东省惠州市惠东白盆珠水库

## 3. 水田

水田常用于种植水稻(*Oryza sativa*)、荸荠、华夏慈姑(*Sagittaria trifolia* subsp. *leucopetala*)、茭(*Zizania latifolia*)等经济作物(图11)。其他常见植物还有水蕨(*Ceratopteris thalictroides*)、母草(*Lindernia crustacea*)和母草属(*Lindernia*)植物等。调查发现,废弃的农田容易形成毛蕨、钻叶紫菀(*Aster subulatus*)、毛草龙(*Ludwigia octovalvis*)、异型莎草、李氏禾、水虱草等单一植物群落。

图 11　广东省惠州市博罗县湖镇的稻田

### 4. 水产养殖场

广东省的近海养殖业非常发达，主要集中在珠江三角洲地区和滨海地区。由于对水产品需求量大，导致人工围垦养殖塘数量众多，很多沿海的滩涂被开发为水产养殖场，形成了大面积的人工湿地，使近海与海岸自然湿地的面积大幅度减少，影响了当地的生态环境。养殖者在养殖过程中，追求水产品产量的提高，密集放养、过度投放饵料和渔药，造成养殖水域污染状况严重，对生态环境造成了严重的破坏，而生态环境污染也会导致水产品质量出现问题。

## （三）湿地公园

湿地公园是利用自然或人工湿地，运用湿地生态学原理和湿地恢复技术，借鉴自然湿地生态系统的结构、特征、景观、生态过程进行规划设计、建设和管理的湿地（崔心红，钱又宇，2003）。湿地公园以水为主体、以湿地良好生态环境和多样化的湿地资源为基础、以生态系统保护为核心，具有生态保护、科学研究、观光旅游、科普宣教等多方面功能，也是人类亲水天性在现代生活中的一种表现。

根据湿地公园的内涵和形成过程，湿地公园可分为自然湿地公园和城市湿地公园。自然湿地公园是在湿地自然保护区的基础上，划定一定的范围，建设不同类型的辅助设施，开展生态旅游和生态教育。城市湿地公园是在城市或城市附近利用现有或已退化的湿地，通过人工恢复或重建湿地生态系统，并按照生态学规律来改造、规划和建设，使其成为自然生态系统的一部分（吴江，2005）。由于这两种湿地公园或多或少都有人为建设的因素，因此划分两者的界限并不十分清晰。

根据广东省林业厅于 2016 年 9 月制定的《广东省湿地公园建设指引》，广东省湿地公园的类型主要为河流型、滨海型、湖泊型、沼泽型、河涌型和人工湿地型，在功能分区上一般分为湿地保育区、恢复重建区、宣教展示区、合理利用区和管理服务区。在地理区域上，湿地公园往往也会同自然湿地或人工湿地重叠，如广东省江门市镇海湾红树林国家湿地公园也属于自然湿地中的近海与海岸湿地，乳源南水湖国家湿地公园也属于人工水库湿地。

广东省在近十年间一直把湿地公园建设作为重点工作进行强力推进。目前广东省国家级湿地公园有 27 个，分别是广东星湖国家湿地公园（2005 年）、广东雷州九龙山红树林国家湿地公园（2009 年）、广东乳源南水湖国家湿地公园（2009 年）、广东万绿湖国家湿地公园（2011 年）、广东孔江国家湿地公园（2011 年试点）、广东东江国家湿地公园（2012 年试点）、广东广州海珠国家湿地公园（2012 年试点，图 12）、广东怀集燕都国家湿地公园（2013 年试点）、广东海陵岛红树林国家湿地公园（2014 年试点）、广东郁南大河国家湿地公园（2014 年试点）、广东新丰鲁古河国家湿地公园（2014 年试点）、广东麻涌华阳湖国家湿地公园（2015 年试点，2021 年通过验收）、广东翁源滃江源国家湿地公园（2015 年试点，2021 年通过验收）、广东罗定金银湖国家湿地公园（2015 年试点，2021 年通过验收）、广东中山翠亨国家湿地公园（2015 年试点）、广东花都湖国家湿地公园（2016 年试点）、广东开平孔雀湖国家湿地公园（2016 年试点）、广东阳东寿长河国家湿地公园（2016 年试点）、广东新会小鸟天堂国家湿地公园（2016 年试点）、广东四会绥江国家湿地公园（2016 年试点）、广东连南瑶排梯田国家湿地公园（2016 年试点）、广东深圳华侨城国家湿地公园（2016 年试点，2021 年通过验收）、广东惠州潼湖国家湿地公园（2017 年试点）、广东南澳金沙岛国家湿地公园（2017 年试点）、广东三水云东海国家湿地公园（2017 年试点）、广东珠海横琴国家湿地公园（2017 年试点）和广东镇海湾红树林国家湿地公园（2017 年试点）。这些湿

图 12　广东广州海珠国家湿地公园

地公园大部分是基于自然湿地并加以建设辅助设施而成立的，可认为是自然湿地，也可认为是人工湿地。

郭亚男等（2020）对广州地区 20 个湿地公园的植物进行了实地调查。结果表明，调查区域共有 205 种湿地水生植物。对植物物种组成及其特点进行分析后得出，湿地公园的植物群落结构比较简单，主要以栽培草本植物为主，而以乔木和灌木为代表的木本植物种类相对较少，且重复率高，其中落羽杉、池杉、水松、水石榕（*Elaeocarpus hainanensis*）的应用率很高。在这些常用种中，引进的外来植物较多，在乔木层表现不明显，但在灌木和草本中表现尤为突出。主要植物种类同质化现象很严重，保护和珍稀植物种类应用较少等，因此建议和推荐本土珍稀或濒危湿地植物作为广州市湿地公园进行生态改造和景观配置的候选物种，同时湿地公园也可作为开展湿地濒危植物保护的基地。

# 二、湿地植物及其生态学作用

## （一）湿地植物的概念和分类

植物在长期的进化过程中，适应了含有不同水分的土壤环境，从而形成了不同类型的植物种类。根据植物对水分的需求量、依赖程度和专一性的不同，可以将植物大致分成陆生植物、水生植物以及介于陆生和水生之间的两栖植物（amphibious plant）（梁士楚，2011）。

广义的湿地植物（wetland plant）是指所有能在湿地环境中生长的植物，主要包括既能在陆生环境生长又能在水生环境生长的两栖植物、既能在湿生环境生长又能在中生环境（mesophytic environment）生长的半湿生植物（semi-hygrophilous plant）、一定要长期生长在湿生环境中而不能忍受长时间的水分不足的湿生植物（hygrophilous plant）和在水中能长期正常生长的水生植物（aquatic plant）。水生植物可根据植物体在水中的深度和开花时的生长状态分成四大类，即沉水植物、漂浮植物（free-floating plant）、浮叶植物（floating plant）和挺水植物（emgered plant）（叶彦等，2015）。

## 1. 两栖植物

这类植物具有水陆两栖的特征，因而适应性较广，如落羽杉、水松、池杉等。但由于水生和陆生环境的不同，有些植物在形态上常存在着明显的差异，或者具有适应陆生和水生环境的一些特殊结构。

## 2. 半湿生植物

这类植物既可以生长在中生环境中，也可以生长在湿生环境中。它们不存在形态差异，如薸菜、野牡丹（*Melastoma malabathricum*）等。

## 3. 湿生植物

这类植物基部通常不被水浸泡，但土壤中的水分必须要充足，能耐受短时间的水淹，甚至长期挺立在水中也能正常生长。湿生植物大多为草本植物，如蕺菜（*Houttuynia cordata*）等。

## 4. 沉水植物

沉水植物是指根系深入水下的土壤中，整个植物体沉没在水面下，或在花期时花部器官露出水面的一类植物。它们对水深的适应性和依赖性最强，主要代表植物有苦草属（*Vallisneria*）、隐棒花属（*Cryptocoryne*）、黑藻属（*Hydrilla*）、水车前属（*Ottelia*）、水筛属（*Blyxa*）、茨藻属（*Najas*）、角果藻（*Zannichellia palustris*）、虾子草（*Nechamandra alternifolia*）、狸藻属（*Utricularia*）、金鱼藻属（*Ceratophyllum*）、狐尾藻属（*Myriophyllum*）等。

图13 广东省始兴县墨江中生长的苦草群落

这些植物生长的适宜水深为1~3 m，如果水太深，光照不到，植物不能进行光合作用就无法生存。沉水植物是最典型的水生植物，植物整体常年沉在水里，仅在开花时露出水面，如眼子菜属（*Potamogeton*）的竹叶眼子菜、菹草和隐棒花属等；也有其他沉水植物，开花时在水底，如苦草（*Vallisneria natans*）(图13)、黑藻、金鱼藻和小茨藻（*Najas minor*）等。

沉水植物对水质的要求很高，水质一旦受污染会降低水的透明度，减弱水下的光照强度，再加上污染物附在植物体上，影响光合作用，从而降低植物的生存率。有一类沉水植物既有沉水叶也有浮水叶，浮水叶能够得到充足的阳光，而不会因为光合作用减弱而死亡，这一类植物对水质要求比完全沉水的植物要低一些，例如，眼子菜、南方眼子菜、浮叶眼子菜（*Potamogeton natans*）等多种能够接触到浅水层的水生植物。

## 5. 漂浮植物

漂浮植物指根不着生于泥中，整个植物体漂浮在水面并且随着水流而移动的一类植物。这类植物的根通常不发达，体内具有发达的通气组织，或具有膨大的叶柄（气囊），以保证与大气进行气体交换。常见的种类如凤眼蓝、槐叶蘋（*Salvinia natans*）、勺叶槐叶蘋（*Salvinia cucullata*）、速生槐叶蘋（*Salvinia molesta*）、满江红（*Azolla pinnata* subsp. *asiatica*）、浮萍、紫萍（图14）、芜萍（*Wolffia arrhiza*）、稀脉浮萍（*Lemna perpusilla*）、水禾、大薸、浮水叶下珠（*Phyllanthus fluitans*）等。漂浮植物喜生于肥沃的水体，具有很强的抗污染能力，能够吸附水体中的重金属离子，可用于净化水质。如紫萍干体对水体中的镉离子具有吸附作用（戴灵鹏等，2009）；凤眼蓝和大薸对废水中的氮、磷、有机物和重金属等都具有很好的净化能力（娄敏等，1999；李军等，

图14　广东省肇庆市沙埔镇池塘中生长的紫萍群落

2003），也可以通过化感作用抑制水华的生长（Wu et al, 2012）；满江红干体可以吸附水体中的锌离子（马海虎等，2009）。漂浮植物既能种植在水域中装饰水体，又能净化水质，但需注意其繁殖速度，过快繁殖会危害水体。例如，凤眼蓝、大藻等植物，能够短时间快速繁殖而覆盖水面，限制水体流动，使水体中的溶氧量减少，抑制浮游生物的生长，破坏水体的生态环境。

## 6. 浮叶植物

浮叶植物，也称为浮水植物，是指植物的根部固着于泥中不会随着水流而移动，且叶浮于水面的水生植物。如具有观赏作用的睡莲属（*Nymphaea*）、水皮莲（*Nymphoides cristata*）等；具有食用价值的芡实、水蕹（*Aponogeton lakhonensis*）、莼菜等。有些浮叶植物会根据水位变化来改变其生活型，例如，南国田字草（*Marsilea minuta*）和蘋（*Marsilea quadrifolia*）在池塘水位深时叶漂浮在水面，当池塘的水干涸时，会适应环境变成挺水植物。

## 7. 挺水植物

挺水植物一般靠近岸边水较浅的地方或潮湿的环境，根系深入水下的土壤中，植物地上部分则立于水面之上。这类植物在空气中的部分具有陆生植物的特征，在水中的部分具有水生植物的特征。

广东省是红树林分布最广、种类最丰富的省份。生长在近海与海岸的红树林植物、半红树植物和滨海湿地植物构成了海岸地区重要的湿地生态系统。广东天然红树林主要的群落类型有白骨壤（*Avicennia marina*）群

图 15　广东省湛江红树林国家级自然保护区内的木榄植物群落

15

落、桐花树群落、秋茄群落、红海兰（*Rhizophora stylosa*）群落、红海兰+秋茄-桐花树+白骨壤群落、秋茄-桐花树群落、木榄（*Bruguiera gymnorhiza*）+秋茄-桐花树群落（图15）、白骨壤+红海兰群落、红海兰+秋茄群落、桐花树+秋茄+老鼠簕群落（*Acanthus ilicifolius*）、桐花树+红海兰+秋茄群落等（黎植权等，2002）。

另外，常见于淡水湿地生境的莲和慈姑属（*Sagittaria*）等大部分种类也是挺水植物。但有时挺水植物和两栖植物也难以截然分开，如芦苇（*Phragmites australis*）、香根草等，这些植物既可以完全生长在陆生环境中，也能适应沼泽地等湿生环境。

## （二）湿地植物的用途与价值

湿地植物具有维持生物多样性、美化环境、净化水质、保护堤岸等功能。梁士楚（2011）主观地将湿地植物资源分成环境保护植物资源、经济植物资源、植物种质资源、珍稀濒危植物资源四大类，但在实际应用中，一种植物可能会兼有几种用途。下面仅对湿地经济植物资源作一简单介绍。

### 1. 药用湿地植物

湿地植物的很多种类都具有药用价值。如香蒲（*Typha orientalis*）在中国有着悠久的药用历史，香蒲花粉在中药上称蒲黄，具有活血化瘀、止血镇痛、通淋的功效。有研究表明，香蒲具有镇痛、抗凝促凝、促进血液循环、降低血脂、防止动脉硬化、抑制高脂血症所致的血管内皮损伤等用途（顾晓涵，2014）。水烛（*Typha angustifolia*）具有与其相同的药用效果。此次野外调查发现，广东当地人常在自家水田地种上一小片水烛，夏天挖出其嫩茎作蔬菜食用或者采集其花粉作药。常用作药用湿地植物的还有水蓑衣、鸭舌草（*Monochoria vaginalis*）、三白草、水龙、泽泻（*Alisma plantago-aquatica*）、蕺菜（*Houttuynia cordata*）、溪黄草（*Isodon serra*）、半边莲、地耳草（*Hypericum japonicum*）等。

### 2. 食用湿地植物

湿地植物还能给人们提供粮食和蔬菜。例如，莲，也叫荷花。它的根状茎——莲藕，可制作成藕夹、凉拌藕片和藕粉。其种子称莲子，具有补脾止泻、止带、益肾涩精等作用，可以做成莲子粥、冰糖莲子羹等。广东省著名的化州糖水中就有一道莲子百合雪耳鸡蛋糖水，由莲子、百合、银耳和鸡蛋制作而成，具有补脑健脾、养胃生津、安神等功效。荷叶可以用来做成茶，荷叶茶具有清凉下火的功效。荸荠，别名马蹄，主要种植在水田、池塘中，既可作水果亦可作蔬菜。韶关乐昌市的马蹄有着数百年的种植历史，尤其北乡产的马蹄更是上品，既有色美肉嫩和爽甜的特点，又有生津、清热解毒的功用。此外，肇庆的芡实在明代已有栽培，是有名的"肇实"产地，其因颗粒大、种仁有明显的蟋蟀纹、断口处凹凸不平、淀粉含量丰富而享誉国内外。另外，菰、慈姑、蕹菜（*Ipomoea aquatica*）、水芹（*Oenanthe javanica*）、欧菱（*Trapa natans*）、莼菜和豆瓣菜（*Nasturtium officinale*）等皆可作为蔬菜食用。

### 3. 景观湿地植物

湿地植物种类丰富，花色、花型、叶色及叶型多样，具有较高的观赏价值，通过优化组合，可形成优美独特的景观，是园林造景的重要材料。现在不仅在湿地公园应用，还在一些风景区、公园和大酒店的人造湖种植湿地植物来美化环境。例如，睡莲品种多样，花大而艳丽，常用来点缀湖面；在湖边种植风车草（*Cyperus involucratus*）和纸莎草（*Cyperus papyrus*）等湿生植物。根据调查发现，广州湿地公园湿地植物的配置模式以草本植物为主，种类较为丰富，主要以再力花（*Thalia dealbata*）、垂花再力花（*Thalia geniculata*）、芦苇等为代表，而以乔木和灌木为代表的木本植物种类相对较少，且重复率高，其中落羽杉、池杉、水石榕的应用率可达 60% 以上。在这些常用种中，引进的外来植物较多，共占 53.85%，在乔木层表现不明显，但在灌木和草本中表现尤为突出（郭亚男等，2020）。

在本土湿地植物中，高大的禾本科植物，如芦苇和卡开芦（*Phragmites karka*）等，均可在湿地公园中用以遮蔽造景，为水生鸟类提供安全的栖息地。中等高度的莎草科植物，如高秆莎草和叠穗莎草（*Cyperus imbricatus*）等，也可成片种在浅水处，形成状如篱笆的小群落。因此，大量开发本土湿地景观植物资源并应用于湿地恢复和建设，对于保障区域生物安全具有重要的意义。

## 4. 其他经济植物

湿地植物的应用价值非常广泛，一种植物往往会有多种用途。如红树林植物除了有防浪护堤、促淤造陆、降解土壤中重金属污染物等基本功能外，有的种类还可以药用、食用；一些湿地植物如普通野生稻，除了可作为牛羊的饲料外，也是重要的农作物野生植物资源等；石龙刍（*Lepironia articulata*）和芦苇这类纤维植物不但可以用来编织床席，其根状茎还可以药用等。

# （三）湿地植物的生态学作用和意义

## 1. 改善湿地生境水质

湿地植物是水体生态系统的重要组成部分，对维持水体的生态平衡起着至关重要的作用。它们可以净化水质，吸收水中的氮、磷及重金属等有害元素及有机污染物，改善水体质量，恢复水体生态功能。有研究表明水葱（*Schoenoplectus tabernaemontani*）能够净化水中的酚类；浮萍能够降解重金属；野慈姑能够去除水体中过半的氮和磷；凤眼蓝的耐污能力极强。沉水植物还可以促进水中悬浮物、污染物质的沉积，并可通过吸收、转化、积累作用降低水中营养盐的含量，从而抑制水体内浮游藻类的生长量，同时能防止底泥的再悬浮，提高水体的透明度（张琰，2014）。

## 2. 湿地生境质量的指示性物种

不同种类的湿地植物对所生长的水域有一定的指示作用。植物的一些基本特征如生长、生存和繁殖情况，可以通过测量得到，而这些结果能直接或者间接反映出某个水域或水体的相应的生态环境指标，显示水体的受污染程度，或者受污染的类型，有利于人们对水质变化的调控（钱永秋等，2009）。

在野外调查中，发现挺水植物耐污能力最强，其次是漂浮植物、浮叶植物、沉水植物。在轻度污染的河流中，常有苦草、竹叶眼子菜、菹草、金鱼藻等沉水植物分布；重度污染的河流中，几乎不会存在沉水植物，仅有一些漂浮植物如凤眼蓝、大薸以及挺水植物群落。

### 3. 保护和美化堤坝河岸

湿地植物种植于水陆地交界处，它的根具有较强的固着能力，能减少地表径流，防止水的侵蚀和冲刷，巩固河岸，为改善生态环境奠定基础。在调查过程中，发现常常种植落羽杉、池杉、水松、芦竹（*Arundo donax*）、风车草、芦苇等挺水植物来巩固河岸，并起到美化环境的作用。而生长在海岸地区的红树林植物有防浪护堤、促淤造陆的功能。

### 4. 保护湿地生物多样性

湿地植物在水体生态系统中担当重要的角色。它们是初级生产者，是许多动物的食物来源。湿地植物不仅可以为动物提供栖息和繁殖地，有些沉水植物还可以通过光合作用，为生活在水中的生物提供呼吸和需要的氧气。湿地动植物以及非生物物质的相互作用和循环往复，使得水体成为具有生命活力的湿地生态环境，从而保护了湿地环境的生物多样性。

## （四）国内外对湿地植物的研究进展

国外对于湿地植物的调查研究相对比较早。在美洲地区，Tarver 等 (1978) 对美国佛罗里达州的湿地水生植物进行了采集和记录；Dalton 等 (1983) 对美国哈佛大学的阿诺德树木园进行了调查，并与 1930 年植物园的工作人员 Palmer 所调查的结果相比较发现，随着时间的推移，环境因素变化导致大量湿地植物物种在不断减少甚至灭绝；Cobms & Drobney (1991) 对美国密苏里河流湿地上的水生植物和湿地植物进行了观察和记录；Caudales (1999) 介绍了波多黎各的湿地植物，并对每个科属和种进行了简要描述；同年，Stutzenbaker (1999) 也对美国墨西哥湾西部的 200 多种湿地植物进行了描述并绘制墨线图；Crow (2000) 介绍北美东北部本土和归化共 1 139 种湿地植物的专著在当时被誉为最全面的湿地植物手册。在亚洲地区，Cook (1996) 描述了在印度以南的喜马拉雅山脉淡水中发现的 660 种维管植物；Ghosh (2010) 也对孟加拉国西部 380 多种湿地水生植物进行了报道。在非洲地区，Cook (2004) 对非洲南部的湿地植物进行研究，共记录了 482 种湿地植物。

在我国，王宁珠等 (1983) 在《中国水生维管束植物图谱》中共记载我国 317 种水生维管束植物。颜素珠 (1983) 编写的《中国水生高等植物图说》共收集了我国水生高等植物 295 种，并简要地论述了水生植物的景观、繁殖、群落类型等。刁正俗 (1990) 主编的《中国水生杂草》共介绍了水生杂草 437 种，并配有写生画、形态特征、生态习性、地理分布、繁殖方法以及防除控制和开发利用等。王辰和王英伟 (2011) 记载并收录了我国常见湿地植物共 365 种，其中大部分种类为我国原生物种，少数种类为我国常见引种栽培的物种。陈耀东等 (2012) 编著的《中国水生植物》介绍了我国 741 种水生植物的栽培简史、繁殖方法等，重点论述了每种水生植物的形态特征、生境、分布、繁殖与栽培、观赏及主要用途等。新出版的《中国湿地植被与植物图鉴》共收录了我国湿地植被 59 个群系 67 个群丛，以及常见的湿地植物 659 种（赵魁义等，2020）。

在广东省，我国第一部地方植物志——《广州植物志》（侯宽昭，1956）对当时广州范围内的所有植物进行了志书性的介绍。后来，暨南大学的颜素珠等自 20 世纪 80 年代开始对广东省的水生植物进行了数十年的专项调查和研究，对广东珠江流域水生维管束植物区系和河网地带水生植被进行了报道（颜素珠等，1988；颜素珠，1989）。袁晓初等 (2018) 对广东省湿地植物的调查结果比较可靠，但是所收录的种类还不十分全面。胡喻华等

（2020）报道了广东省 627 种湿地植物，但对广东省湿地植物多样性现状的了解还不够充分。

# 三、广东湿地植物多样性

## （一）调查范围和对象

本次调查范围主要以广东省内的湿地为主，重点调查了省内的主要河流、湖泊、水库、农田等水体和水陆过渡地带的冲积扇湿地以及近海和海岸地区湿地植物。

调查对象以生长在湿地上的野生植物为主，也包括常见栽培种类和外来入侵植物。本书采用广义湿地植物的概念，即包括了两栖植物、半湿生植物、湿生植物和水生植物。但是，由于植物受到水位的季节性变化、对湿地生境的适应性差异、人为干扰或植物入侵程度的不同等因素的影响，再加上人们对湿地周边植物种类的主观选择以及对植物适应性了解不够等主观因素，当具体到某个物种是否属于哪种类型的湿地植物时，不同学者的认定原则也可能不尽相同。以生长在海滩沙地的禾本科植物鬣刺（*Spinifex littoreus*）为例，袁晓初等（2018）将其排除于湿地植物，而胡喻华等（2020）则将沙石海滩上的耐盐植物均列为湿地植物。因此类植物更倾向于盐生的生物学特性，故本书也没有将其归于湿地植物，而作为耐盐植物收录于《中国热带海岸带耐盐植物》（王瑞江，2020）一书。

另外，由于栽培植物的品种较为繁多，本书未能将其全部进行收录，而只选择了部分植物作为代表种类予以收录。

在收录种类的选择上，由于受到篇幅的限制和避免内容上的重复，本书主要对生长在广东区域淡水环境中的本土湿地植物进行了介绍。对于广东省湿地上生长的入侵植物、海岸和近海的湿地植物则分别在《广州入侵植物》（王瑞江，2019）和《中国热带海岸带耐盐植物》（王瑞江，2020）中进行了介绍，本书基本上不再重复。

## （二）广东湿地植物种类

通过对广东省 288 多个样点的湿地植物进行调查，并结合相关文献和标本资料，确定了广东省湿地植物共有 112 科 336 属 583 种 8 亚种 18 变种，其中 89 种 2 亚种 2 变种为海岸和近海湿地植物，494 种 6 亚种 16 变种为淡水区域的植物（表 1）。广东湿地植物中，本土植物共有 488 种 8 亚种 17 变种，入侵与归化植物有 95 种 1 变种。

需要说明的是，由于调查的深度和广度不够以及有些种类可能已经在野外绝灭等原因，本书目前收录的种类并不代表广东省全部的湿地植物，如本名录中有 40 种 1 亚种 3 变种植物在调查时没有发现其野生种群，由于其中的水鳖和东方茨藻尚有栽培，因此实际调查到的种类有 546 种 7 亚种 15 变种。另外，由于湿地植物中的禾本科和莎草科等植物种类较多，尽管编者尽可能地将调查过程中采集到的植物种类进行收录，但仍会有所遗漏。因此，还有待在后续调查过程中对广东湿地植物种类进行补充和完善。

本书对于植物种类在科级水平的排列主要参考了《广东维管植物多样性编目》（王瑞江，2017），属名按字母顺序排列，种的名称基本遵从了 *Flora of China* 的分类处理。

表 1　广东省湿地植物名录及濒危等级评估

| 科中文名 | 科拉丁名 | 种中文名 | 种拉丁名 | 生活型 | 濒危评估等级 | 描述出处 |
|---|---|---|---|---|---|---|
| 轮藻科 | Characeae | 1. 普生轮藻 ● | *Chara vulgaris* L. | 沉水草本 | LC | 本书 |
| 钱苔科 | Ricciaceae | 2. 叉钱苔 ● | *Riccia fluitans* L. | 漂浮草本 | LC | 本书 |
| 钱苔科 | Ricciaceae | 3. 浮苔 ● | *Ricciocarpus natans* (L.) Corda | 漂浮草本 | LC | 本书 |
| 水韭科 | Isoëtaceae | 4. 中华水韭 ● | *Isoëtes sinensis* Palmer | 直立草本 | RE | 野外未见 |
| 木贼科 | Equisetaceae | 5. 节节草 ● | *Equisetum ramosissimum* Desf. | 直立草本 | LC | 本书 |
| 木贼科 | Equisetaceae | 6. 笔管草 ● | *Equisetum ramosissimum* subsp. *debile* (Roxb. ex Vaucher) Hauke | 直立草本 | LC | 本书 |
| 瓶尔小草科 | Ophioglossaceae | 7. 瓶尔小草 ● | *Ophioglossum vulgatum* L. | 直立草本 | LC | 本书 |
| 紫萁科 | Osmundaceae | 8. 紫萁 ● | *Osmunda japonica* Thunb. | 直立草本 | LC | 本书 |
| 紫萁科 | Osmundaceae | 9. 华南紫萁 ● | *Osmunda vachellii* Hook. | 直立草本 | LC | 本书 |
| 槐叶蘋科 | Salviniaceae | 10. 细叶满江红 ●◆ | *Azolla filiculoides* Lam. | 漂浮草本 | NA | 本书 |
| 槐叶蘋科 | Salviniaceae | 11. 满江红 ● | *Azolla pinnata* R. Br. subsp. *asiatica* R.M.K. Saunders & K. Fowler | 漂浮草本 | LC | 本书 |
| 槐叶蘋科 | Salviniaceae | 12. 勺叶槐叶蘋 ◆■ | *Salvinia cucullata* Roxb. | 漂浮草本 | NA | 本书 |
| 槐叶蘋科 | Salviniaceae | 13. 速生槐叶蘋 ◆ | *Salvinia molesta* D. S. Mitch. | 漂浮草本 | NA | 本书 |
| 槐叶蘋科 | Salviniaceae | 14. 槐叶蘋 ● | *Salvinia natans* (L.) All. | 漂浮草本 | LC | 本书 |
| 蘋科 | Marsileaceae | 15. 南国田字草 ● | *Marsilea minuta* L. | 浮叶草本 | LC | 本书 |
| 蘋科 | Marsileaceae | 16. 蘋 ● | *Marsilea quadrifolia* L. | 浮叶草本 | LC | 本书 |
| 凤尾蕨科 | Pteridaceae | 17. 卤蕨 ●◇ | *Acrostichum aureum* L. | 直立草本 | LC | 王瑞江，2020 |
| 凤尾蕨科 | Pteridaceae | 18. 水蕨 ● | *Ceratopteris thalictroides* (L.) Brongn. | 直立草本 | VU | 本书 |
| 蹄盖蕨科 | Athyriaceae | 19. 食用双盖蕨 ● | *Diplazium esculentum* (Retz.) Sw. | 直立草本 | LC | 本书 |
| 金星蕨科 | Thelypteridaceae | 20. 毛蕨 ● | *Cyclosorus interruptus* (Willd.) H. Ito | 直立草本 | LC | 本书 |
| 柏科 | Cupressaceae | 21. 水松 ● | *Glyptostrobus pensilis* (Staunton ex D. Don) K. Koch | 乔木 | CR | 本书 |
| 柏科 | Cupressaceae | 22. 水杉 ●■ | *Metasequoia glyptostroboides* H. H. Hu & W. C. Cheng | 乔木 | NA | 本书 |
| 柏科 | Cupressaceae | 23. 落羽杉 ◆■ | *Taxodium distichum* (L.) Rich. | 乔木 | LC | 本书 |
| 柏科 | Cupressaceae | 24. 池杉 ◆■ | *Taxodium distichum* var. *imbricatum* (Nutt.) Croom | 乔木 | LC | 本书 |
| 莼菜科 | Cabombaceae | 25. 莼菜 ● | *Brasenia schreberi* J. F. Gmel. | 浮叶草本 | CR | 本书 |
| 莼菜科 | Cabombaceae | 26. 红菊花草 ◆ | *Cabomba furcata* Schult. & Schult. f. | 沉水草本 | NA | 本书 |
| 睡莲科 | Nymphaeaceae | 27. 芡实 ● | *Euryale ferox* Salisb. ex K. D. Koenig & Sims | 浮叶草本 | LC | 本书 |
| 睡莲科 | Nymphaeaceae | 28. 中华萍蓬草 ● | *Nuphar pumila* (Timm) DC. subsp. *sinensis* (Hand.-Mazz.) Padgett | 浮叶草本 | CR | 本书 |
| 睡莲科 | Nymphaeaceae | 29. 日本萍蓬草 ◆■ | *Nuphar japonica* DC. | 直立草本 | LC | 本书 |

| 科中文名 | 科拉丁名 | 种中文名 | 种拉丁名 | 生活型 | 濒危评估等级 | 描述出处 |
|---|---|---|---|---|---|---|
| 睡莲科 | Nymphaeaceae | 30. 白睡莲 ●■ | *Nymphaea alba* L. | 浮叶草本 | NA | 本书 |
| 睡莲科 | Nymphaeaceae | 31. 红睡莲 ●■ | *Nymphaea alba* var. *rubra* Lönnr. | 浮叶草本 | NA | 本书 |
| 睡莲科 | Nymphaeaceae | 32. 柔毛齿叶睡莲 ●■ | *Nymphaea lotus* L. var. *pubescens* (Willd.) Hook.f. & Thomson | 浮叶草本 | NA | 本书 |
| 睡莲科 | Nymphaeaceae | 33. 墨西哥睡莲 ◆■ | *Nymphaea mexicana* Zucc. | 浮叶草本 | NA | 本书 |
| 睡莲科 | Nymphaeaceae | 34. 睡莲 ● | *Nymphaea tetragona* Georgi | 浮叶草本 | CR | 本书 |
| 睡莲科 | Nymphaeaceae | 35. 延药睡莲 ●■ | *Nymphaea nouchali* Burm. f. | 浮叶草本 | NA | 本书 |
| 睡莲科 | Nymphaeaceae | 36. 亚马逊王莲 ◆■ | *Victoria amazonica* (Poepp.) Sowerby | 浮叶草本 | NA | 本书 |
| 睡莲科 | Nymphaeaceae | 37. 克鲁兹王莲 ◆■ | *Victoria cruziana* Orb. | 浮叶草本 | NA | 本书 |
| 三白草科 | Saururaceae | 38. 蕺菜 ● | *Houttuynia cordata* Thunb. | 直立草本 | LC | 本书 |
| 三白草科 | Saururaceae | 39. 三白草 ● | *Saururus chinensis* (Lour.) Baill. | 直立草本 | LC | 本书 |
| 胡椒科 | Piperaceae | 40. 草胡椒 ◆ | *Peperomia pellucida* (L.) Kunth | 直立草本 | NA | 王瑞江，2019 |
| 樟科 | Lauraceae | 41. 潺槁木姜子 ● | *Litsea glutinosa* (Lour.) C. B. Rob. | 乔木 | LC | 本书 |
| 菖蒲科 | Acoraceae | 42. 金钱蒲 ● | *Acorus gramineus* Sol. ex Aiton | 直立草本 | LC | 本书 |
| 天南星科 | Araceae | 43. 尖尾芋 ● | *Alocasia cucullata* (Lour.) G. Don | 直立草本 | LC | 本书 |
| 天南星科 | Araceae | 44. 海芋 ● | *Alocasia odora* (Roxb.) K. Koch | 直立草本 | LC | 本书 |
| 天南星科 | Araceae | 45. 芋 ● | *Colocasia esculenta* (L.) Schott | 直立草本 | LC | 本书 |
| 天南星科 | Araceae | 46. 野芋 ●■ | *Colocasia esculenta* var. *antiquorum* (Schott) C. E. Hubb. & Rehder | 直立草本 | NA | 本书 |
| 天南星科 | Araceae | 47. 旋苞隐棒花 ● | *Cryptocoryne crispatula* Engl. | 沉水草本 | RE | 野外未见 |
| 天南星科 | Araceae | 48. 广西隐棒花 ● | *Cryptocoryne crispatula* var. *balansae* (Gagnep.) N. Jacobsen | 沉水草本 | CR | 本书 |
| 天南星科 | Araceae | 49. 北越隐棒花 ● | *Cryptocoryne crispatula* var. *tonkinensis* (Gagnep.) N. Jacobsen | 沉水草本 | EN | 本书 |
| 天南星科 | Araceae | 50. 刺芋 ● | *Lasia spinosa* (L.) Thwaites | 直立草本 | LC | 本书 |
| 天南星科 | Araceae | 51. 浮萍 ● | *Lemna minor* L. | 漂浮草本 | LC | 本书 |
| 天南星科 | Araceae | 52. 稀脉浮萍 ◆ | *Lemna perpusilla* Torr. | 漂浮草本 | NA | 本书 |
| 天南星科 | Araceae | 53. 大薸 ◆ | *Pistia stratiotes* L. | 漂浮草本 | NA | 本书 |
| 天南星科 | Araceae | 54. 紫萍 ● | *Spirodela polyrrhiza* (L.) Schleid. | 漂浮草本 | LC | 本书 |
| 天南星科 | Araceae | 55. 鞭檐犁头尖 ● | *Typhonium flagelliforme* (Lodd.) Blume | 直立草本 | LC | 本书 |
| 天南星科 | Araceae | 56. 芜萍 ● | *Wolffia arrhiza* (L.) Horkel ex Wimm. | 漂浮草本 | LC | 本书 |
| 天南星科 | Araceae | 57. 紫柄芋 ●◆■ | *Xanthosoma sagittifolium* (L.) Schott | 直立草本 | NA | 本书 |
| 泽泻科 | Alismataceae | 58. 窄叶泽泻 ● | *Alisma canaliculatum* A. Braun & C. D. Bouché | 直立草本 | LC | 本书 |
| 泽泻科 | Alismataceae | 59. 泽泻 ● | *Alisma plantago-aquatica* L. | 直立草本 | DD | 野外未见 |
| 泽泻科 | Alismataceae | 60. 东方泽泻 ● | *Alisma orientale* (Sam.) Juz. | 直立草本 | DD | 野外未见 |
| 泽泻科 | Alismataceae | 61. 宽叶泽苔草 ● | *Caldesia grandis* Sam. | 直立草本 | CR | 本书 |
| 泽泻科 | Alismataceae | 62. 皇冠草 ◆■ | *Echinodorus amazonicus* Rataj | 直立草本 | LC | 本书 |
| 泽泻科 | Alismataceae | 63. 水金英 ◆■ | *Hydrocleys nymphoides* (Willd.) Buchenau | 浮叶草本 | LC | 本书 |

续表

| 科中文名 | 科拉丁名 | 种中文名 | 种拉丁名 | 生活型 | 濒危评估等级 | 描述出处 |
|---|---|---|---|---|---|---|
| 泽泻科 | Alismataceae | 64. 黄花蔺 ◆■ | *Limnocharis flava* (L.) Buchenau | 直立草本 | LC | 本书 |
| 泽泻科 | Alismataceae | 65. 冠果草 ● | *Sagittaria guayanensis* Kunth subsp. *lappula* (D. Don) Bogin | 浮叶草本 | RE | 野外未见 |
| 泽泻科 | Alismataceae | 66. 泽泻慈姑 ◆■ | *Sagittaria lancifolia* L. | 直立草本 | LC | 本书 |
| 泽泻科 | Alismataceae | 67. 利川慈姑 ● | *Sagittaria lichuanensis* J. K. Chen, S. C. Sun & H. Q. Wang | 直立草本 | NT | 本书 |
| 泽泻科 | Alismataceae | 68. 蒙特登慈姑 ◆■ | *Sagittaria montevidensis* Cham. & Schltdl. | 直立草本 | LC | 本书 |
| 泽泻科 | Alismataceae | 69. 小慈姑 ● | *Sagittaria potamogetonifolia* Merr. | 直立草本 | DD | 野外未见 |
| 泽泻科 | Alismataceae | 70. 矮慈姑 ● | *Sagittaria pygmaea* Miq. | 直立草本 | VU | 本书 |
| 泽泻科 | Alismataceae | 71. 野慈姑 ● | *Sagittaria trifolia* L. | 直立草本 | NT | 本书 |
| 泽泻科 | Alismataceae | 72. 华夏慈姑 ●■ | *Sagittaria trifolia* subsp. *leucopetala* (Miq.) Q. F. Wang | 直立草本 | NA | 本书 |
| 水鳖科 | Hydrocharitaceae | 73. 无尾水筛 ● | *Blyxa aubertii* Rich. | 沉水草本 | VU | 本书 |
| 水鳖科 | Hydrocharitaceae | 74. 有尾水筛 ● | *Blyxa echinosperma* (C. B. Clarke) Hook. f. | 沉水草本 | VU | 本书 |
| 水鳖科 | Hydrocharitaceae | 75. 水筛 ● | *Blyxa japonica* (Miq.) Maxim. ex Asch. & Gürke | 沉水草本 | VU | 本书 |
| 水鳖科 | Hydrocharitaceae | 76. 茨藻叶水蕴草 ◆ | *Egeria naias* Planch. | 沉水草本 | NA | 本书 |
| 水鳖科 | Hydrocharitaceae | 77. 贝克喜盐草 ●◇ | *Halophila beccarii* Asch. | 沉水草本 | DD | 野外未见 |
| 水鳖科 | Hydrocharitaceae | 78. 喜盐草 ●◇ | *Halophila ovalis* (R. Br.) Hook. f. | 沉水草本 | VU | 王瑞江，2020 |
| 水鳖科 | Hydrocharitaceae | 79. 黑藻 ● | *Hydrilla verticillata* (L. f.) Royle | 沉水草本 | LC | 本书 |
| 水鳖科 | Hydrocharitaceae | 80. 水鳖 ● | *Hydrocharis dubia* (Blume) Backer | 浮叶草本 | RE | 本书，野外未见 |
| 水鳖科 | Hydrocharitaceae | 81. 高雄茨藻 ●◇ | *Najas browniana* Rendle | 沉水草本 | DD | 野外未见 |
| 水鳖科 | Hydrocharitaceae | 82. 东方茨藻 ● | *Najas chinensis* N. Z. Wang | 沉水草本 | LC | 本书，野外未见 |
| 水鳖科 | Hydrocharitaceae | 83. 草茨藻 ● | *Najas graminea* Delile | 沉水草本 | DD | 野外未见 |
| 水鳖科 | Hydrocharitaceae | 84. 大茨藻 ● | *Najas marina* L. | 沉水草本 | DD | 野外未见 |
| 水鳖科 | Hydrocharitaceae | 85. 小茨藻 ● | *Najas minor* All. | 沉水草本 | NT | 本书 |
| 水鳖科 | Hydrocharitaceae | 86. 虾子草 ● | *Nechamandra alternifolia* (Roxb.) Thwaites | 沉水草本 | EN | 本书 |
| 水鳖科 | Hydrocharitaceae | 87. 龙舌草 ● | *Ottelia alismoides* (L.) Pers. | 沉水草本 | EN | 本书 |
| 水鳖科 | Hydrocharitaceae | 88. 贵州水车前 ● | *Ottelia balansae* (Gagnep.) Dandy | 沉水草本 | DD | 野外未见 |
| 水鳖科 | Hydrocharitaceae | 89. 密刺苦草 ● | *Vallisneria denseserrulata* (Makino) Makino | 沉水草本 | LC | 本书 |
| 水鳖科 | Hydrocharitaceae | 90. 苦草 ● | *Vallisneria natans* (Lour.) H. Hara | 沉水草本 | LC | 本书 |
| 水蕹科 | Aponogetonaceae | 91. 水蕹 ● | *Aponogeton lakhonensis* A. Camus | 浮叶草本 | NT | 本书 |
| 眼子菜科 | Potamogetonaceae | 92. 菹草 ● | *Potamogeton crispus* L. | 沉水草本 | LC | 本书 |
| 眼子菜科 | Potamogetonaceae | 93. 鸡冠眼子菜 ● | *Potamogeton cristatus* Regel & Maack | 沉水草本 | VU | 本书 |
| 眼子菜科 | Potamogetonaceae | 94. 眼子菜 ● | *Potamogeton distinctus* A. Benn. | 浮叶草本 | VU | 本书 |
| 眼子菜科 | Potamogetonaceae | 95. 光叶眼子菜 ● | *Potamogeton lucens* L. | 沉水草本 | VU | 本书 |

续表

| 科中文名 | 科拉丁名 | 种中文名 | 种拉丁名 | 生活型 | 濒危评估等级 | 描述出处 |
|---|---|---|---|---|---|---|
| 眼子菜科 | Potamogetonaceae | 96. 浮叶眼子菜 ● | *Potamogeton natans* L. | 浮叶草本 | VU | 本书 |
| 眼子菜科 | Potamogetonaceae | 97. 南方眼子菜 ● | *Potamogeton octandrus* Poir. | 沉水草本 | VU | 本书 |
| 眼子菜科 | Potamogetonaceae | 98. 小眼子菜 ● | *Potamogeton pusillus* L. | 沉水草本 | VU | 本书 |
| 眼子菜科 | Potamogetonaceae | 99. 竹叶眼子菜 ● | *Potamogeton wrightii* Morong | 沉水草本 | VU | 本书 |
| 眼子菜科 | Potamogetonaceae | 100. 篦齿眼子菜 ● | *Stuckenia pectinata* (L.) Börner | 沉水草本 | VU | 本书 |
| 眼子菜科 | Potamogetonaceae | 101. 角果藻 ● | *Zannichellia palustris* L. | 沉水草本 | DD | 野外未见 |
| 川蔓藻科 | Ruppiaceae | 102. 川蔓藻 ●◇ | *Ruppia maritima* L. | 沉水草本 | DD | 野外未见 |
| 丝粉藻科 | Cymodoceaceae | 103. 针叶藻 ●◇ | *Syringodium isoetifolium* (Asch.) Dandy | 沉水草本 | DD | 野外未见 |
| 薯蓣科 | Dioscoreaceae | 104. 裂果薯 ● | *Tacca plantaginea* (Hance) Drenth | 直立草本 | LC | 本书 |
| 露兜树科 | Pandanaceae | 105. 露兜树 ●◇ | *Pandanus tectorius* Parkinson | 乔木状 | LC | 王瑞江，2020 |
| 兰科 | Orchidaceae | 106. 竹叶兰 ● | *Arundina graminifolia* (D. Don) Hochr. | 直立草本 | LC | 本书 |
| 兰科 | Orchidaceae | 107. 线柱兰 ● | *Zeuxine strateumatica* (L.) Schltr. | 直立草本 | LC | 本书 |
| 鸢尾科 | Iridaceae | 108. 黄菖蒲 ◆■ | *Iris pseudoacorus* L. | 直立草本 | LC | 本书 |
| 鸢尾科 | Iridaceae | 109. 鸢尾 ●■ | *Iris tectorum* Maxim. | 直立草本 | NA | 本书 |
| 石蒜科 | Amaryllidaceae | 110. 文殊兰 ●◇ | *Crinum asiaticum* L. var. *sinicum* (Roxb. ex Herb.) Baker | 直立草本 | LC | 王瑞江，2020 |
| 石蒜科 | Amaryllidaceae | 111. 石蒜 ● | *Lycoris radiata* (L'Hér.) Herb. | 直立草本 | LC | 本书 |
| 鸭跖草科 | Commelinaceae | 112. 穿鞘花 ● | *Amischotolype hispida* (Less. & A. Rich.) D. Y. Hong | 直立草本 | LC | 本书 |
| 鸭跖草科 | Commelinaceae | 113. 饭包草 ● | *Commelina benghalensis* L. | 直立草本 | LC | 本书 |
| 鸭跖草科 | Commelinaceae | 114. 鸭跖草 ● | *Commelina communis* L. | 直立草本 | LC | 本书 |
| 鸭跖草科 | Commelinaceae | 115. 竹节菜 ● | *Commelina diffusa* Burm. f. | 直立草本 | LC | 本书 |
| 鸭跖草科 | Commelinaceae | 116. 大苞鸭跖草 ● | *Commelina paludosa* Blume | 直立草本 | LC | 本书 |
| 鸭跖草科 | Commelinaceae | 117. 聚花草 ● | *Floscopa scandens* Lour. | 直立草本 | LC | 本书 |
| 鸭跖草科 | Commelinaceae | 118. 大苞水竹叶 ● | *Murdannia bracteata* (C. B. Clarke) Kuntze ex J. K. Morton | 直立草本 | LC | 本书 |
| 鸭跖草科 | Commelinaceae | 119. 牛轭草 ● | *Murdannia loriformis* (Hassk.) R. S. Rao & Kammathy | 直立草本 | LC | 本书 |
| 鸭跖草科 | Commelinaceae | 120. 裸花水竹叶 ● | *Murdannia nudiflora* (L.) Brenan | 直立草本 | LC | 本书 |
| 鸭跖草科 | Commelinaceae | 121. 矮水竹叶 ● | *Murdannia spirata* (L.) G. Brückn. | 匍匐草本 | LC | 本书 |
| 鸭跖草科 | Commelinaceae | 122. 水竹叶 ● | *Murdannia triquetra* (Wall. ex C. B. Clarke) G. Brückn. | 直立草本 | LC | 本书 |
| 鸭跖草科 | Commelinaceae | 123. 杜若 ● | *Pollia japonica* Thunb. | 直立草本 | LC | 本书 |
| 田葱科 | Philydraceae | 124. 田葱 ● | *Philydrum lanuginosum* Banks & Sol. ex Gaertn. | 直立草本 | NT | 本书 |
| 雨久花科 | Pontederiaceae | 125. 凤眼蓝 ◆ | *Eichhornia crassipes* (Mart.) Solms | 漂浮草本 | NA | 王瑞江，2019 |
| 雨久花科 | Pontederiaceae | 126. 箭叶雨久花 ● | *Monochoria hastata* (L.) Solms | 直立草本 | LC | 本书 |
| 雨久花科 | Pontederiaceae | 127. 雨久花 ● | *Monochoria korsakowii* Regel & Maack | 直立草本 | LC | 本书 |
| 雨久花科 | Pontederiaceae | 128. 鸭舌草 ● | *Monochoria vaginalis* (Burm. f.) C. Presl | 直立草本 | LC | 本书 |

| 科中文名 | 科拉丁名 | 种中文名 | 种拉丁名 | 生活型 | 濒危评估等级 | 描述出处 |
|---|---|---|---|---|---|---|
| 雨久花科 | Pontederiaceae | 129. 梭鱼草 ◆■ | *Pontederia cordata* L. | 直立草本 | NA | 本书 |
| 芭蕉科 | Musaceae | 130. 香蕉 ●■ | *Musa acuminatus* Colla | 直立草本 | NA | 本书 |
| 芭蕉科 | Musaceae | 131. 野蕉 ● | *Musa balbisiana* Colla | 直立草本 | LC | 本书 |
| 美人蕉科 | Cannaceae | 132. 柔瓣美人蕉 ◆■ | *Canna flaccida* Salisb. | 直立草本 | NA | 本书 |
| 美人蕉科 | Cannaceae | 133. 大花美人蕉 ◆■ | *Canna × generalis* L. H. Bailey | 直立草本 | NA | 本书 |
| 美人蕉科 | Cannaceae | 134. 金脉美人蕉 ◆■ | *Canna × generalis* 'Striata' | 直立草本 | NA | 本书 |
| 美人蕉科 | Cannaceae | 135. 美人蕉 ◆■ | *Canna indica* L. | 直立草本 | NA | 本书 |
| 竹芋科 | Marantaceae | 136. 再力花 ◆■ | *Thalia dealbata* Fraser ex Roscoe | 直立草本 | NA | 本书 |
| 竹芋科 | Marantaceae | 137. 垂花再力花 ◆■ | *Thalia geniculata* L. | 直立草本 | NA | 本书 |
| 姜科 | Zingiberaceae | 138. 姜花 ● | *Hedychium coronarium* J. Koenig | 直立草本 | LC | 本书 |
| 香蒲科 | Typhaceae | 139. 曲轴黑三棱 ● | *Sparganium fallax* Graebn. | 直立草本 | LC | 本书 |
| 香蒲科 | Typhaceae | 140. 水烛 ● | *Typha angustifolia* L. | 直立草本 | LC | 本书 |
| 香蒲科 | Typhaceae | 141. 香蒲 ● | *Typha orientalis* C. Presl | 直立草本 | LC | 本书 |
| 黄眼草科 | Xyridaceae | 142. 黄眼草 ● | *Xyris indica* L. | 直立草本 | LC | 本书 |
| 黄眼草科 | Xyridaceae | 143. 葱草 ● | *Xyris pauciflora* Willd. | 直立草本 | DD | 野外未见 |
| 谷精草科 | Eriocaulaceae | 144. 云南谷精草 | *Eriocaulon brownianum* Mart. | 直立草本 | LC | 本书 |
| 谷精草科 | Eriocaulaceae | 145. 谷精草 ● | *Eriocaulon buergerianum* Körn. | 直立草本 | LC | 本书 |
| 谷精草科 | Eriocaulaceae | 146. 南投谷精草 | *Eriocaulon nantoense* Hayata | 直立草本 | LC | 本书 |
| 谷精草科 | Eriocaulaceae | 147. 华南谷精草 ● | *Eriocaulon sexangulare* L. | 直立草本 | LC | 本书 |
| 谷精草科 | Eriocaulaceae | 148. 越南谷精草 ● | *Eriocaulon tonkinense* Ruhland | 直立草本 | LC | 本书 |
| 谷精草科 | Eriocaulaceae | 149. 菲律宾谷精草 ● | *Eriocaulon truncatum* Buch.-Ham. ex Mart. | 直立草本 | LC | 本书 |
| 花水藓科 | Mayacaceae | 150. 花水藓 ◆ | *Mayaca fluviatilis* Aubl. | 沉水草本 | NA | 本书 |
| 灯心草科 | Juncaceae | 151. 灯心草 ● | *Juncus effusus* L. | 直立草本 | LC | 本书 |
| 灯心草科 | Juncaceae | 152. 笄石菖 ● | *Juncus prismatocarpus* R. Br. | 直立草本 | LC | 本书 |
| 灯心草科 | Juncaceae | 153. 圆柱叶灯心草 ● | *Juncus prismatocarpus* subsp. *teretifolius* K. F.Wu | 直立草本 | LC | 本书 |
| 莎草科 | Cyperaceae | 154. 大藨草 ● | *Actinoscirpus grossus* (L. f.) Goetgh. & D. A. Simpson | 直立草本 | LC | 本书 |
| 莎草科 | Cyperaceae | 155. 条穗薹草 ● | *Carex nemostachys* Steud. | 直立草本 | LC | 本书 |
| 莎草科 | Cyperaceae | 156. 密穗砖子苗 ● | *Cyperus compactus* Retz. | 直立草本 | LC | 本书 |
| 莎草科 | Cyperaceae | 157. 异型莎草 ● | *Cyperus difformis* L. | 直立草本 | NA | 本书 |
| 莎草科 | Cyperaceae | 158. 高秆莎草 ● | *Cyperus exaltatus* Retz. | 直立草本 | LC | 本书 |
| 莎草科 | Cyperaceae | 159. 畦畔莎草 ● | *Cyperus haspan* L. | 直立草本 | LC | 本书 |
| 莎草科 | Cyperaceae | 160. 叠穗莎草 ● | *Cyperus imbricatus* Retz. | 直立草本 | LC | 本书 |
| 莎草科 | Cyperaceae | 161. 风车草 ◆■ | *Cyperus involucratus* Rottb. | 直立草本 | NA | 本书 |
| 莎草科 | Cyperaceae | 162. 碎米莎草 ● | *Cyperus iria* L. | 直立草本 | LC | 本书 |
| 莎草科 | Cyperaceae | 163. 羽状穗砖子苗 ●◇ | *Cyperus javanicus* Houtt. | 直立草本 | LC | 王瑞江, 2020 |
| 莎草科 | Cyperaceae | 164. 茳芏 ●◇ | *Cyperus malaccensis* Lam. | 直立草本 | LC | 王瑞江, 2020 |

| 科中文名 | 科拉丁名 | 种中文名 | 种拉丁名 | 生活型 | 濒危评估等级 | 描述出处 |
|---|---|---|---|---|---|---|
| 莎草科 | Cyperaceae | 165. 短叶茳芏 ●◇ | *Cyperus malaccensis* subsp. *monophyllus* (Vahl) T. Koyama | 直立草本 | LC | 王瑞江，2020 |
| 莎草科 | Cyperaceae | 166. 旋鳞莎草 ● | *Cyperus michelianus* (L.) Delile | 披散草本 | LC | 本书 |
| 莎草科 | Cyperaceae | 167. 断节莎 ● | *Cyperus odoratus* L. | 直立草本 | LC | 本书 |
| 莎草科 | Cyperaceae | 168. 纸莎草 ◆■ | *Cyperus papyrus* L. | 直立草本 | NA | 本书 |
| 莎草科 | Cyperaceae | 169. 毛轴莎草 ● | *Cyperus pilosus* Vahl | 直立草本 | LC | 本书 |
| 莎草科 | Cyperaceae | 170. 埃及莎草 ◆■ | *Cyperus prolifer* Lam. | 直立草本 | NA | 本书 |
| 莎草科 | Cyperaceae | 171. 矮莎草 ● | *Cyperus pygmaeus* Rottb. | 直立草本 | LC | 本书 |
| 莎草科 | Cyperaceae | 172. 香附子 ●◇ | *Cyperus rotundus* L. | 直立草本 | NA | 王瑞江，2020 |
| 莎草科 | Cyperaceae | 173. 水莎草 ● | *Cyperus serotinus* Rottb. | 直立草本 | DD | 野外未见 |
| 莎草科 | Cyperaceae | 174. 广东水莎草 ● | *Cyperus serotinus* var. *inundatus* (Roxb.) Kük. | 直立草本 | DD | 野外未见 |
| 莎草科 | Cyperaceae | 175. 苏里南莎草 ◆ | *Cyperus surinamensis* Rottb. | 直立草本 | NA | 王瑞江，2019 |
| 莎草科 | Cyperaceae | 176. 窄穗莎草 ● | *Cyperus tenuispica* Steud. | 直立草本 | LC | 本书 |
| 莎草科 | Cyperaceae | 177. 裂颖茅 ● | *Diplacrum caricinum* R. Br. | 披散草本 | LC | 本书 |
| 莎草科 | Cyperaceae | 178. 紫果蔺 ● | *Eleocharis atropurpurea* (Retz.) J. Presl & C. Presl | 直立草本 | LC | 本书 |
| 莎草科 | Cyperaceae | 179. 荸荠 ● | *Eleocharis dulcis* (Burm. f.) Trin. ex Hensch. | 直立草本 | LC | 本书 |
| 莎草科 | Cyperaceae | 180. 龙师草 ● | *Eleocharis tetraquetra* Nees | 直立草本 | LC | 本书 |
| 莎草科 | Cyperaceae | 181. 披针穗飘拂草 ● | *Fimbristylis acuminata* Vahl | 直立草本 | LC | 本书 |
| 莎草科 | Cyperaceae | 182. 夏飘拂草 ● | *Fimbristylis aestivalis* (Retz.) Vahl | 直立草本 | LC | 本书 |
| 莎草科 | Cyperaceae | 183. 黑果飘拂草 ●◇ | *Fimbristylis cymosa* R. Br. | 直立草本 | LC | 王瑞江，2020 |
| 莎草科 | Cyperaceae | 184. 两歧飘拂草 ● | *Fimbristylis dichotoma* (L.) Vahl | 直立草本 | LC | 本书 |
| 莎草科 | Cyperaceae | 185. 起绒飘拂草 ● | *Fimbristylis dipsacea* (Rottb.) Benth. ex C. B. Clarke | 直立草本 | LC | 本书 |
| 莎草科 | Cyperaceae | 186. 水虱草 ● | *Fimbristylis littoralis* Gaudich. | 直立草本 | LC | 本书 |
| 莎草科 | Cyperaceae | 187. 少穗飘拂草 ● | *Fimbristylis schoenoides* (Retz.) Vahl | 直立草本 | LC | 本书 |
| 莎草科 | Cyperaceae | 188. 绢毛飘拂草 ●◇ | *Fimbristylis sericea* R. Br. | 直立草本 | LC | 王瑞江，2020 |
| 莎草科 | Cyperaceae | 189. 锈鳞飘拂草 ●◇ | *Fimbristylis sieboldii* Miq. ex Franch. & Sav. | 直立草本 | LC | 王瑞江，2020 |
| 莎草科 | Cyperaceae | 190. 毛芙兰草 ● | *Fuirena ciliaris* (L.) Roxb. | 直立草本 | LC | 本书 |
| 莎草科 | Cyperaceae | 191. 芙兰草 ● | *Fuirena umbellata* Rottb. | 直立草本 | LC | 本书 |
| 莎草科 | Cyperaceae | 192. 单穗水蜈蚣 ◆ | *Kyllinga nemoralis* (J. R. Forst. & G. Forst.) Dandy ex Hutch. & Dalziel | 直立草本 | NA | 王瑞江，2019 |
| 莎草科 | Cyperaceae | 193. 鳞籽莎 ● | *Lepidosperma chinense* Nees & Meyen ex Kunth | 直立草本 | LC | 本书 |
| 莎草科 | Cyperaceae | 194. 石龙刍 ●■ | *Lepironia articulata* (Retz.) Domin | 直立草本 | LC | 本书 |
| 莎草科 | Cyperaceae | 195. 华湖瓜草 ● | *Lipocarpha chinensis* (Osbeck) J. Kern | 直立草本 | LC | 本书 |
| 莎草科 | Cyperaceae | 196. 球穗扁莎 ● | *Pycreus flavidus* (Retz.) T. Koyama | 直立草本 | LC | 本书 |

续表

| 科中文名 | 科拉丁名 | 种中文名 | 种拉丁名 | 生活型 | 濒危评估等级 | 描述出处 |
|---|---|---|---|---|---|---|
| 莎草科 | Cyperaceae | 197. 多枝扁莎 ● | *Pycreus polystachyos* (Rottb.) P. Beauv. | 直立草本 | LC | 本书 |
| 莎草科 | Cyperaceae | 198. 红鳞扁莎 ● | *Pycreus sanguinolentus* (Vahl) Nees ex C. B. Clarke | 直立草本 | LC | 本书 |
| 莎草科 | Cyperaceae | 199. 三俭草 ● | *Rhynchospora corymbosa* (L.) Britton | 直立草本 | LC | 本书 |
| 莎草科 | Cyperaceae | 200. 日本刺子莞 ● | *Rhynchospora malasica* C. B. Clarke | 直立草本 | LC | 本书 |
| 莎草科 | Cyperaceae | 201. 刺子莞 ● | *Rhynchospora rubra* (Lour.) Makino | 直立草本 | LC | 本书 |
| 莎草科 | Cyperaceae | 202. 萤蔺 ● | *Schoenoplectus juncoides* (Roxb.) Palla | 直立草本 | LC | 本书 |
| 莎草科 | Cyperaceae | 203. 水毛花 ● | *Schoenoplectus mucronatus* (L.) Palla subsp. *robustus* (Miq.) T. Koyama | 直立草本 | LC | 本书 |
| 莎草科 | Cyperaceae | 204. 水葱 ●■ | *Schoenoplectus tabernaemontani* (C. C. Gmelin) Palla | 直立草本 | LC | 本书 |
| 莎草科 | Cyperaceae | 205. 三棱水葱 ● | *Schoenoplectus triqueter* (L.) Palla | 直立草本 | LC | 本书 |
| 莎草科 | Cyperaceae | 206. 猪毛草 ● | *Schoenoplectus wallichii* (Nees) T. Koyama | 直立草本 | LC | 本书 |
| 须叶藤科 | Flagellariaceae | 207. 须叶藤 ●◇ | *Flagellaria indica* L. | 直立草本 | LC | 王瑞江，2020 |
| 禾本科 | Poaceae | 208. 看麦娘 ● | *Alopecurus aequalis* Sobol. | 直立草本 | LC | 本书 |
| 禾本科 | Poaceae | 209. 日本看麦娘 ● | *Alopecurus japonicus* Steud. | 直立草本 | DD | 野外未见 |
| 禾本科 | Poaceae | 210. 水蔗草 ● | *Apluda mutica* L. | 直立草本 | LC | 王瑞江，2019 |
| 禾本科 | Poaceae | 211. 荩草 ● | *Arthraxon hispidus* (Thunb.) Makino | 直立草本 | LC | 本书 |
| 禾本科 | Poaceae | 212. 芦竹 ● | *Arundo donax* L. | 直立草本 | LC | 本书 |
| 禾本科 | Poaceae | 213. 溪边野古草 ● | *Arundinella fluviatilis* Hand.-Mazz. | 直立草本 | LC | 本书 |
| 禾本科 | Poaceae | 214. 地毯草 ◆ | *Axonopus compressus* (Sw.) P. Beauv. | 直立草本 | NA | 王瑞江，2019 |
| 禾本科 | Poaceae | 215. 撑篙竹 ● | *Bambusa pervariabilis* McClure | 乔木状 | LC | 本书 |
| 禾本科 | Poaceae | 216. 硬头黄竹 ● | *Bambusa ridiga* Keng & Keng f. | 乔木状 | LC | 本书 |
| 禾本科 | Poaceae | 217. 车筒竹 ● | *Bambusa sinospinosa* McClure | 乔木状 | LC | 本书 |
| 禾本科 | Poaceae | 218. 菵草 ● | *Beckmannia syzigachne* (Steud.) Fernald | 直立草本 | LC | 本书 |
| 禾本科 | Poaceae | 219. 臭根子草 ● | *Bothriochloa bladhii* (Retz.) S.T. Blake | 直立草本 | LC | 本书 |
| 禾本科 | Poaceae | 220. 巴拉草 ◆◇ | *Brachiaria mutica* (Forssk.) Stapf | 直立草本 | NA | 王瑞江，2019 |
| 禾本科 | Poaceae | 221. 拂子茅 ● | *Calamagrostis epigeios* (L.) Roth | 直立草本 | LC | 本书 |
| 禾本科 | Poaceae | 222. 细柄草 ● | *Capillipedium parviflorum* (R. Br.) Stapf | 直立草本 | LC | 本书 |
| 禾本科 | Poaceae | 223. 竹节草 ● | *Chrysopogon aciculatus* (Retz.) Trin. | 直立草本 | LC | 本书 |
| 禾本科 | Poaceae | 224. 香根草 ● | *Chrysopogon zizanioides* (L.) Roberty | 直立草本 | CR | 本书 |
| 禾本科 | Poaceae | 225. 小丽草 ● | *Coelachne simpliciuscula* (Wight & Arn. ex Steud.) Munro ex Benth. | 直立草本 | LC | 本书 |
| 禾本科 | Poaceae | 226. 薏苡 ● | *Coix lacryma-jobi* L. | 直立草本 | LC | 王瑞江，2019 |
| 禾本科 | Poaceae | 227. 狗牙根 ● | *Cynodon dactylon* (L.) Pers. | 直立草本 | LC | 本书 |
| 禾本科 | Poaceae | 228. 升马唐 ● | *Digitaria ciliaris* (Retz.) Koeler | 直立草本 | LC | 本书 |
| 禾本科 | Poaceae | 229. 异马唐 ● | *Digitaria heterantha* (Hook. f.) Merr. | 直立草本 | LC | 本书 |
| 禾本科 | Poaceae | 230. 红尾翎 ● | *Digitaria radicosa* (J. Presl) Miq. | 直立草本 | LC | 本书 |
| 禾本科 | Poaceae | 231. 光头稗 ● | *Echinochloa colona* (L.) Link | 直立草本 | LC | 本书 |

| 科中文名 | 科拉丁名 | 种中文名 | 种拉丁名 | 生活型 | 濒危评估等级 | 描述出处 |
|---|---|---|---|---|---|---|
| 禾本科 | Poaceae | 232. 稗 ● | *Echinochloa crus-galli* (L.) P. Beauv. | 直立草本 | LC | 本书 |
| 禾本科 | Poaceae | 233. 小旱稗 ● | *Echinochloa crus-galli* var. *austrojaponensis* Ohwi | 直立草本 | DD | 野外未见 |
| 禾本科 | Poaceae | 234. 短芒稗 ● | *Echinochloa crus-galli* var. *breviseta* (Döll) Podp. | 直立草本 | LC | 本书 |
| 禾本科 | Poaceae | 235. 无芒稗 ● | *Echinochloa crus-galli* var. *mitis* (Pursh) Peterm. | 直立草本 | LC | 本书 |
| 禾本科 | Poaceae | 236. 西来稗 ● | *Echinochloa crus-galli* var. *zelayensis* (Kunth) Hitchc. | 直立草本 | DD | 野外未见 |
| 禾本科 | Poaceae | 237. 孔雀稗 ● | *Echinochloa cruspavonis* (Kunth) Schultes | 直立草本 | DD | 野外未见 |
| 禾本科 | Poaceae | 238. 硬稃稗 ● | *Echinochloa glabrescens* Munro ex Hook. f. | 直立草本 | DD | 野外未见 |
| 禾本科 | Poaceae | 239. 水田稗 ● | *Echinochloa oryzoides* (Ard.) Fritsch | 直立草本 | LC | 本书 |
| 禾本科 | Poaceae | 240. 鼠妇草 ● | *Eragrostis atrovirens* (Desf.) Trin. ex Steud. | 直立草本 | LC | 本书 |
| 禾本科 | Poaceae | 241. 乱草 ● | *Eragrostis japonica* (Thunb.) Trin. | 直立草本 | LC | 本书 |
| 禾本科 | Poaceae | 242. 高野黍 ● | *Eriochloa procera* (Retz.) C. E. Hubb. | 直立草本 | LC | 本书 |
| 禾本科 | Poaceae | 243. 扁穗牛鞭草 ● | *Hemarthria compressa* (L. f.) R. Br. | 直立草本 | LC | 本书 |
| 禾本科 | Poaceae | 244. 牛鞭草 ● | *Hemarthria sibirica* (Gand.) Ohwi | 直立草本 | LC | 本书 |
| 禾本科 | Poaceae | 245. 水禾 ● | *Hygroryza aristata* (Retz.) Nees | 浮叶草本 | RE | 野外未见 |
| 禾本科 | Poaceae | 246. 膜稃草 ● | *Hymenachne amplexicaulis* (Rudge) Nees | 直立草本 | LC | 本书 |
| 禾本科 | Poaceae | 247. 弊草 ● | *Hymenachne assamica* (Hook. f.) Hitchc. | 直立草本 | LC | 本书 |
| 禾本科 | Poaceae | 248. 白茅 ●◇ | *Imperata cylindrica* (L.) Raeusch. | 直立草本 | LC | 王瑞江, 2020 |
| 禾本科 | Poaceae | 249. 大白茅 ● | *Imperata cylindrica* var. *major* (Nees) C. E. Hubb. | 直立草本 | LC | 王瑞江, 2019 |
| 禾本科 | Poaceae | 250. 柳叶箬 ● | *Isachne globosa* (Thunb.) Kuntze | 直立草本 | LC | 本书 |
| 禾本科 | Poaceae | 251. 有芒鸭嘴草 ● | *Ischaemum aristatum* L. | 直立草本 | LC | 本书 |
| 禾本科 | Poaceae | 252. 粗毛鸭嘴草 ● | *Ischaemum barbatum* Retz. | 直立草本 | LC | 本书 |
| 禾本科 | Poaceae | 253. 细毛鸭嘴草 ● | *Ischaemum ciliare* Retz. | 直立草本 | LC | 本书 |
| 禾本科 | Poaceae | 254. 田间鸭嘴草 ● | *Ischaemum rugosum* Salisb. | 直立草本 | LC | 本书 |
| 禾本科 | Poaceae | 255. 李氏禾 ● | *Leersia hexandra* Sw. | 直立草本 | LC | 本书 |
| 禾本科 | Poaceae | 256. 秕壳草 ● | *Leersia sayanuka* Ohwi | 直立草本 | DD | 野外未见 |
| 禾本科 | Poaceae | 257. 千金子 ● | *Leptochloa chinensis* (L.) Nees | 直立草本 | LC | 本书 |
| 禾本科 | Poaceae | 258. 红毛草 ◆ | *Melinis repens* (Willd.) Zizka | 直立草本 | NA | 王瑞江, 2019 |
| 禾本科 | Poaceae | 259. 类芦 ● | *Neyraudia reynaudiana* (Kunth) Keng ex Hitchc. | 直立草本 | LC | 王瑞江, 2019 |
| 禾本科 | Poaceae | 260. 药用野生稻 ● | *Oryza officinalis* Wall. ex Watt | 直立草本 | CR | 本书 |
| 禾本科 | Poaceae | 261. 普通野生稻 ● | *Oryza rufipogon* Griff. | 直立草本 | CR | 本书 |
| 禾本科 | Poaceae | 262. 稻 ●■ | *Oryza sativa* L. | 直立草本 | LC | 本书 |
| 禾本科 | Poaceae | 263. 紧序黍 ● | *Panicum auritum* J. Presl ex Nees | 直立草本 | LC | 本书 |
| 禾本科 | Poaceae | 264. 糠稷 ● | *Panicum bisulcatum* Thunb. | 直立草本 | LC | 本书 |

| 科中文名 | 科拉丁名 | 种中文名 | 种拉丁名 | 生活型 | 濒危评估等级 | 描述出处 |
|---|---|---|---|---|---|---|
| 禾本科 | Poaceae | 265. 洋野黍 ● | *Panicum dichotomiflorum* Michx. | 直立草本 | LC | 本书 |
| 禾本科 | Poaceae | 266. 铺地黍 ◆ | *Panicum repens* L. | 直立草本 | NA | 王瑞江，2019 |
| 禾本科 | Poaceae | 267. 细柄黍 ● | *Panicum sumatrense* Roth | 直立草本 | LC | 本书 |
| 禾本科 | Poaceae | 268. 两耳草 ◆ | *Paspalum conjugatum* P. J. Bergius | 直立草本 | NA | 王瑞江，2019 |
| 禾本科 | Poaceae | 269. 双穗雀稗 ● | *Paspalum distichum* L. | 直立草本 | NA | 本书 |
| 禾本科 | Poaceae | 270. 鸭嬉草 ● | *Paspalum scrobiculatum* L. | 直立草本 | LC | 本书 |
| 禾本科 | Poaceae | 271. 圆果雀稗 ● | *Paspalum scrobiculatum* var. *orbiculare* (G. Forst.) Hack. | 直立草本 | LC | 本书 |
| 禾本科 | Poaceae | 272. 雀稗 ● | *Paspalum thunbergii* Kunth ex Steud. | 直立草本 | LC | 本书 |
| 禾本科 | Poaceae | 273. 海雀稗 ●◇ | *Paspalum vaginatum* Sw. | 直立草本 | LC | 王瑞江，2020 |
| 禾本科 | Poaceae | 274. 狼尾草 ● | *Pennisetum alopecuroides* Spreng. | 直立草本 | LC | 本书 |
| 禾本科 | Poaceae | 275. 象草 ◆ | *Pennisetum purpureum* Schumach. | 直立草本 | NA | 王瑞江，2019 |
| 禾本科 | Poaceae | 276. 茅根 ●◇ | *Perotis indica* (L.) Kuntze | 直立草本 | LC | 王瑞江，2020 |
| 禾本科 | Poaceae | 277. 芦苇 ●◇ | *Phragmites australis* (Cav.) Trin. ex Steud. | 直立草本 | LC | 王瑞江，2020 |
| 禾本科 | Poaceae | 278. 卡开芦 ● | *Phragmites karka* (Retz.) Trin. ex Steud. | 直立草本 | LC | 本书 |
| 禾本科 | Poaceae | 279. 甜根子草 ●◇ | *Saccharum spontaneum* L. | 直立草本 | LC | 王瑞江，2020 |
| 禾本科 | Poaceae | 280. 囊颖草 ● | *Sacciolepis indica* (L.) Chase | 直立草本 | LC | 本书 |
| 禾本科 | Poaceae | 281. 狗尾草 ● | *Setaria viridis* (L.) P. Beauv. | 直立草本 | LC | 本书 |
| 禾本科 | Poaceae | 282. 石茅 ◆ | *Sorghum halepense* (L.) Pers. | 直立草本 | NA | 本书 |
| 禾本科 | Poaceae | 283. 拟高粱 ● | *Sorghum propinquum* (Kunth) Hitchc. | 直立草本 | LC | 本书 |
| 禾本科 | Poaceae | 284. 互花米草 ◆◇ | *Spartina alterniflora* Loisel. | 直立草本 | NA | 王瑞江，2020 |
| 禾本科 | Poaceae | 285. 稗荩 ● | *Sphaerocaryum malaccense* (Trin.) Pilg. | 直立草本 | LC | 本书 |
| 禾本科 | Poaceae | 286. 鼠尾粟 ● | *Sporobolus fertilis* (Steud.) Clayton | 直立草本 | LC | 本书 |
| 禾本科 | Poaceae | 287. 盐地鼠尾粟 ●◇ | *Sporobolus virginicus* (L.) Kunth | 直立草本 | LC | 王瑞江，2020 |
| 禾本科 | Poaceae | 288. 绉雷草 ●◇ | *Thuarea involuta* (G. Forst.) R. Br. ex Roem. & Schult. | 直立草本 | LC | 王瑞江，2020 |
| 禾本科 | Poaceae | 289. 菰 ●■ | *Zizania latifolia* (Griseb.) Hance ex F. Muell. | 直立草本 | LC | 本书 |
| 禾本科 | Poaceae | 290. 沟叶结缕草 ●◇ | *Zoysia matrella* (L.) Merr. | 直立草本 | LC | 王瑞江，2020 |
| 禾本科 | Poaceae | 291. 中华结缕草 ●◇ | *Zoysia sinica* Hance | 直立草本 | LC | 王瑞江，2020 |
| 金鱼藻科 | Ceratophyllaceae | 292. 金鱼藻 ● | *Ceratophyllum demersum* L. | 沉水草本 | LC | 本书 |
| 毛茛科 | Ranunculaceae | 293. 禺毛茛 ● | *Ranunculus cantoniensis* DC. | 直立草本 | LC | 本书 |
| 毛茛科 | Ranunculaceae | 294. 毛茛 ● | *Ranunculus japonicus* Thunb. | 直立草本 | LC | 本书 |
| 毛茛科 | Ranunculaceae | 295. 石龙芮 ● | *Ranunculus sceleratus* L. | 直立草本 | LC | 本书 |
| 莲科 | Nelumbonaceae | 296. 莲 ●■ | *Nelumbo nucifera* Gaertn. | 直立草本 | NA | 本书 |
| 扯根菜科 | Penthoraceae | 297. 扯根菜 ● | *Penthorum chinense* Pursh | 直立草本 | NT | 本书 |
| 小二仙草科 | Haloragaceae | 298. 黄花小二仙草 ● | *Gonocarpus chinensis* (Lour.) Orchard | 直立草本 | LC | 本书 |
| 小二仙草科 | Haloragaceae | 299. 粉绿狐尾藻 ◆ | *Myriophyllum aquaticum* (Vell.) Verdc. | 浮叶草本 | NA | 王瑞江，2019 |
| 小二仙草科 | Haloragaceae | 300. 矮狐尾藻 ● | *Myriophyllum humile* (Raf.) Morong | 沉水草本 | LC | 本书 |

续表

| 科中文名 | 科拉丁名 | 种中文名 | 种拉丁名 | 生活型 | 濒危评估等级 | 描述出处 |
|---|---|---|---|---|---|---|
| 小二仙草科 | Haloragaceae | 301. 穗状狐尾藻 ● | *Myriophyllum spicatum* L. | 沉水草本 | LC | 本书 |
| 小二仙草科 | Haloragaceae | 302. 狐尾藻 ● | *Myriophyllum verticillatum* L. | 沉水草本 | LC | 本书 |
| 豆科 | Fabaceae | 303. 敏感合萌 ◆ | *Aeschynomene americana* L. | 直立草本 | NA | 王瑞江, 2019 |
| 豆科 | Fabaceae | 304. 合萌 ◆ | *Aeschynomene indica* L. | 直立草本 | NA | 王瑞江, 2019 |
| 豆科 | Fabaceae | 305. 假含羞草 ◆■ | *Neptunia plena* (L.) Benth. | 直立草本 | NA | 本书 |
| 豆科 | Fabaceae | 306. 小刀豆 ●◇ | *Canavalia cathartica* Thouars | 匍匐草本 | LC | 王瑞江, 2020 |
| 豆科 | Fabaceae | 307. 海刀豆 ●◇ | *Canavalia rosea* (Sw.) DC. | 匍匐草本 | LC | 王瑞江, 2020 |
| 豆科 | Fabaceae | 308. 三叶鱼藤 ●◇ | *Derris trifoliana* Lour. | 木质藤本 | LC | 王瑞江, 2020 |
| 豆科 | Fabaceae | 309. 三点金 ● | *Desmodium triflorum* (L.) DC. | 直立草本 | LC | 本书 |
| 豆科 | Fabaceae | 310. 单叶木蓝 ●◇ | *Indigofera linifolia* (L. f.) Retz. | 匍匐草本 | LC | 王瑞江, 2020 |
| 豆科 | Fabaceae | 311. 九叶木蓝 ●◇ | *Indigofera linnaei* Ali | 匍匐草本 | LC | 王瑞江, 2020 |
| 豆科 | Fabaceae | 312. 光荚含羞草 ◆ | *Mimosa bimucronata* (DC.) Kuntze | 乔木 | NA | 王瑞江, 2019 |
| 豆科 | Fabaceae | 313. 巴西含羞草 ◆ | *Mimosa diplotricha* C. Wright | 直立草本 | NA | 王瑞江, 2019 |
| 豆科 | Fabaceae | 314. 含羞草 ◆ | *Mimosa pudica* L. | 直立草本 | NA | 王瑞江, 2019 |
| 豆科 | Fabaceae | 315. 水黄皮 ●◇ | *Pongamia pinnata* (L.) Pierre | 乔木 | LC | 王瑞江, 2020 |
| 豆科 | Fabaceae | 316. 望江南 ◆ | *Senna occidentalis* (L.) Link | 亚灌木 | NA | 王瑞江, 2019 |
| 豆科 | Fabaceae | 317. 决明 ◆ | *Senna tora* (L.) Roxb. | 亚灌木 | NA | 王瑞江, 2019 |
| 豆科 | Fabaceae | 318. 田菁 ◆ | *Sesbania cannabina* (Retz.) Poir. | 直立草本 | NA | 王瑞江, 2019 |
| 豆科 | Fabaceae | 319. 盐碱土坡油甘 ●◇ | *Smithia salsuginea* Hance | 直立草本 | DD | 野外未见 |
| 蔷薇科 | Rosaceae | 320. 龙芽草 ● | *Agrimonia pilosa* Ledeb. | 直立草本 | LC | 本书 |
| 鼠李科 | Rhamnaceae | 321. 马甲子 ●◇ | *Paliurus ramosissimus* (Lour.) Poir. | 灌木 | LC | 王瑞江, 2020 |
| 大麻科 | Cannabaceae | 322. 山黄麻 ● | *Trema tomentosa* (Roxb.) H. Hara | 乔木 | LC | 本书 |
| 桑科 | Moraceae | 323. 石榕树 ● | *Ficus abelii* Miq. | 灌木 | LC | 本书 |
| 桑科 | Moraceae | 324. 大果榕 ● | *Ficus auriculata* Lour. | 乔木 | LC | 本书 |
| 桑科 | Moraceae | 325. 水同木 ● | *Ficus fistulosa* Reinw. ex Blume | 乔木 | LC | 本书 |
| 桑科 | Moraceae | 326. 对叶榕 ● | *Ficus hispida* L. f. | 乔木 | LC | 本书 |
| 桑科 | Moraceae | 327. 榕树 ●◇ | *Ficus microcarpa* L. f. | 乔木 | LC | 王瑞江, 2020 |
| 桑科 | Moraceae | 328. 琴叶榕 ● | *Ficus pandurata* Hance | 灌木 | LC | 本书 |
| 荨麻科 | Urticaceae | 329. 鳞片水麻 ● | *Debregeasia squamata* King ex Hook. f. | 灌木 | LC | 本书 |
| 荨麻科 | Urticaceae | 330. 波缘冷水花 ● | *Pilea cavaleriei* H. Lév. | 直立草本 | LC | 本书 |
| 荨麻科 | Urticaceae | 331. 山冷水花 ■ | *Pilea japonica* (Maxim.) Hand.-Mazz. | 直立草本 | LC | 本书 |
| 荨麻科 | Urticaceae | 332. 小叶冷水花 ◆ | *Pilea microphylla* (L.) Liebm. | 直立草本 | NA | 王瑞江, 2019 |
| 荨麻科 | Urticaceae | 333. 冷水花 ● | *Pilea notata* C.H. Wright | 直立草本 | LC | 本书 |
| 荨麻科 | Urticaceae | 334. 雾水葛 ● | *Pouzolzia zeylanica* (L.) Benn. & R. Br. | 直立草本 | LC | 本书 |
| 胡桃科 | Juglandaceae | 335. 枫杨 ● | *Pterocarya stenoptera* C. DC. | 乔木 | LC | 本书 |
| 葫芦科 | Cucurbitaceae | 336. 盒子草 ● | *Actinostemma tenerum* Griff. | 缠绕草本 | LC | 本书 |
| 秋海棠科 | Begoniaceae | 337. 粗喙秋海棠 ● | *Begonia longifolia* Blume | 直立草本 | LC | 本书 |
| 卫矛科 | Celastraceae | 338. 鸡肫梅花草 ● | *Parnassia wightiana* Wall. ex Wight & Arn | 直立草本 | LC | 本书 |

| 科中文名 | 科拉丁名 | 种中文名 | 种拉丁名 | 生活型 | 濒危评估等级 | 描述出处 |
|---|---|---|---|---|---|---|
| 杜英科 | Elaeocarpaceae | 339. 水石榕 ●■ | *Elaeocarpus hainanensis* Oliv. | 乔木 | NA | 本书 |
| 红树科 | Rhizophoraceae | 340. 木榄 ●◇ | *Bruguiera gymnorhiza* (L.) Savigny | 乔木 | LC | 王瑞江, 2020 |
| 红树科 | Rhizophoraceae | 341. 海莲 ■◇ | *Bruguiera sexangula* (Lour.) Poir. | 乔木 | NA | 王瑞江, 2020 |
| 红树科 | Rhizophoraceae | 342. 角果木 ●◇ | *Ceriops tagal* (Perr.) C.B. Rob. | 灌木 | LC | 王瑞江, 2020 |
| 红树科 | Rhizophoraceae | 343. 秋茄树 ●◇ | *Kandelia obovata* Sheue, H.Y. Liu & J. Yong | 乔木 | LC | 王瑞江, 2020 |
| 红树科 | Rhizophoraceae | 344. 红海兰 ●◇ | *Rhizophora stylosa* Griff. | 乔木 | LC | 王瑞江, 2020 |
| 藤黄科 | Clusiaceae | 345. 地耳草 ● | *Hypericum japonicum* Thunb. | 直立草本 | LC | 本书 |
| 藤黄科 | Clusiaceae | 346. 三腺金丝桃 ● | *Triadenum breviflorum* (Wall. ex Dyer) Y. Kimura | 直立草本 | LC | 本书 |
| 川苔草科 | Podostemaceae | 347. 飞瀑草 ● | *Cladopus nymanii* H. A. Möller | 沉水草本 | NT | 本书 |
| 沟繁缕科 | Elatinaceae | 348. 田繁缕 ● | *Bergia ammannioides* Roxb. ex Roth | 直立草本 | DD | 野外未见 |
| 沟繁缕科 | Elatinaceae | 349. 大叶田繁缕 ● | *Bergia capensis* L. | 直立草本 | DD | 野外未见 |
| 沟繁缕科 | Elatinaceae | 350. 三蕊沟繁缕 ● | *Elatine triandra* Schkuhr | 匍匐草本 | LC | 本书 |
| 杨柳科 | Salicaceae | 351. 垂柳 ●■ | *Salix babylonica* L. | 乔木 | NA | 本书 |
| 杨柳科 | Salicaceae | 352. 长梗柳 ● | *Salix dunnii* C. K. Schneid. | 乔木 | LC | 本书 |
| 杨柳科 | Salicaceae | 353. 粤柳 ● | *Salix mesnyi* Hance | 乔木 | LC | 本书 |
| 杨柳科 | Salicaceae | 354. 四子柳 ● | *Salix tetrasperma* Roxb. | 乔木 | LC | 本书 |
| 杨柳科 | Salicaceae | 355. 箣柊 ● | *Scolopia chinensis* (Lour.) Clos | 乔木 | LC | 王瑞江, 2020 |
| 大戟科 | Euphorbiaceae | 356. 海滨大戟 ●◇ | *Euphorbia atoto* G. Forst. | 直立草本 | LC | 王瑞江, 2020 |
| 大戟科 | Euphorbiaceae | 357. 海漆 ●◇ | *Excoecaria agallocha* L. | 乔木 | LC | 王瑞江, 2020 |
| 大戟科 | Euphorbiaceae | 358. 厚叶算盘子 ● | *Glochidion hirsutum* (Roxb.) Voigt | 乔木 | LC | 本书 |
| 大戟科 | Euphorbiaceae | 359. 血桐 ●◇ | *Macaranga tanarium* (L.) Müll. Arg. var. *tomentosa* (Blume) Müll. Arg. | 乔木 | LC | 王瑞江, 2020 |
| 大戟科 | Euphorbiaceae | 360. 蓖麻 ◆ | *Ricinus communis* L. | 直立草本 | NA | 王瑞江, 2019 |
| 叶下珠科 | Phyllanthaceae | 361. 白饭树 ● | *Flueggea virosa* (Roxb. ex Willd.) Royle | 灌木 | LC | 本书 |
| 叶下珠科 | Phyllanthaceae | 362. 浮水叶下珠 ◆■ | *Phyllanthus fluitans* Benth. ex Müll. Arg. | 漂浮草本 | NA | 本书 |
| 叶下珠科 | Phyllanthaceae | 363. 叶下珠 ● | *Phyllanthus urinaria* L. | 直立草本 | LC | 本书 |
| 使君子科 | Combretaceae | 364. 拉关木 ◆■◇ | *Laguncularia racemosa* (L.) C. F. Gaertn. | 乔木 | NA | 王瑞江, 2020 |
| 使君子科 | Combretaceae | 365. 榄李 ●◇ | *Lumnitzera racemosa* Willd. | 灌木 | LC | 王瑞江, 2020 |
| 使君子科 | Combretaceae | 366. 榄仁树 ●◇ | *Terminalia catappa* L. | 乔木 | LC | 王瑞江, 2020 |
| 千屈菜科 | Lythraceae | 367. 耳基水苋 ● | *Ammannia auriculata* Willd. | 直立草本 | LC | 本书 |
| 千屈菜科 | Lythraceae | 368. 水苋菜 ● | *Ammannia baccifera* L. | 直立草本 | LC | 本书 |
| 千屈菜科 | Lythraceae | 369. 多花水苋 ● | *Ammannia multiflora* Roxb. | 直立草本 | LC | 本书 |
| 千屈菜科 | Lythraceae | 370. 香膏萼距花 ◆ | *Cuphea carthagenensis* (Jacq.) J. F. Macbr. | 直立草本 | NA | 王瑞江, 2019 |
| 千屈菜科 | Lythraceae | 371. 千屈菜 ● | *Lythrum salicaria* L. | 直立草本 | LC | 本书 |
| 千屈菜科 | Lythraceae | 372. 节节菜 ● | *Rotala indica* (Willd.) Koehne | 直立草本 | LC | 本书 |
| 千屈菜科 | Lythraceae | 373. 轮叶节节菜 ● | *Rotala mexicana* Schltdl. & Cham. | 直立草本 | DD | 野外未见 |

| 科中文名 | 科拉丁名 | 种中文名 | 种拉丁名 | 生活型 | 濒危评估等级 | 描述出处 |
|---|---|---|---|---|---|---|
| 千屈菜科 | Lythraceae | 374. 圆叶节节菜 ● | *Rotala rotundifolia* (Buch.-Ham. ex Roxb.) Koehne | 直立草本 | LC | 本书 |
| 千屈菜科 | Lythraceae | 375. 泽水苋 ● | *Rotala wallichii* (Hook. f.) Koehne | 直立草本 | DD | 野外未见 |
| 千屈菜科 | Lythraceae | 376. 无瓣海桑 ◆■◇ | *Sonneratia apetala* Buch.-Ham. | 乔木 | NA | 王瑞江, 2020 |
| 千屈菜科 | Lythraceae | 377. 海桑 ●◇ | *Sonneratia caseolaris* (L.) Engl. | 乔木 | LC | 王瑞江, 2020 |
| 千屈菜科 | Lythraceae | 378. 细果野菱 ● | *Trapa incisa* Siebold & Zucc. | 漂浮草本 | RE | 野外未见 |
| 千屈菜科 | Lythraceae | 379. 欧菱 ● | *Trapa natans* L. | 漂浮草本 | EN | 本书 |
| 柳叶菜科 | Onagraceae | 380. 柳叶菜 ● | *Epilobium hirsutum* L. | 直立草本 | LC | 本书 |
| 柳叶菜科 | Onagraceae | 381. 水龙 ● | *Ludwigia adscendens* (L.) H. Hara | 浮叶草本 | LC | 本书 |
| 柳叶菜科 | Onagraceae | 382. 翼茎丁香蓼 ◆ | *Ludwigia decurrens* Walter | 直立草本 | NA | 本书 |
| 柳叶菜科 | Onagraceae | 383. 草龙 ● | *Ludwigia hyssopifolia* (G. Don) exell | 直立草本 | LC | 王瑞江, 2019 |
| 柳叶菜科 | Onagraceae | 384. 毛草龙 ● | *Ludwigia octovalvis* (Jacq.) P. H. Raven | 直立草本 | LC | 王瑞江, 2019 |
| 柳叶菜科 | Onagraceae | 385. 卵叶丁香蓼 ● | *Ludwigia ovalis* Miq. | 匍匐草本 | DD | 野外未见 |
| 柳叶菜科 | Onagraceae | 386. 丁香蓼 ● | *Ludwigia prostrata* Roxb. | 直立草本 | DD | 野外未见 |
| 柳叶菜科 | Onagraceae | 387. 台湾水龙 ● | *Ludwigia × taiwanensis* C. I. Peng. | 浮叶草本 | LC | 本书 |
| 桃金娘科 | Myrtaceae | 388. 蒲桃 ● | *Syzygium jambos* (L.) Alston | 乔木 | LC | 本书 |
| 桃金娘科 | Myrtaceae | 389. 水翁 ● | *Syzygium nervosum* DC. | 乔木 | LC | 本书 |
| 野牡丹科 | Melastomataceae | 390. 野牡丹 ● | *Melastoma malabathricum* L. | 灌木 | LC | 本书 |
| 无患子科 | Sapindaceae | 391. 倒地铃 ● | *Cardiospermum halicacabum* L. | 攀缘草本 | LC | 本书 |
| 楝科 | Meliaceae | 392. 楝 ● | *Melia azedarach* L. | 乔木 | LC | 本书 |
| 楝科 | Meliaceae | 393. 木果楝 ■◇ | *Xylocarpus granatum* J. Koenig | 乔木 | NA | 王瑞江, 2020 |
| 锦葵科 | Malvaceae | 394. 银叶树 ◇ | *Heritiera littoralis* Aiton | 乔木 | LC | 王瑞江, 2020 |
| 锦葵科 | Malvaceae | 395. 黄槿 ●◇ | *Hibiscus tiliaceus* L. | 乔木 | LC | 王瑞江, 2020 |
| 锦葵科 | Malvaceae | 396. 马松子 ● | *Melochia corchorifolia* L. | 直立草本 | LC | 本书 |
| 锦葵科 | Malvaceae | 397. 白背黄花稔 ● | *Sida rhombifolia* L. | 直立草本 | LC | 本书 |
| 锦葵科 | Malvaceae | 398. 桐棉 ●◇ | *Thespesia populnea* (L.) Soland. ex Corr. | 乔木 | LC | 王瑞江, 2020 |
| 锦葵科 | Malvaceae | 399. 地桃花 ● | *Urena lobata* L. | 亚灌木 | LC | 本书 |
| 山柑科 | Capparaceae | 400. 树头菜 ●◇ | *Crateva unilocularis* Buch.-Ham. | 乔木 | LC | 王瑞江, 2020 |
| 十字花科 | Brassicaceae | 401. 弯曲碎米荠 ● | *Cardamine flexuosa* With. | 直立草本 | LC | 本书 |
| 十字花科 | Brassicaceae | 402. 碎米荠 ● | *Cardamine hirsuta* L. | 直立草本 | LC | 本书 |
| 十字花科 | Brassicaceae | 403. 豆瓣菜 ● | *Nasturtium officinale* W. T. Aiton | 直立草本 | LC | 本书 |
| 十字花科 | Brassicaceae | 404. 广州蔊菜 ● | *Rorippa cantoniensis* (Lour.) Ohwi | 直立草本 | LC | 本书 |
| 十字花科 | Brassicaceae | 405. 无瓣蔊菜 ● | *Rorippa dubia* (Pers.) H. Hara | 直立草本 | LC | 本书 |
| 十字花科 | Brassicaceae | 406. 风花菜 ● | *Rorippa globosa* (Turcz. ex Fisch. & C. A. Mey.) Hayek | 直立草本 | LC | 本书 |
| 十字花科 | Brassicaceae | 407. 蔊菜 ● | *Rorippa indica* (L.) Hiern | 直立草本 | LC | 本书 |
| 柽柳科 | Tamaricaceae | 408. 柽柳 ■◇ | *Tamarix chinensis* Lour. | 灌木 | NA | 王瑞江, 2020 |
| 蓼科 | Polygonaceae | 409. 毛蓼 ● | *Polygonum barbatum* L. | 直立草本 | LC | 本书 |

| 科中文名 | 科拉丁名 | 种中文名 | 种拉丁名 | 生活型 | 濒危评估等级 | 描述出处 |
|---|---|---|---|---|---|---|
| 蓼科 | Polygonaceae | 410. 火炭母 ● | *Polygonum chinense* L. | 直立草本 | LC | 本书 |
| 蓼科 | Polygonaceae | 411. 蓼子草 ● | *Polygonum criopolitanum* Hance | 直立草本 | LC | 本书 |
| 蓼科 | Polygonaceae | 412. 二歧蓼 ● | *Polygonum dichotomum* Blume | 直立草本 | LC | 本书 |
| 蓼科 | Polygonaceae | 413. 光蓼 ● | *Polygonum glabrum* Willd. | 直立草本 | LC | 本书 |
| 蓼科 | Polygonaceae | 414. 长箭叶蓼 ● | *Polygonum hastatosagittatum* Makino | 直立草本 | LC | 本书 |
| 蓼科 | Polygonaceae | 415. 水蓼 ● | *Polygonum hydropiper* L. | 直立草本 | LC | 本书 |
| 蓼科 | Polygonaceae | 416. 蚕茧草 ● | *Polygonum japonicum* Meisn. | 直立草本 | LC | 本书 |
| 蓼科 | Polygonaceae | 417. 愉悦蓼 ● | *Polygonum jucundum* Meisn. | 直立草本 | LC | 本书 |
| 蓼科 | Polygonaceae | 418. 柔茎蓼 ● | *Polygonum kawagoeanum* Makino | 直立草本 | LC | 本书 |
| 蓼科 | Polygonaceae | 419. 酸模叶蓼 ● | *Polygonum lapathifolium* L. | 直立草本 | LC | 本书 |
| 蓼科 | Polygonaceae | 420. 长鬃蓼 ● | *Polygonum longisetum* Bruijn | 直立草本 | LC | 本书 |
| 蓼科 | Polygonaceae | 421. 小蓼花 ● | *Polygonum muricatum* Meisn. | 直立草本 | LC | 本书 |
| 蓼科 | Polygonaceae | 422. 红蓼 ● | *Polygonum orientale* L. | 直立草本 | LC | 本书 |
| 蓼科 | Polygonaceae | 423. 习见蓼 ● | *Polygonum plebeium* R. Br. | 直立草本 | LC | 本书 |
| 蓼科 | Polygonaceae | 424. 疏蓼 ● | *Polygonum praetermissum* Hook. f. | 直立草本 | LC | 本书 |
| 蓼科 | Polygonaceae | 425. 伏毛蓼 ● | *Polygonum pubescens* Blume | 直立草本 | LC | 本书 |
| 蓼科 | Polygonaceae | 426. 刺蓼 ● | *Polygonum senticosum* (Meisn.) Franch. & Sav. | 直立草本 | LC | 本书 |
| 蓼科 | Polygonaceae | 427. 糙毛蓼 ● | *Polygonum strigosum* R. Br. | 直立草本 | LC | 本书 |
| 蓼科 | Polygonaceae | 428. 戟叶蓼 ● | *Polygonum thunbergii* Siebold & Zucc. | 直立草本 | DD | 野外未见 |
| 蓼科 | Polygonaceae | 429. 香蓼 ● | *Polygonum viscosum* Buch.-Ham. ex D. Don | 直立草本 | LC | 本书 |
| 蓼科 | Polygonaceae | 430. 虎杖 ● | *Reynoutria japonica* Houtt. | 直立草本 | LC | 本书 |
| 蓼科 | Polygonaceae | 431. 羊蹄 ● | *Rumex japonicus* Houtt. | 直立草本 | LC | 王瑞江，2020 |
| 蓼科 | Polygonaceae | 432. 长刺酸模 ● | *Rumex trisetifer* Stokes | 直立草本 | LC | 本书 |
| 蓝果树科 | Nyssaceae | 433. 喜树 ● | *Camptotheca acuminata* Decne. | 乔木 | VU | 本书 |
| 茅膏菜科 | Droseraceae | 434. 锦地罗 ● | *Drosera burmannii* Vahl | 莲座状草本 | LC | 本书 |
| 茅膏菜科 | Droseraceae | 435. 长叶茅膏菜 ● | *Drosera indica* L. | 直立草本 | LC | 本书 |
| 茅膏菜科 | Droseraceae | 436. 匙叶茅膏菜 ● | *Drosera spatulata* Labill. | 莲座状草本 | LC | 本书 |
| 猪笼草科 | Nepenthaceae | 437. 猪笼草 ● | *Nepenthes mirabilis* (Lour.) Druce | 攀缘草本 | VU | 本书 |
| 石竹科 | Caryophyllaceae | 438. 荷莲豆草 ● | *Drymaria cordata* (L.) Willd. ex Schult. | 直立草本 | LC | 本书 |
| 石竹科 | Caryophyllaceae | 439. 鹅肠菜 ● | *Myosoton aquaticum* (L.) Moench | 直立草本 | LC | 王瑞江，2019 |
| 石竹科 | Caryophyllaceae | 440. 漆姑草 ● | *Sagina japonica* (Sw.) Ohwi | 披散草本 | LC | 王瑞江，2020 |
| 石竹科 | Caryophyllaceae | 441. 雀舌草 ● | *Stellaria alsine* Grimm | 直立草本 | LC | 本书 |
| 苋科 | Amaranthaceae | 442. 土牛膝 ● | *Achyranthes aspera* L. | 直立草本 | LC | 王瑞江，2019 |
| 苋科 | Amaranthaceae | 443. 空心莲子草 ◆ | *Alternanthera philoxeroides* (Mart.) Griseb. | 直立草本 | NA | 王瑞江，2019 |

续表

| 科中文名 | 科拉丁名 | 种中文名 | 种拉丁名 | 生活型 | 濒危评估等级 | 描述出处 |
|---|---|---|---|---|---|---|
| 苋科 | Amaranthaceae | 444. 莲子草 ● | *Alternanthera sessilis* (L.) R. Br. ex DC. | 直立草本 | LC | 本书 |
| 苋科 | Amaranthaceae | 445. 刺苋 ◆ | *Amaranthus spinosus* L. | 直立草本 | NA | 王瑞江, 2019 |
| 苋科 | Amaranthaceae | 446. 凹头苋 ◆ | *Amaranthus blitum* L. | 直立草本 | NA | 王瑞江, 2019 |
| 苋科 | Amaranthaceae | 447. 海滨藜 ●◇ | *Atriplex maximowicziana* Makino | 匍匐草本 | LC | 王瑞江, 2020 |
| 苋科 | Amaranthaceae | 448. 匍匐滨藜 ●◇ | *Atriplex repens* Roth | 匍匐草本 | LC | 王瑞江, 2020 |
| 苋科 | Amaranthaceae | 449. 狭叶尖头叶藜 ●◇ | *Chenopodium acuminatum* Willd. subsp. *virgatum* (Thunb.) Kitam. | 直立草本 | LC | 王瑞江, 2020 |
| 苋科 | Amaranthaceae | 450. 土荆芥 ◆ | *Dysphania ambrosioides* (L.) Mosyakin & Clemants | 直立草本 | NA | 王瑞江, 2019 |
| 苋科 | Amaranthaceae | 451. 南方碱蓬 ●◇ | *Suaeda australis* (R. Br.) Moq. | 直立草本 | LC | 王瑞江, 2020 |
| 番杏科 | Aizoaceae | 452. 海马齿 ●◇ | *Sesuvium portulacastrum* (L.) L. | 直立草本 | LC | 王瑞江, 2020 |
| 番杏科 | Aizoaceae | 453. 假海马齿 ●◇ | *Trianthema portulacastrum* L. | 直立草本 | LC | 王瑞江, 2020 |
| 落葵科 | Basellaceae | 454. 落葵 ◆ | *Basella alba* L. | 缠绕草本 | NA | 本书 |
| 凤仙花科 | Balsaminaceae | 455. 华凤仙 ● | *Impatiens chinensis* L. | 直立草本 | LC | 本书 |
| 凤仙花科 | Balsaminaceae | 456. 绿萼凤仙花 ● | *Impatiens chlorosepala* Hand.-Mazz. | 直立草本 | LC | 本书 |
| 凤仙花科 | Balsaminaceae | 457. 鸭跖草状凤仙花 ● | *Impatiens commelinoides* Hand.-Mazz. | 直立草本 | LC | 本书 |
| 凤仙花科 | Balsaminaceae | 458. 管茎凤仙花 ● | *Impatiens tubulosa* Hemsl. | 直立草本 | LC | 本书 |
| 玉蕊科 | Lecythidaceae | 459. 玉蕊 ●◇ | *Barringtonia racemosa* (L.) Spreng. | 乔木 | NT | 王瑞江, 2020 |
| 报春花科 | Primulaceae | 460. 蜡烛果 ●◇ | *Aegiceras corniculatum* (L.) Blanco | 灌木 | LC | 王瑞江, 2020 |
| 报春花科 | Primulaceae | 461. 泽珍珠菜 ● | *Lysimachia candida* Lindl. | 直立草本 | LC | 本书 |
| 报春花科 | Primulaceae | 462. 星宿菜 ● | *Lysimachia fortunei* Maxim. | 直立草本 | LC | 本书 |
| 报春花科 | Primulaceae | 463. 黑腺珍珠菜 ● | *Lysimachia heterogenea* Klatt | 直立草本 | LC | 本书 |
| 猕猴桃科 | Actinidiaceae | 464. 水东哥 ● | *Saurauia tristyla* DC. | 乔木 | LC | 本书 |
| 茜草科 | Rubiaceae | 465. 水团花 ● | *Adina pilulifera* (Lam.) Franch. ex Drake | 灌木 | LC | 本书 |
| 茜草科 | Rubiaceae | 466. 细叶水团花 ● | *Adina rubella* Hance | 灌木 | LC | 本书 |
| 茜草科 | Rubiaceae | 467. 风箱树 ● | *Cephalanthus tetrandrus* (Roxb.) Ridsdale & Bakh. f. | 乔木 | LC | 本书 |
| 茜草科 | Rubiaceae | 468. 伞房花耳草 ● | *Hedyotis corymbosa* (L.) Lam. | 直立草本 | LC | 本书 |
| 茜草科 | Rubiaceae | 469. 盖裂果 ◆ | *Mitracarpus hirtus* (L.) DC. | 直立草本 | NA | 王瑞江, 2019 |
| 茜草科 | Rubiaceae | 470. 广州蛇根草 ● | *Ophiorrhiza cantoniensis* Hance | 直立草本 | LC | 本书 |
| 茜草科 | Rubiaceae | 471. 日本蛇根草 ● | *Ophiorrhiza japonica* Blume | 直立草本 | LC | 本书 |
| 茜草科 | Rubiaceae | 472. 鸡矢藤 ● | *Paederia foetida* L. | 攀缘草本 | LC | 王瑞江, 2019 |
| 茜草科 | Rubiaceae | 473. 白花蛇舌草 ● | *Scleromitrion diffusum* (Willd.) R. J. Wang | 直立草本 | LC | 本书 |
| 茜草科 | Rubiaceae | 474. 光叶丰花草 ◆ | *Spermacoce remota* Lam. | 直立草本 | NA | 王瑞江, 2019 |
| 茜草科 | Rubiaceae | 475. 水锦树 ● | *Wendlandia uvariifolia* Hance | 乔木 | LC | 本书 |
| 夹竹桃科 | Apocynaceae | 476. 海南杯冠藤 ●◇ | *Cynanchum insulanum* (Hance) Hemsl. | 攀缘草本 | LC | 王瑞江, 2020 |
| 夹竹桃科 | Apocynaceae | 477. 海杧果 ●◇ | *Cerbera manghas* L. | 乔木 | LC | 王瑞江, 2020 |

续表

| 科中文名 | 科拉丁名 | 种中文名 | 种拉丁名 | 生活型 | 濒危评估等级 | 描述出处 |
|---|---|---|---|---|---|---|
| 夹竹桃科 | Apocynaceae | 478. 海岛藤 ●◇ | *Gymnanthera oblonga* (Burm. f.) P.S. Green | 木质藤本 | LC | 王瑞江, 2020 |
| 夹竹桃科 | Apocynaceae | 479. 石萝藦 ● | *Pentasachme caudatum* Wall. ex Wight | 直立草本 | LC | 本书 |
| 紫草科 | Boraginaceae | 480. 柔弱斑种草 ● | *Bothriospermum zeylanicum* (J. Jacq.) Druce | 直立草本 | LC | 本书 |
| 紫草科 | Boraginaceae | 481. 大尾摇 ● | *Heliotropium indicum* L. | 直立草本 | LC | 本书 |
| 紫草科 | Boraginaceae | 482. 大苞天芥菜 ●◇ | *Heliotropium marifolium* Retz. | 直立草本 | DD | 野外未见 |
| 旋花科 | Convolvulaceae | 483. 原野菟丝子 ◆◇ | *Cuscuta campestris* Yunck. | 寄生草本 | NA | 王瑞江, 2019 |
| 旋花科 | Convolvulaceae | 484. 马蹄金 ● | *Dichondra micrantha* Urb. | 匍匐草本 | LC | 本书 |
| 旋花科 | Convolvulaceae | 485. 蕹菜 ● | *Ipomoea aquatica* Forssk. | 匍匐草本 | LC | 王瑞江, 2019 |
| 旋花科 | Convolvulaceae | 486. 假厚藤 ●◇ | *Ipomoea imperati* (Vahl) Griseb. | 匍匐草本 | LC | 王瑞江, 2020 |
| 旋花科 | Convolvulaceae | 487. 厚藤 ●◇ | *Ipomoea pes-caprae* (L.) R. Br. | 匍匐草本 | LC | 王瑞江, 2020 |
| 旋花科 | Convolvulaceae | 488. 羽叶薯 ●◇ | *Ipomoea polymorpha* Roem. & Schult. | 匍匐草本 | LC | 王瑞江, 2020 |
| 旋花科 | Convolvulaceae | 489. 管花薯 ●◇ | *Ipomoea violacea* L. | 匍匐草本 | LC | 王瑞江, 2020 |
| 旋花科 | Convolvulaceae | 490. 篱栏网 ●◇ | *Merremia hederacea* (Burm. f.) Hallier f. | 攀缘草本 | LC | 王瑞江, 2019 |
| 旋花科 | Convolvulaceae | 491. 盒果藤 ●◇ | *Operculina turpethum* (L.) Silva Manso | 攀缘草本 | LC | 王瑞江, 2020 |
| 茄科 | Solanaceae | 492. 苦蘵 ◆ | *Physalis angulata* L. | 直立草本 | NA | 王瑞江, 2019 |
| 茄科 | Solanaceae | 493. 少花龙葵 ◆ | *Solanum americanum* Mill. | 直立草本 | NA | 王瑞江, 2019 |
| 茄科 | Solanaceae | 494. 水茄 ◆ | *Solanum torvum* Sw. | 亚灌木 | NA | 王瑞江, 2019 |
| 楔瓣花科 | Sphenocleaceae | 495. 尖瓣花 ● | *Sphenoclea zeylanica* Gaertn. | 直立草本 | LC | 本书 |
| 车前科 | Plantaginaceae | 496. 毛麝香 ● | *Adenosma glutinosum* (L.) Druce | 直立草本 | LC | 本书 |
| 车前科 | Plantaginaceae | 497. 巴戈草 ◆■ | *Bacopa caroliniana* (Walter) B.L. Rob. | 直立草本 | NA | 本书 |
| 车前科 | Plantaginaceae | 498. 麦花草 ● | *Bacopa floribunda* (R. Br.) Wettst. | 直立草本 | DD | 野外未见 |
| 车前科 | Plantaginaceae | 499. 假马齿苋 ●◇ | *Bacopa monnieri* (L.) Wettst. | 直立草本 | LC | 王瑞江, 2020 |
| 车前科 | Plantaginaceae | 500. 田玄参 ◆ | *Bacopa repens* (Sw.) Wettst. | 直立草本 | NA | 本书 |
| 车前科 | Plantaginaceae | 501. 水马齿 ● | *Callitriche palustris* L. | 披散草本 | LC | 本书 |
| 车前科 | Plantaginaceae | 502. 广东水马齿 ● | *Callitriche palustris* var. *oryzetorum* (Petr.) Lansdown | 披散草本 | LC | 本书 |
| 车前科 | Plantaginaceae | 503. 泽番椒 ● | *Deinostema violacea* (Maxim.) T. Yamaz. | 直立草本 | LC | 本书 |
| 车前科 | Plantaginaceae | 504. 黄花水八角 ● | *Gratiola griffithii* Hook. f. | 直立草本 | LC | 本书 |
| 车前科 | Plantaginaceae | 505. 紫苏草 ● | *Limnophila aromatica* (Lam.) Merr. | 直立草本 | LC | 本书 |
| 车前科 | Plantaginaceae | 506. 中华石龙尾 ● | *Limnophila chinensis* (Osbeck) Merr. | 直立草本 | LC | 本书 |
| 车前科 | Plantaginaceae | 507. 抱茎石龙尾 ● | *Limnophila connata* (Buch.-Ham. ex D. Don) Hand.-Mazz. | 直立草本 | LC | 本书 |
| 车前科 | Plantaginaceae | 508. 直立石龙尾 ● | *Limnophila erecta* Benth. | 直立草本 | DD | 野外未见 |
| 车前科 | Plantaginaceae | 509. 异叶石龙尾 ● | *Limnophila heterophylla* (Roxb.) Benth. | 直立草本 | DD | 野外未见 |
| 车前科 | Plantaginaceae | 510. 有梗石龙尾 ● | *Limnophila indica* (L.) Druce | 直立草本 | DD | 野外未见 |
| 车前科 | Plantaginaceae | 511. 大石龙尾 ● | *Limnophila polystachya* Benth. | 直立草本 | LC | 本书 |
| 车前科 | Plantaginaceae | 512. 大叶石龙尾 ● | *Limnophila rugosa* (Roth) Merr. | 直立草本 | LC | 本书 |

| 科中文名 | 科拉丁名 | 种中文名 | 种拉丁名 | 生活型 | 濒危评估等级 | 描述出处 |
|---|---|---|---|---|---|---|
| 车前科 | Plantaginaceae | 513. 石龙尾 ● | *Limnophila sessiliflora* Blume | 直立草本 | LC | 本书 |
| 车前科 | Plantaginaceae | 514. 伏胁花 ◆ | *Mecardonia procumbens* (Mill.) Small | 直立草本 | NA | 王瑞江, 2019 |
| 车前科 | Plantaginaceae | 515. 小果草 ● | *Microcarpaea minima* (Retz.) Merr. | 直立草本 | LC | 本书 |
| 车前科 | Plantaginaceae | 516. 野甘草 ◆ | *Scoparia dulcis* L. | 直立草本 | NA | 王瑞江, 2019 |
| 车前科 | Plantaginaceae | 517. 茶菱 ● | *Trapella sinensis* Oliv. | 浮叶草本 | RE | 野外未见 |
| 车前科 | Plantaginaceae | 518. 直立婆婆纳 ◆ | *Veronica arvensis* L. | 直立草本 | NA | 本书 |
| 车前科 | Plantaginaceae | 519. 水苦荬 ● | *Veronica undulata* Jack ex Wall. | 直立草本 | LC | 本书 |
| 玄参科 | Scrophulariaceae | 520. 苦槛蓝 ●◇ | *Pentacoelium bontioides* Siebold & Zucc. | 灌木 | LC | 王瑞江, 2020 |
| 母草科 | Linderniaceae | 521. 长蒴母草 ● | *Lindernia anagallis* (Burm. f.) Pennell | 直立草本 | LC | 本书 |
| 母草科 | Linderniaceae | 522. 泥花草 ● | *Lindernia antipoda* (L.) Alston | 直立草本 | LC | 本书 |
| 母草科 | Linderniaceae | 523. 刺齿泥花草 ● | *Lindernia ciliata* (Colsm.) Pennell | 直立草本 | LC | 本书 |
| 母草科 | Linderniaceae | 524. 母草 ● | *Lindernia crustacea* (L.) F. Muell. | 直立草本 | LC | 本书 |
| 母草科 | Linderniaceae | 525. 狭叶母草 ● | *Lindernia micrantha* D. Don | 直立草本 | LC | 本书 |
| 母草科 | Linderniaceae | 526. 红骨母草 ● | *Lindernia mollis* (Benth.) Wettst. | 直立草本 | LC | 本书 |
| 母草科 | Linderniaceae | 527. 陌上菜 ● | *Lindernia procumbens* (Krock.) Philcox | 直立草本 | LC | 本书 |
| 母草科 | Linderniaceae | 528. 细茎母草 ● | *Lindernia pusilla* (Willd.) Bold. | 直立草本 | LC | 本书 |
| 母草科 | Linderniaceae | 529. 圆叶母草 ◆ | *Lindernia rotundifolia* (L.) Alston | 直立草本 | NA | 本书 |
| 爵床科 | Acanthaceae | 530. 小花老鼠簕 ●◇ | *Acanthus ebracteatus* Vahl | 直立草本 | LC | 王瑞江, 2020 |
| 爵床科 | Acanthaceae | 531. 老鼠簕 ●◇ | *Acanthus ilicifolius* L. | 直立草本 | LC | 王瑞江, 2020 |
| 爵床科 | Acanthaceae | 532. 海榄雌 ●◇ | *Avicennia marina* (Forsk.) Vierh. | 灌木 | LC | 王瑞江, 2020 |
| 爵床科 | Acanthaceae | 533. 狗肝菜 ● | *Dicliptera chinensis* (L.) Juss. | 直立草本 | LC | 本书 |
| 爵床科 | Acanthaceae | 534. 异叶水蓑衣 ◆■ | *Hygrophila difformis* (L. f.) Blume | 直立草本 | LC | 本书 |
| 爵床科 | Acanthaceae | 535. 水蓑衣 ● | *Hygrophila ringens* (L.) R. Br. ex Spreng. | 直立草本 | LC | 本书 |
| 爵床科 | Acanthaceae | 536. 蓝花草 ◆ | *Ruellia simplex* C. Wright | 直立草本 | NA | 本书 |
| 狸藻科 | Lentibulariaceae | 537. 黄花狸藻 | *Utricularia aurea* Lour. | 沉水草本 | LC | 本书 |
| 狸藻科 | Lentibulariaceae | 538. 南方狸藻 ● | *Utricularia australis* R. Br. | 沉水草本 | LC | 本书 |
| 狸藻科 | Lentibulariaceae | 539. 挖耳草 ● | *Utricularia bifida* L. | 直立草本 | LC | 本书 |
| 狸藻科 | Lentibulariaceae | 540. 短梗挖耳草 ● | *Utricularia caerulea* L. | 直立草本 | LC | 本书 |
| 狸藻科 | Lentibulariaceae | 541. 少花狸藻 ● | *Utricularia gibba* L. | 直立草本 | LC | 本书 |
| 狸藻科 | Lentibulariaceae | 542. 斜果挖耳草 ● | *Utricularia minutissima* Vahl | 直立草本 | LC | 本书 |
| 狸藻科 | Lentibulariaceae | 543. 齿萼挖耳草 ● | *Utricularia uliginosa* Vahl | 直立草本 | LC | 本书 |
| 狸藻科 | Lentibulariaceae | 544. 圆叶挖耳草 ● | *Utricularia striatula* Sm. | 直立草本 | LC | 本书 |
| 马鞭草科 | Verbenaceae | 545. 马缨丹 ◆ | *Lantana camara* L. | 灌木 | NA | 王瑞江, 2019 |
| 马鞭草科 | Verbenaceae | 546. 过江藤 ●◇ | *Phyla nodiflora* (L.) Greene | 匍匐草本 | LC | 王瑞江, 2020 |
| 马鞭草科 | Verbenaceae | 547. 假马鞭 ◆ | *Stachytarpheta jamaicensis* (L.) Vahl | 直立草本 | NA | 王瑞江, 2019 |
| 唇形科 | Lamiaceae | 548. 网果筋骨草 ●◇ | *Ajuga dictyocarpa* Hayata | 直立草本 | LC | 野外未见 |
| 唇形科 | Lamiaceae | 549. 苦郎树 ●◇ | *Clerodendrum inerme* (L.) Gaertn. | 灌木 | LC | 王瑞江, 2020 |
| 唇形科 | Lamiaceae | 550. 齿叶水蜡烛 ● | *Dysophylla sampsonii* Hance | 直立草本 | LC | 本书 |

| 科中文名 | 科拉丁名 | 种中文名 | 种拉丁名 | 生活型 | 濒危评估等级 | 描述出处 |
|---|---|---|---|---|---|---|
| 唇形科 | Lamiaceae | 551. 水虎尾 ● | *Dysophylla stellata* (Lour.) Benth. | 直立草本 | LC | 本书 |
| 唇形科 | Lamiaceae | 552. 水香薷 ● | *Elsholtzia kachinensis* Prain | 直立草本 | LC | 本书 |
| 唇形科 | Lamiaceae | 553. 香茶菜 ● | *Isodon amethystoides* (Benth.) H. Hara | 直立草本 | LC | 本书 |
| 唇形科 | Lamiaceae | 554. 溪黄草 ● | *Isodon serra* (Maxim.) Kudô | 直立草本 | LC | 本书 |
| 唇形科 | Lamiaceae | 555. 滨海白绒草 ●◇ | *Leucas chinensis* (Retz.) R. Br. | 直立草本 | LC | 王瑞江，2020 |
| 唇形科 | Lamiaceae | 556. 绉面草 ●◇ | *Leucas zeylanica* (L.) R. Br. | 直立草本 | LC | 王瑞江，2020 |
| 唇形科 | Lamiaceae | 557. 薄荷 ● | *Mentha canadensis* L. | 直立草本 | LC | 本书 |
| 唇形科 | Lamiaceae | 558. 水珍珠菜 ● | *Pogostemon auricularius* (L.) Hassk. | 直立草本 | LC | 本书 |
| 唇形科 | Lamiaceae | 559. 伞序臭黄荆 ●◇ | *Premna serratifolia* L. | 乔木 | LC | 王瑞江，2020 |
| 唇形科 | Lamiaceae | 560. 荔枝草 ● | *Salvia plebeia* R. Br. | 直立草本 | LC | 本书 |
| 唇形科 | Lamiaceae | 561. 半枝莲 ● | *Scutellaria barbata* D. Don | 直立草本 | LC | 本书 |
| 唇形科 | Lamiaceae | 562. 单叶蔓荆 ●◇ | *Vitex rotundifolia* L. f. | 木质藤本 | LC | 王瑞江，2020 |
| 通泉草科 | Mazaceae | 563. 通泉草 ● | *Mazus pumilus* (Burm. f.) Steenis | 直立草本 | LC | 本书 |
| 桔梗科 | Campanulaceae | 564. 铜锤玉带草 ● | *Lobelia nummularia* Lam. | 匍匐草本 | LC | 本书 |
| 桔梗科 | Campanulaceae | 565. 半边莲 ● | *Lobelia chinensis* Lour. | 匍匐草本 | LC | 本书 |
| 花柱草科 | Stylidiaceae | 566. 花柱草 ● | *Stylidium uliginosum* Sw. ex Willd. | 直立草本 | LC | 本书 |
| 睡菜科 | Menyanthaceae | 567. 小荇菜 ● | *Nymphoides coreana* (H. Lév.) H. Hara | 浮叶草本 | EN | 本书 |
| 睡菜科 | Menyanthaceae | 568. 海丰荇菜 ● | *Nymphoides coronata* (Dunn) Chun ex Y. D. Zhou & G. W. Hu | 浮叶草本 | RE | 野外未见 |
| 睡菜科 | Menyanthaceae | 569. 水皮莲 ● | *Nymphoides cristata* (Roxb.) Kuntze | 浮叶草本 | VU | 本书 |
| 睡菜科 | Menyanthaceae | 570. 金银莲花 ● | *Nymphoides indica* (L.) Kuntze | 浮叶草本 | LC | 本书 |
| 睡菜科 | Menyanthaceae | 571. 荇菜 ● | *Nymphoides peltata* (S. G. Gmelin) Kuntze | 浮叶草本 | DD | 野外未见 |
| 草海桐科 | Goodeniaceae | 572. 小草海桐 ●◇ | *Scaevola hainanensis* Hance | 直立草本 | LC | 王瑞江，2020 |
| 草海桐科 | Goodeniaceae | 573. 草海桐 ●◇ | *Scaevola taccada* (Gaertn.) Roxb. | 亚灌木 | LC | 王瑞江，2020 |
| 菊科 | Asteraceae | 574. 藿香蓟 ◆ | *Ageratum conyzoides* L. | 直立草本 | NA | 王瑞江，2019 |
| 菊科 | Asteraceae | 575. 熊耳草 ◆ | *Ageratum houstonianum* Mill. | 直立草本 | NA | 本书 |
| 菊科 | Asteraceae | 576. 钻叶紫菀 ◆ | *Aster subulatus* Michx. | 直立草本 | NA | 王瑞江，2019 |
| 菊科 | Asteraceae | 577. 鬼针草 ◆ | *Bidens pilosa* L. | 直立草本 | NA | 王瑞江，2019 |
| 菊科 | Asteraceae | 578. 石胡荽 ● | *Centipeda minima* (L.) A. Braun & Asch. | 直立草本 | LC | 本书 |
| 菊科 | Asteraceae | 579. 芫荽菊 ● | *Cotula anthemoides* L. | 铺散草本 | LC | 本书 |
| 菊科 | Asteraceae | 580. 鱼眼草 ● | *Dichrocephala integrifolia* (L. f.) Kuntze | 直立草本 | LC | 本书 |
| 菊科 | Asteraceae | 581. 鳢肠 ◆ | *Eclipta prostrata* (L.) L. | 直立草本 | NA | 王瑞江，2019 |
| 菊科 | Asteraceae | 582. 沼菊 ● | *Enydra fluctuans* Lour. | 直立草本 | LC | 本书 |
| 菊科 | Asteraceae | 583. 小蓬草 ◆ | *Erigeron canadensis* L. | 直立草本 | NA | 王瑞江，2019 |
| 菊科 | Asteraceae | 584. 田基黄 ● | *Grangea maderaspatana* (L.) Poir. | 铺展草本 | LC | 本书 |
| 菊科 | Asteraceae | 585. 裸冠菊 ◆ | *Gymnocoronis spilanthoides* (D. Don ex Hook. & Arn.) DC. | 直立草本 | NA | 王瑞江，2019 |
| 菊科 | Asteraceae | 586. 稻槎菜 ● | *Lapsanastrum apogonoides* (Maxim.) Pak & K. Bremer | 直立草本 | LC | 本书 |

| 科中文名 | 科拉丁名 | 种中文名 | 种拉丁名 | 生活型 | 濒危评估等级 | 描述出处 |
|---|---|---|---|---|---|---|
| 菊科 | Asteraceae | 587. 匍枝栓果菊 ●◇ | *Launaea sarmentosa* (Willd.) Kuntze | 匍匐草本 | LC | 王瑞江，2020 |
| 菊科 | Asteraceae | 588. 卤地菊 ●◇ | *Melanthera prostrata* (Hemsl.) W. L. Wagner & H. Rob. | 匍匐草本 | LC | 王瑞江，2020 |
| 菊科 | Asteraceae | 589. 薇甘菊 ◆ | *Mikania micrantha* Kunth | 匍匐草本 | NA | 王瑞江，2019 |
| 菊科 | Asteraceae | 590. 银胶菊 ◆ | *Parthenium hysterophorus* L. | 直立草本 | NA | 王瑞江，2019 |
| 菊科 | Asteraceae | 591. 阔苞菊 ●◇ | *Pluchea indica* (L.) Less. | 直立草本 | LC | 王瑞江，2020 |
| 菊科 | Asteraceae | 592. 翼茎阔苞菊 ◆ | *Pluchea sagittalis* (Lam.) Cabrera | 直立草本 | NA | 王瑞江，2019 |
| 菊科 | Asteraceae | 593. 假臭草 ◆ | *Praxelis clematidea* R.M. King & H. Rob. | 直立草本 | NA | 王瑞江，2019 |
| 菊科 | Asteraceae | 594. 虾须草 ● | *Sheareria nana* S. Moore | 直立草本 | LC | 本书 |
| 菊科 | Asteraceae | 595. 豨莶 ● | *Sigesbeckia orientalis* L. | 直立草本 | LC | 王瑞江，2019 |
| 菊科 | Asteraceae | 596. 裸柱菊 ◆ | *Soliva anthemifolia* (Juss.) R. Br. | 平卧草本 | NA | 王瑞江，2019 |
| 菊科 | Asteraceae | 597. 南美蟛蜞菊 ◆ | *Sphagneticola trilobata* (L.) Pruski | 匍匐草本 | NA | 王瑞江，2019 |
| 菊科 | Asteraceae | 598. 孪花菊 ●◇ | *Wollastonia biflora* (L.) DC. | 直立草本 | LC | 王瑞江，2020 |
| 菊科 | Asteraceae | 599. 北美苍耳 ◆ | *Xanthium chinense* Mill. | 直立草本 | NA | 王瑞江，2019 |
| 五加科 | Araliaceae | 600. 红马蹄草 ● | *Hydrocotyle nepalensis* Hook. | 直立草本 | LC | 本书 |
| 五加科 | Araliaceae | 601. 天胡荽 ● | *Hydrocotyle sibthorpioides* Lam. | 匍匐草本 | LC | 本书 |
| 五加科 | Araliaceae | 602. 破铜钱 ● | *Hydrocotyle sibthorpioides* var. *batrachium* (Hance) Hand.-Mazz. ex R. H. Shan | 匍匐草本 | LC | 本书 |
| 五加科 | Araliaceae | 603. 南美天胡荽 ◆ | *Hydrocotyle verticillata* Thunb. | 匍匐草本 | NA | 王瑞江，2019 |
| 五加科 | Araliaceae | 604. 肾叶天胡荽 ● | *Hydrocotyle wilfordii* Maxim. | 匍匐草本 | LC | 本书 |
| 伞形科 | Apiaceae | 605. 积雪草 ● | *Centella asiatica* (L.) Urb. | 匍匐草本 | LC | 本书 |
| 伞形科 | Apiaceae | 606. 蛇床 ● | *Cnidium monnieri* (L.) Cusson | 直立草本 | LC | 本书 |
| 伞形科 | Apiaceae | 607. 珊瑚菜 ●◇ | *Glehnia littoralis* F. Schmidt ex Miq. | 直立草本 | CR | 王瑞江，2020 |
| 伞形科 | Apiaceae | 608. 短辐水芹 ● | *Oenanthe benghalensis* (Roxb.) Benth. & Hook. f. | 直立草本 | LC | 本书 |
| 伞形科 | Apiaceae | 609. 水芹 ● | *Oenanthe javanica* DC. | 直立草本 | LC | 本书 |

注："●"表示本土植物；"◆"表示归化或入侵植物；"◇"表示近海和海岸植物；"■"表示栽培植物；"RE"表示可能区域野外灭绝（Regionally Extinct），"CR"表示极危等级（Critical Endangered），"EN"表示濒危等级（Endangered），"VU"表示易危等级（Vulnerable），"NT"表示近危等级（Near Threatened），"LC"表示无危等级（Least Concern），"DD"表示数据缺乏（Data Deficient），"NA"表示不适评估物种（Not Applicable）。

## （三）广东湿地植物物种组成分析

根据植物的生活类型，广东省分布的 583 种 8 亚种 18 变种湿地植物大体可分为乔木、灌木、草本和木质藤本植物四大类，其中乔木类（包括大型乔木状的种类）共 47 种 2 变种，灌木和亚灌木类植物 21 种，草本植物 512 种 8 亚种 16 变种，木质藤本植物 3 种。在种类数量上，草本植物为广东省湿地植物组成中的主要类型。

从种类科属组成上看，广东省湿地植物包括藻类植物 1 科 1 属 1 种，苔藓植物 1 科 2 属 2 种，蕨类植物 8 科 11 属 15 种 2 亚种，裸子植物 1 科 3 属 3 种 1 变种，被子植物 101 科 319 属 562 种 6 亚种 17 变种。

从来源上看，本土植物共有 488 种 8 亚种 17 变种，入侵与归化植物 95 种 1 变种。广东本土野生湿地植物中的草本植物（包括乔木状的露兜树和竹类）有 429 种 8 亚种 16 变种，是组成湿地植物的主要类型。而乔木类有 40 种，灌木类有 17 种，木质藤本植物有 3 种。

在广东省湿地植物中，种类数量最多的前 5 个科有禾本科（77 种 7 变种，其中本土野生植物 69 种 7 变种）、莎草科（50 种 2 亚种 1 变种，其中本土野生植物 48 种）、菊科（26 种，其中本土野生植物仅 12 种）、蓼科（24 种）、车前科（23 种 1 变种，其中本土野生植物 18 种 1 变种），它们构成了湿地植物的主体类型，而外来入侵植物大多为菊科植物。

## （四）广东湿地植物的濒危状况

广东省是湿地类型最丰富的省份之一，在 20 世纪 80 年代以前，许多湿地植物，尤其是水生植物，是广东地区最为常见的杂草（颜素珠，1983）。但是近 30 年来，随着经济发展，湿地的自然条件也发生了重大变化，进而影响了湿地生物多样性和生态的绿色发展。对湿地土地资源的不合理利用以及湿地破碎化剥夺了湿地植物的生境，工业废水、生活污水的无序排放和农田农药的大量使用严重影响了湿地植物的生长，外来湿地植物的入侵使得本地湿地植物生态位受到挤占，这些因素造成了本地湿地植物多样性的减少和湿地生态环境的恶劣。

根据世界自然保护联盟发布的物种濒危等级划分标准（IUCN, 2012a）和此标准在区域和国家水平上的应用指南（IUCN, 2012b）以及中国高等植物濒危状况评估结果（覃海宁等，2017）等，并结合我们自己的野外调查结果，对广东省湿地植物的濒危状况进行了重新评估（表 1）。结果表明，广东湿地植物中有野外灭绝种 8 种，分别为：中华水韭、水禾（图 16）、细果野菱、水鳖、海丰莕菜（图 17）、茶菱、旋苞隐棒花和冠果草，

图 16　泰国清迈市 Sirikit 王后植物园栽培的水禾　　　图 17　海南省文昌市龙马地区的海丰莕菜

这 8 种植物在多次调查中均没有找到其野生种群，可能已经在广东省内野外灭绝。

水禾主要生长在水质较好、水流较缓的溪流或池塘中，在我国主要分布在福建、广东、海南、台湾和云南等地和亚洲热带地区。但是由于水质和水环境的剧变，广东省野生的水禾种群可能已经灭绝，目前仅在一些植物园有栽培。

海丰苔菜于 1912 年在广东省海丰被发现并命名，此后 100 多年在广东野外未能再次找到，因此被确认为本种在广东省区域内已经灭绝。2013 年 12 月，海丰苔菜的野生种群在海南被人发现。

广东省目前受威胁的湿地植物有 32 种。极危等级的植物有水松、莼菜、睡莲、广西隐棒花、宽叶泽苔草、香根草、药用野生稻、普通野生稻、中华萍蓬草和珊瑚菜 10 种，其中珊瑚菜在 2018 年 9 月的超强台风 "山竹"登陆时被流沙深埋于地下且尚未再次发现。

濒危植物有北越隐棒花、虾子草、龙舌草、欧菱、小荇菜 5 种，这些水生植物对湿地生境的要求比较高，并且分布点很少，如调查所发现的小荇菜仅在珠海的一个小岛上生长，可能是我国目前分布最南的野生种群。

易危植物包括水蕨、矮慈姑和水筛属所有种和眼子菜属绝大部分种等 17 种。除此之外，近危植物有利川慈姑、野慈姑、小茨藻、水蓑、田葱、扯根菜、飞瀑草和玉蕊 8 种。在这些受威胁的植物种类中，欧菱、野慈姑、药用野生稻和普通野生稻等为重要农业作物近缘种，睡莲、眼子菜属植物、猪笼草、隐棒花属植物、中华萍蓬草、小荇菜、水皮莲、宽叶泽苔草等为重要的观赏植物，莼菜和欧菱等为重要野生果蔬和淀粉植物，香根草为重要水土保持植物，水松、莼菜以及水蕨和喜树等具有重要科研价值。

根据国家林业和草原局、农业农村部于 2021 年 9 月 7 日公布的《国家重点保护野生植物名录》，广东省湿地植物中共有国家一级重点保护野生植物 2 种，分别为中华水韭和水松，其中中华水韭在仁化有记载，但后来再未能发现，可能已经野外灭绝；国家二级重点保护野生植物有 12 种，分别为水蕨、莼菜、高雄茨藻、龙舌草、水禾、药用野生稻、普通野生稻、拟高粱、中华结缕草、飞瀑草、细果野菱和珊瑚菜。这些植物种群数量较少，对生境变化极为敏感，部分种类可能已经在广东野外灭绝。

另外，由于原来记载在广东省有分布的 37 种湿地植物未能在野外调查时发现，因此无法提供足够的种群和个体数据而进行评估。由于这些种类大多为水生杂草（颜素珠，1983; 刁正俗，1990），对生境的适应性相对较强，其野生种群可能在某个小区域内仍会存在，尚需在更广泛和深入的调查后再另行评估。

无论是在广东省还是在全国范围内，致使湿地植物濒危的最直接因素就是人们对湿地的大肆开发和利用，如对海岸滩涂的过度围垦和工程建设、对湖泊池塘的大量填埋和渔业养殖以及对河流湿地进行非保护性的景观修复和改造等是造成湿地植物急剧减少的直接原因（图 18）。此外，肆意在

图 18 广东省四会市下茆镇红卫村附近的河道修复与改造工程

河流中挖取河沙对水生植物的生境也构成了灭绝性的影响（黄川腾等，2016）。

另外，湿地污染也是湿地植物濒危的主要因素。含有污染物的废水长期排入江河、水库、湖泊，以及在农田中大量使用农药、化肥等化学产品，使湿地环境受到长期的损害，加剧了江河湖泊水体的富营养化，影响了大量本土湿地植物的生长。如以前被视为杂草的水蕨、水皮

图 19　广东省东莞市华阳湖国家湿地公园覆于水面上的蕹菜群落

莲、欧菱、龙舌草等，由于水体的污染和大量除草剂的使用，现在极少见到。沉水和浮叶植物对湿地生境的依赖性非常高、种群迁移能力较弱，对水质的要求也极为严格，因此一旦水体环境受到影响，其种群就会因无法适应而整体死亡和消失。

还有，外来物种的引入、过度种植和生态入侵也是造成本土湿地植物减少及湿地生境恶化的重要原因。如我国于 20 世纪 90 年代引入栽培的无瓣海桑在海岸带区域过度种植，在一些地区已经形成了入侵，其大量的种子随海水漂流至本土红树林植物群落后迅速建立种群，抢占了其他植物的生长空间。常见的湿地外来入侵植物还有凤眼蓝、喜旱莲子草、大藻等。另外，一些被遗弃的本土植物，如蕹菜，也能在河流或池塘水面上大量生长，覆于水面之上，严重影响水体环境（图 19）。

## （五）广东湿地的入侵植物

外来植物入侵的主要原因是人为有意或无意引进后管理不当，加之这些外来植物的繁殖力和适应能力特别强，会与本土植物竞争生态位，使得本土植物失去生存空间而死亡或其生长地生境受到严重影响。依据《中国入侵植物名录》（马金双，李惠茹，2018）及查阅相关文献，整理出广东湿地外来植物共 94 种 1 变种，其中入侵植物 66 种，其他 28 种 1 变种为栽培植物。在外来入侵植物中，菊科有 14 种，豆科有 9 种，禾本科有 8 种，这三个科占所有外来入侵植物种类总数的 46.27%，对湿地生境危害也最为严重。另外，外来入侵植物中绝大多数为草本植物，有 61 种，占入侵植物总数的 92.42%。

图 20　广东省茂名市茂南区镇盛镇沼泽地的凤眼蓝群落

漂浮植物凤眼蓝，又称水浮莲、水葫芦，对淡水湿地生态系统的危害最大。凤眼蓝原产巴西，现在广泛入侵我国南部各省，为世界 100 种危害最大的种类之一。当它们大量漂浮于水面并迅速生长时，其落叶等沉积物不仅会造成水质的恶化，还会使水中缺少空气和阳光而影响鱼虾及其他水底生物的生存（图 20）。

另外，薇甘菊也是世界上 100 种危害最大的入侵植物之一。这种植物在水面下降或干涸后会疯狂地缠绕在其他高大草本和灌木上生长，甚至会覆盖一大片，使许多本土植物因失去光照和生存空间而死亡。

茨藻叶水蕴草和花水藓是我国新归化入侵植物，原产南美洲，最早作为观赏植物引进中国，常用于水族馆或公园水生植物观赏。2019 年 11 月 24 日，在江门恩平市大田镇的水域中发现了大量的茨藻叶水蕴草和花水藓，这可能是水族箱养殖后，丢弃在自然水体中生长并通过营养繁殖逐渐扩大形成的（苏凡等，2020；Su et al., 2020）。调查队采集少量个体置于温室水箱中观察，发现其繁殖速度过快，要加以警惕。

在沿海湿地，特别是在河口地区的红树林湿地公园中，外来植物大量引种栽培，主要树种有拉关木和无瓣海桑。这些速生红树林植物虽然在一定程度上能快速地弥补本地物种因生长过慢而无法满足观赏、生态恢复和防护堤岸等的需要，但是大面积种植会使这些外来植物快速占领非种植区，并通过自然扩散侵占本地红树林的生态位，形成生态入侵（邓必玉等，2020）。

拉关木原产美洲东岸和非洲西部沿海地区，作为营造红树林的先锋树种和速生树种，1999 年从墨西哥引入我国。在海南省成功培育出大量苗木后，推广种植到广东、广西和福建等地，形成面积较大的优势群落，并在一定区域内影响了本地乡土植物的生长和扩散（图 21）。据观测，拉关木母树下的幼苗密度可以达到 600 株 /

图21　广东省茂名市电白区水东湾海洋公园种植的拉关木人工林

hm²，形成了丰富的种源库。此外，拉关木可以通过化感作用抑制桐花树的生长（杨珊等，2020）。

　　20世纪80年代，为了使我国的海岸植被得到快速恢复，我国研究人员从孟加拉国引进了红树林速生树种无瓣海桑到海南东寨港进行试种。经过多次试验，终于成功培育出大量的幼苗并北移至湛江市雷州地区种植，并在此后十多年的时间里大面积推广到我国南部沿海滩涂地区种植。同拉关木一样，无瓣海桑快速形成优势种群并迅速向外围的非种植区扩散，形成明显的生态入侵（图22）。

　　互花米草原产美洲大西洋沿岸，我国于1979年从美国引入进行栽培和开发。由于其极强的入侵性和覆盖性，会大面积破坏沿海滩涂的生物栖息环境，严重损坏本土红树林生态系统的结构和功能，目前已经成为影响我国沿海滩涂生态健康的重要杀手之一，于2003年被列入《中国第一批外来入侵物

图22　广东省恩平市镇海湾红树林湿地公园的无瓣海桑人工林和秋茄天然群落

种名单》（图23）。

　　除了外来植物的入侵外，当河岸湿地生态系统受损时，一些适生性很强的本地植物也常常趁机侵入并形成单种优势群落，如孪花菊和鸡矢藤。鸡矢藤往往生长于其他植物上，形成一层厚厚的覆盖层。孪花菊等能通过化感作用导致下面十分脆弱的红树林植物因缺少阳光和受到化感而很快死亡（图24）。

　　在对广东省珠海市斗门区的水松人工群落进行调查时，我们还发现鸡矢藤和薇甘菊叠加生长并攀附于10多米高的水松树上，对水松群落形成毁灭性破坏（图25）。由于这两种植物的生长期和开花期不同，这种"和

图23　广东省湛江市坡头区南三镇北头寮村海滩的互花米草群落

图24　广东省阳江市阳东区漠阳河边的孪花菊和鸡矢藤群落

图 25　广东省珠海市斗门区被鸡矢藤和薇甘菊覆盖的水松人工林

谐共生"的现象使得大多数水松林的健康状况受到极大威胁。

# 四、广东湿地植物保护策略

相比于对陆生植物资源的保护力度和强度，我国目前对野生湿地植物资源的保护还比较薄弱，并且大部分种类缺少专门管理，放任其自生自灭。因此，从整体来说，只有加强对湿地的管理强度和力度，提高人们的湿地保护意识，并规划好湿地的发展等工作，才能使湿地的生物多样性和生态服务功能得到最大限度的发挥。

## （一）法律法规的制定与强化实施

2000 年，国家林业局主持制定了《中国湿地保护行动计划》，2004 年 2 月 2 日开始实施《全国湿地保护工程规划》。为使湿地保护管理与国家接轨，广东省在 2006 年制定并颁布了《广东省湿地保护条例》。该条例先后于 2014 年和 2018 年进行了两次修正，2021 年 1 月 1 日，经第三次修订后的《广东省湿地保护条例》也已经实施，这将为广东湿地保护提供更加明确的法律依据，进一步遏制湿地违法行为，保护湿地资源，维护生态平衡，推进生态文明建设。但是对于这些条例的贯彻和执行，还需要进一步加强。

国家林业局于 2013 年 3 月 28 日发布了《湿地保护管理规定》，并于 2017 年 12 月 5 日进行了修改，这为加强湿地保护管理，履行《国际湿地保护公约》提供了更为坚强的法律基础。为了更好地加强国家湿地公园建设和管理，促进国家湿地公园健康发展，有效保护湿地资源，根据《湿地保护管理规定》和《国务院办公厅关于印发湿地保护修复制度方案的通知》，国家林业局于 2017 年 12 月 27 日也将修改后的《国家湿地公园管理办法》进行了印发。

此外，为贯彻落实《水污染防治行动计划》，切实做好水生生物多样性保护工作，生态环境部会同农业农村部、水利部制定了《重点流域水生生物多样性保护方案》并于 2018 年 3 月 22 日正式印发。该方案对珠江流域水生生物多样性及保护现状、面临的主要威胁、保护重点和保护任务进行了分析和说明，为维护珠江流域湿地生态系统的完整性和自然性，改善水生生物生存环境保，保护水生生物多样性，促进人与自然和谐共生提供了重要指导。

2018 年 7 月 25 日，国务院印发了《关于加强滨海湿地保护严格管控围填海的通知》（国发〔2018〕24 号），进一步明确了对近海湿地生态环境的保护和修复工作。2019 年 3 月 26 日，广东省人民政府结合本省的实际情况，也制定并印发了《广东省加强滨海湿地保护严格管控围填海实施方案》。这一方案对围填海项目的审批和生态修复以及责任主管单位进行了更为明确的规定，为全省海岸湿地自然生物资源的有效保护提供了充分的法规保障。

2021 年 9 月 7 日，国家林业和草原局和农业农村部发布了第 15 号公告，并公布了修订后的《国家重点保护野生植物名录》。此名录包括了广东省有分布的多种湿地和水生植物，这为野生植物的保护在提供法律保障的同时，也对开展湿地植物的保护行动提出了更高的要求。

## （二）提高政府和公众对湿地生态系统的科学保护和修复

尽管目前广东省已经颁布了相关的湿地保护条例，但是对此条例的宣传和执行力度尚显不足，大多数的湿地生物多样性保护的普及力度也不够，造成了人们对湿地生物多样性保护重要性等不够重视。在调查过程中，发现广东省部分地区还存在着对湿地盲目开垦、非法占用、不合理建设、污染、随意排放等现象，因此，各级政府管理部门应高度重视湿地保护工作，加大宣传力度，让人们更多地了解湿地生物多样性保护的重要性，提高全社会的保护意识，让人们意识到，保护湿地生物多样性就是保护我们人类自己。

另外，政府部门在对村镇河道和城市湿地进行生态修复工程时，应提高对湿地生态系统修复的科学认识，避免为了营造良好的景观效果而进行过度修复的行为。例如，一些生长在河中的水草连同河道底泥一起被全面清理，河岸堤坝也全面硬化，损害了生物的栖息地，也破坏了生物传播的生态廊道。

## （三）加强对湿地水体污染源的治理

水污染是造成湿地生物大量减少甚至灭绝和湿地生态系统损害的直接原因。为了防止污染水源进入湿地生态系统，应杜绝未经处理的城镇污水直接流入河流和湖泊。同时，也要控制农业源的污染，逐渐完善污水处理系统，循环利用水资源，使水资源的利用最大化。

　　农业面源污染主要是农村地区在农业生产和居民生活过程中产生的、未经合理处置的污染物对水体、土壤和空气及农产品造成的污染，具有污染物的数量和种类不确定、分布范围广、防治难度大等特点。城镇生活污水和稻田中农药、化肥残留物是造成河流上中游水体污染的主要因素。许多农村建造的生活污水处理设施，由于技术指标不达标或处理流程不合理而往往形同虚设。

　　以珠江河口滨海湿地为例，随着珠江流域社会经济的快速发展、城市化进程的加快以及沿岸生活污水和工业废水的大量排放，珠江口区域的水体质量呈现恶化趋势。未经处理的工业废水往往含有大量的重金属和有毒物质，因具有持久性、生物富集和放大作用，成为湿地生物的杀手（马玉等，2011）。

　　为了保护和改善海洋湿地环境，维护生态平衡，保障人体健康，促进经济和社会的可持续发展，全国人大常委会于2017年11月4日发布了修正后的《中华人民共和国海洋环境保护法》，进一步加强了对陆源污染物、海岸工程建设项目、海洋工程建设项目和船舶及有关作业活动等对海洋环境污染的防治和惩治，使近海滨海湿地生态环境得到了进一步的保护。

## （四）加大建设和保护湿地自然保护地力度

　　湿地的开发会导致湿地生态的片断化和影响湿地生态系统的稳定，因此要严格禁止违法开发和建设活动。同时，广东是湿地大省，要增加不同种类的自然和人工湿地保护区，保护现有的湿地环境和资源，还要积极疏通河道，退田还湖，退塘还湿，利用湖泊周围和河流上游来扩大湿地植物分布。同时，将目前已有的湿地公园和保护区等作为受威胁湿地植物保护的"避难所"，做好湿地植物的就地和迁地保育工作。

　　目前，广东省政府在湿地保护的法规和制度制定方面出台了一些重要文件，在湿地公园和保护区建设方面也做了大量工作。全省已经建成国家湿地公园27个、省级湿地公园6个，然而，由于土地权属不清或利益分配问题，许多湿地资源还没有得到很好的保护，一些湿地特有的植物资源也面临着消失，如普通野生稻和香根草。

　　广东省是我国最大面积的野生稻种群的分布地，其主要生长在高州和吴川等地的沼泽或河流岸边（图26）。野外调查发现，这些分布点基本上没有受到有效管理和专门的管护，除了有放养水牛啃食外，一些外来植物如凤眼蓝、

图26　广东省茂名市高州市镇江镇那射村的野生稻种群

薇甘菊等随时可能形成入侵而将野生稻覆盖致死。

另外，长期以来人们大多注重对陆生植物的保护，较少关注湿地植物的情况，对湿地植物种类、分布和动态变化情况了解很少。从广东省乃至全国范围来看，人们尚缺乏湿地植物的保护意识，这对于保护和利用湿地植物资源极为不利。

## （五）建立健全湿地生态监测体系

在开展湿地资源调查的基础上，建立完善的湿地监测体系，全面掌握湿地的动态变化情况，对于保护广东省的湿地和实现广东省的经济持续发展具有重大意义。可通过逐步建立湿地监测系统，建立包括数据库、动态预估模型、地理信息系统和多媒体技术的现代化湿地信息管理系统，来监测湿地生物多样性动态变化情况、开发和受威胁情况以及管理变化情况。

宏观上，遥感技术以其覆盖范围大、人力成本低、时空分辨率高的特点，已经成为实现生态监测和评估的主要手段（吴志峰等，2020）。尽管这一技术对于揭示湿地时空动态变迁与变化格局、探究湿地退化机制等可以发挥大尺度的作用，但在具体保护措施的实施上，应广泛建立适于湿地生态系统的固定样地，从物种组成变化、群落演替阶段和生态景观动态等层次进行监测。重点分析影响湿地生物多样性的生物和非生物因子，如外来物种入侵、家畜放牧破坏、湿地水体质量等，以及时采取防治和保护措施。

## （六）加强科学研究和国际合作交流

《湿地公约》《生物多样性公约》《联合国海洋法公约》等系列有关湿地保护的国际协议或协定的签订，为我国与其他国家开展对湿地生态系统的研究和保护提供了最好的工作保障，也为中国履行国际公约提供了指导，并且也有利于中国湿地保护项目的开展和扩大我国在国际生物多样性保护领域的影响力。这主要表现在以下两方面：

一是积极从国际上争取湿地保护资金，如我国已经与湿地国际（WI）、全球环境基金（GEF）、联合国开发计划署（UNDP）等国际机构和组织在湿地保护、湿地自然保护区建设和人才培训等方面进行了合作。如2001年起，中国和荷兰两国政府通过中荷合作红树林综合管理和沿海保护项目（IMMCP）对湛江红树林国家级自然保护区及其海岸带自然资源实施了保护和管理，并取得了很大的成效。目前，中国湿地保护的国际合作方式从较为单一的国外资金投放转向了包括信息、技术方面的合作，由被动接受国外资金到主动购买技术。

二是加强国际湿地合作研究与人才培养。可以预见的是，在未来相当长的时间里，经济全球化对自然资源保护的压力还将不断增加，湿地保护仍然面临严峻挑战，这就需要进一步加强国际和区域合作。通过不断扩大国际交流与合作，不但可以深入探讨湿地保护中的科学问题，也可以积极引进和吸收国际上湿地保护的先进理念与技术，推动我国湿地保护事业的共同发展。

# 第二章

## 广东湿地植物种类详述

# 一、藻类植物  Algae

## 轮藻科 Characeae

### 普生轮藻 *Chara vulgaris* L.

**形态特征**：沉水植物。茎节上具有 1~2 轮托叶，轮枝 7~9 一轮。配子囊生于轮枝中下部；藏卵器位于藏精器上方，藏卵器卵形至广卵形，藏精器球形，藏精器比藏卵器直径大。

**产地**：佛山、连平、翁源（苏凡、郭亚男和梁丹 AP0014，IBSC）等地。野外偶见。

**分布**：我国大部分地区（邱丽氛，凌元洁，2007）。

**生境**：透明度高的水沟、水田、池塘和沼泽中。

**用途**：普生轮藻具有一定的化感作用。研究表明，其浸提取液对产生水华的铜绿微囊藻（*Microcystis aeruginosa*）和斜生栅藻（*Scenedesmus obliquus*）无论是单生还是共生群体都可以产生很强的抑制作用，对保持浅水区域水体透明度可起到重要作用（何宗祥等，2014）。

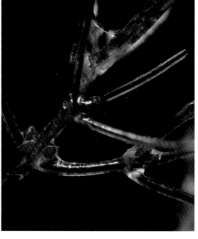

# 二、苔类植物 Liverworts

## 钱苔科 Ricciaceae

### 1. 叉钱苔 *Riccia fluitans* L.

**形态特征**: 漂浮植物。叶状体扁平、狭带状，多次二歧分枝，常由一个长主歧分生出许多侧短枝，形似鹿角，生长在泥湿之地的比生长在水中的要短，常密集成丛，上下重叠。陆生湿地类型腹面有假根，浮生水面的不生长假根。雌雄同株，含叶绿体，精子器和颈卵器都埋没在组织中。

**产地**: 龙门、翁源（苏凡、郭亚男和梁丹 AP0013，IBSC）、肇庆等地。野外偶见。

**分布**: 我国秦岭以南各地。全球广布。

**生境**: 水沟、水田中或荫棚土上。

**用途**: 本种目前被大量繁殖，用于水族箱中观赏。

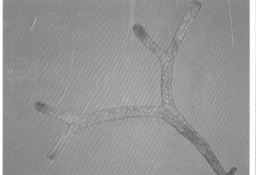

## 2. 浮苔 *Ricciocarpus natans* (L.) Corda

**形态特征:** 漂浮植物。植株为叶状体; 具有明显的背腹面, 先端两歧分叉, 质轻而肉厚。腹面生须根状鳞片, 极薄而透明, 初生时绿色, 水中的会渐变成紫色, 长在湿地上的则为绿色。雌雄同株, 精子器和颈卵器单生, 深陷叶状体上; 浮生在水面上的浮苔不长孢子体。

**产地:** 广州 (增城)、仁化 (苏凡、郭亚男和梁丹 AP0018, IBSC)、肇庆 (鼎湖) 等地。野外常见。

**分布:** 福建、黑龙江、辽宁、四川、台湾等省。日本, 朝鲜; 俄罗斯。欧洲; 大洋洲; 北美洲。

**生境:** 湖泊、水田或河流中, 水位下降时可生长在岸边泥上。

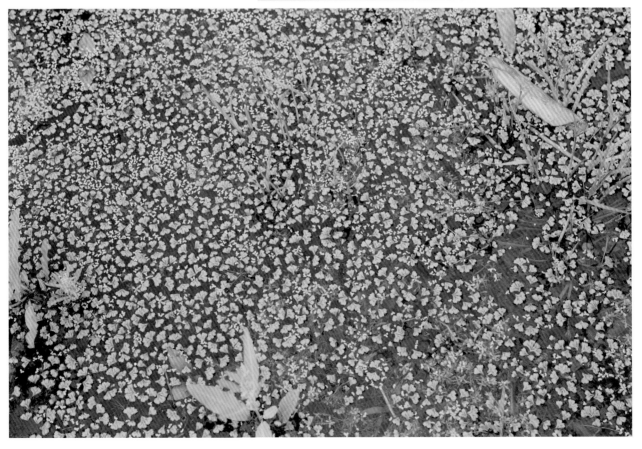

# 三、 蕨类植物 Ferns

## （一）木贼科 Equisetaceae

### 1. 节节草 *Equisetum ramosissimum* Desf.

**形态特征：** 直立草本，高 20~60 cm。根茎直立，横走或斜升。地上枝多年生，主枝多在下部分枝，常形成簇生状。鞘齿披针形，灰白色或少数中央为黑棕色。孢子囊穗短棒状或椭圆形，顶端有小尖突，无柄。孢子囊常于夏秋季成熟。

**产地：** 广东大部分地区（梅州，苏凡和袁明灯 1549，IBSC）。野外常见。

**分布：** 我国大部分省区。世界热带及亚热带各地。

**生境：** 河流岸边、林下或水田潮湿处。

## 2. 笔管草 *Equisetum ramosissimum* subsp. *debile* (Roxb. ex Vaucher) Hauke

**形态特征:** 与原亚种的区别在于,本亚种为多年生草本,高 60 cm 以上。主枝较粗;幼枝的轮生分枝不明显。鞘齿黑棕色或淡棕色,齿上气孔带明显或不明显。孢子囊常于夏秋季成熟。

**产地:** 广东各地(新丰,苏凡和袁明灯 1561,IBSC)。野外常见。

**分布:** 我国大部分地区。亚洲和太平洋岛屿。

**生境:** 河流岸边、农田或林下潮湿处。

**识别要点:** 笔管草明显要比节节草高;节节草幼枝的轮生分枝明显,笔管草的不明显;节节草鞘齿多为灰白色,而笔管草鞘齿为黑棕色或淡棕色。

# （二）瓶尔小草科 Ophioglossaceae

### 3. 瓶尔小草 *Ophioglossum vulgatum* L.

**形态特征**：植株具肉质粗根，可横走而生出新植株。叶常单生；营养叶卵状长圆形或狭卵形，先端钝圆或急尖，基部急剧变狭并稍下延，微肉质至草质，全缘；孢子叶自营养叶基部生出，先端尖，高于营养叶。常见于春季。

**产地**：广东大部分地区。野外少见。

**分布**：我国长江以南地区。印度，日本，朝鲜，斯里兰卡；澳大利亚；欧洲；美洲。

**生境**：江边潮湿的石缝中、潮湿的草地上以及池塘边上。

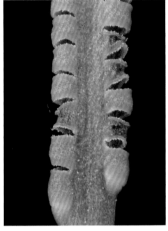

# （三）紫萁科 Osmundaceae

## 4. 紫萁 *Osmunda japonica* Thunb.

**形态特征**：植株高 50~80 cm。叶簇生，幼时密被绒毛；叶三角状宽卵形，顶部为一回羽状，下部为二回羽状；羽片 5~6 对，对生或近对生，长圆形或长圆披针形。能育叶与不育叶等高或稍高，小羽片线形。孢子囊密生于中肋两侧。常于夏秋季成熟。

**产地**：广东大部分地区。野外常见。

**分布**：我国北部、东部和南部大部分地区。不丹，印度，日本，朝鲜，缅甸，巴基斯坦，泰国，越南。

**生境**：山谷溪流石边。

## 5. 华南紫萁 *Osmunda vachellii* Hook.

**形态特征**: 植株高可达 1m。根状茎直立,有主轴。叶簇生于茎顶;叶长圆形,一回羽状;羽片 15~20 对,近对生,长圆形。下部数对羽片能育。孢子囊穗深棕色。

**产地**: 广东大部分地区。野外常见。

**分布**: 我国北部、东部和南部大部分地区。日本,朝鲜;南亚至东南亚。

**生境**: 山中溪流石边。

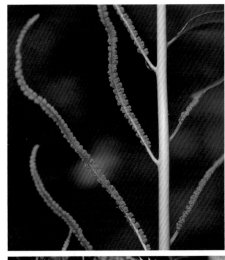

# （四）槐叶蘋科　Salviniaceae

## 6. 细叶满江红 *Azolla filiculoides* Lam.

**形态特征：**细叶满江红与满江红的不同点在于其植株粗壮，侧枝腋外生出，侧枝数目比茎叶的少。大孢子囊外壁只有 3 个浮膘，小孢子囊内的泡胶块上有无分隔的锚状毛。

**产地：**广州有栽培。野外罕见。

**分布：**原产美洲地区。现归化于我国长江流域和南北各省区。日本，朝鲜。

**生境：**水田和静水沟塘中。

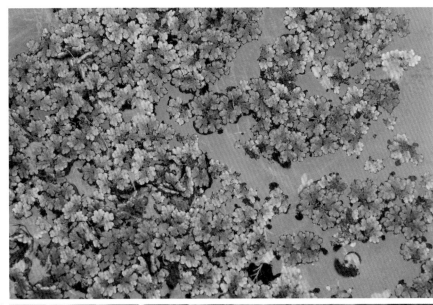

## 7. 满江红 *Azolla pinnata* R. Br. subsp. *asiatica* R. M. K. Saunders & K. Fowler

**形态特征:** 漂浮植物。根状茎横走。叶无柄，覆瓦状排列成两行，通常分裂为背裂片和腹裂片两部分，背裂片肉质，在秋后常由绿色变成红色。孢子果成对生于分枝基部的沉水裂片上。

**产地:** 广东北部地区。野外常见。

**分布:** 广布于长江流域和南北各省区。东南亚至日本，朝鲜。

**生境:** 水田和静水沟塘中。

**用途:** 本种和蓝藻共生，常作为优良的绿肥，也是禽畜饲料，有时也可药用。

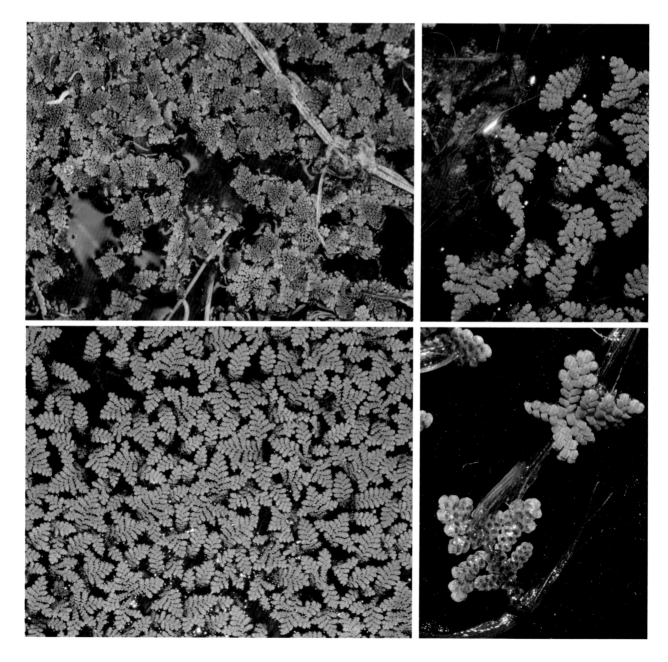

## 8. 勺叶槐叶蓣 *Salvinia cucullata* Roxb.

**形态特征**：一年或多年生漂浮植物。叶 3 枚轮生，水上叶 2 枚对生，水下叶 1 枚；水上漂浮叶形态像个勺子。孢子囊成串着生于水下叶的叶基部。

**产地**：阳春（苏凡、郭亚男等 1678，IBSC）有栽培。

**分布**：原产南亚，现引种于我国台湾、云南、浙江等地和东南亚地区。

**生境**：湖泊、池塘或公园湿地。常见栽培。

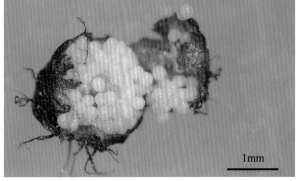

## 9. 速生槐叶蘋 *Salvinia molesta* D. S. Mitch.

**形态特征：**一年或多年生漂浮植物。叶 3 枚轮生，水上叶 2 枚对生，水下叶 1 枚特化为胡须状；叶表面密被毛。孢子囊果球形，着生于水下叶的叶基部，呈长串状。

**产地：**广州、阳春（苏凡、郭亚男等 1677，IBSC）有栽培。

**分布：**原产非洲，现归化于我国海南、江苏、台湾、香港、浙江等地。

**生境：**湖泊、池塘。常见于各地花鸟鱼虫市场、水族馆等地。

**种群现状：**速生槐叶蘋作为观赏植物引进中国，已经在海南、江苏、台湾、香港、浙江等地形成局部入侵（马金双，李惠茹，2018）。

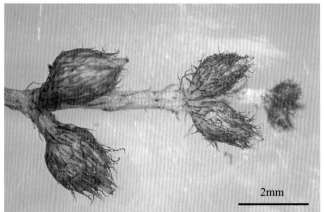

2mm

## 10. 槐叶蘋 *Salvinia natans* (L.) All.

**形态特征**：漂浮植物。茎细长而横走。叶在茎节上3枚轮生，其中2枚叶漂浮在水面上，形如槐叶，另外1枚为沉水叶。孢子果4~8个簇生于沉水叶的基部，表面疏生成束的短毛；小孢子果表面淡黄色，大孢子果表面淡棕色。

**产地**：广州、深圳有栽培或逸为野生。野外偶见。

**分布**：长江流域和华北、东北、华南、华东以及新疆等地。印度，日本，泰国，越南；欧洲。

**生境**：水田、池塘、水沟和无污染的静水溪河。

# （五）蘋科 Marsileaceae

## 11. 南国田字草 *Marsilea minuta* L.

**形态特征：** 浮叶植物。叶全缘或有波状圆齿或浅裂；深水中，叶漂浮，而在浅水中，叶子挺立出水。孢子果通常 1~2 个或数个集生在叶柄着生处的根状茎节上；孢子果表面有硬毛，呈椭圆形，两侧面隆起。

**产地：** 广州、翁源、阳春（苏凡、郭亚男等 1674，IBSC）、肇庆等地。野外偶见。

**分布：** 我国东部、中部和南部等省区。印度尼西亚，马来西亚，菲律宾。

**生境：** 静水池塘、水田或溪流岸边。

## 12. 蘋 *Marsilea quadrifolia* L.

**形态特征**: 浮叶植物。根状茎细长、横走。叶由 4 枚倒三角形的小叶组成，呈十字形；叶全缘。孢子果通常成对着生于略靠近叶柄基部稍上处；孢子果表面光滑无毛。

**产地**: 潮州、梅州、清远（苏凡、郭亚男等 1603，IBSC）、阳江等地。野外偶见。

**分布**: 中国各地。世界温热带地区。

**生境**: 水塘、池塘、水田及沼泽中。

**识别要点**: 蘋和南国田字草外观极其相似，但是蘋的孢子果通常成对着生于略靠近叶柄基部稍上处，叶前缘无波状圆齿；而南国田字草的孢子果通常簇生于叶柄着生处的根状茎节上，叶前缘有波状圆齿或浅裂。

# （六）凤尾蕨科 Pteridaceae

## 13. 水蕨 *Ceratopteris thalictroides* (L.) Brongn.

**形态特征:** 直立草本，幼嫩时绿色，老时淡棕色。根茎短而直立，一簇粗根着生于淤泥。叶簇生，叶二型，不育叶绿色，二至四回羽状深裂；能育叶二至三回羽状深裂。孢子囊沿着能育叶的裂片主脉两侧的网眼着生，幼时为连续不断的反卷叶缘所覆盖。孢子囊常于夏末和秋季成熟。

**产地:** 广宁、广州、怀集、江门（梁丹和周欣欣 0001，IBSC）、汕头、翁源、新兴、徐闻、阳春、肇庆等地。野外偶见。

**分布:** 我国东部、中部和南部省区。日本。世界热带及亚热带各地。

**生境:** 没有或轻微污染的沼泽地、水田或水沟的淤泥上。

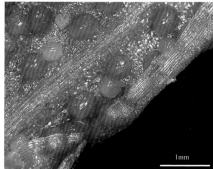

# （七）蹄盖蕨科　Athyriaceae

## 14. 食用双盖蕨 *Diplazium esculentum* (Retz.) Sw.

**形态特征**：直立草本。根状茎直立，密被褐色狭披针形鳞片。叶簇生；叶柄褐禾秆色，基部疏被鳞片，向上光滑；羽片 12~16 对且互生。孢子囊稍弯曲，线形；孢子表面具大颗粒状或小瘤状纹饰。孢子囊常于夏末和秋季成熟。

**产地**：广东大部分地区。野外常见。

**分布**：我国东部和南部大部分省区。亚洲及大洋洲热带地区。

**生境**：山谷林下湿地或池塘和河沟的岸边。

# （八）金星蕨科 Thelypteridaceae

## 15. 毛蕨 *Cyclosorus interruptus* (Willd.) H. Ito

**形态特征:** 直立草本。植株高达 130 cm。根状茎黑色,横走,连同叶柄基部偶有一二枚卵状披针形鳞片。叶近生;叶卵状披针形或长圆状披针形,二回羽裂;顶生羽片三角状披针形。孢子囊群淡棕色,圆形,上面疏被白色柔毛,宿存,成熟时隐没于囊群中,于夏秋季成熟。

**产地:** 广东大部分地区(清远,苏凡和袁明灯 1600,IBSC)。野外常见。

**分布:** 澳门、福建、广西、海南、湖南、江西、台湾、香港等地。日本,朝鲜。

**生境:** 林下、水田、池塘或河流边上的湿地。

# 四、裸子植物　Gymnosperms

## 柏科　Cupressaceae

### 1. 水松 *Glyptostrobus pensilis* (Staunton ex D. Don) K. Koch

**形态特征**：乔木。树干基部膨大成柱槽状，并且有伸出土面或水面的呼吸根。树皮纵裂成不规则的长条片。多型叶：鳞形叶螺旋状着生于多年生或当年生的主枝上；条形叶两侧扁平，常排成 2 列，背面中脉两侧有气孔带；条状钻形叶两侧扁。球果倒卵圆形；种子椭圆形，稍扁，褐色，具翅。花期为春季，球果秋后成熟。

**产地：**广东大部分地区栽培或野生。野外偶见。

**分布：**福建、广西、湖南、江西、云南等地有野生种群，安徽、重庆、河南、湖北、江苏、山东、上海、四川、台湾、香港、浙江多为栽培。老挝，越南。

**生境：**最适合生长在水分较多的冲积土上或者河岸、池边、湖边、沼泽地等湿生环境，尤其是河流三角洲地带。

**种群现状：**目前大部分水松种群呈现大树健康状况很差、中龄种群数量较少、野外幼树基本绝迹、群落无法进行天然更新等现象，再加上水松栖息地及周边环境受到严重干扰，致使其种群分布破碎化，造成扩散和迁移困难，种内杂交的退化趋势和遗传多样性的快速流失，使物种种群面临着衰退与灭绝的危机，因此应尽量减少人为活动的干扰和外来植物的入侵，维持群落系统发育多样性（陈雨晴等，2016，2017；王刚涛，2019）。

## 2. 水杉 *Metasequoia glyptostroboides* H. H. Hu & W. C. Cheng

**形态特征:** 落叶乔木。叶线形,在侧枝上排成羽状,交互对生。雄球花在枝条顶部的花序轴上交互对生及顶生,排成总状或圆锥状花序。雌球花单生、侧生小枝顶端。球果下垂,当年成熟,近球形,张开后微具4条棱,稀长圆状球形;种子扁平,周围有窄翅。花期4~5月,球果10~11月成熟。

**产地:** 广东北部地区少有栽培。

**分布:** 原产四川,福建、广西、贵州、河北、河南、湖北、湖南、江苏、江西、辽宁、陕西、山东、山西、云南以及欧洲和美洲等地有引种栽培。

**生境:** 庭园或山地湿润处以及湖泊和池塘岸边。

### 3. 落羽杉 *Taxodium distichum* (L.) Rich.

**形态特征**：落叶乔木，在原产地高达 50m。树干尖削度大，基部通常膨大，具膝状呼吸根。树皮棕色，裂成长条片。叶线形，交互在小枝上排成羽状 2 列。球果球形或卵圆形，被白粉；种子不规则三角形，有锐棱。球果于秋季成熟。

**产地**：广东各地常见栽培。

**分布**：原产北美洲及墨西哥，我国长江流域及以南各省区有引种栽培。

**生境**：湖泊或池塘岸边，水田地的路旁。

## 4. 池杉 *Taxodium distichum* var. *imbricatum* (Nutt.) Croom

**形态特征**：落叶乔木。树干基部膨大，通常有屈膝状呼吸根，在低湿地生长的屈膝状呼吸根更加显著。树皮褐色，纵裂，成长条片脱落；枝条向上伸展，树冠较窄，呈尖塔形。叶钻形，在枝上螺旋状伸展。球果圆球形或矩圆状球形，熟时褐黄色；种子红褐色，不规则三角形。花期 3~4 月，球果于秋季成熟。

**产地**：广东各地常见栽培。

**分布**：原产美国弗吉尼亚州，我国长江流域及以南地区常见栽培。

**生境**：湖泊或池塘岸边，水田地的路旁，常与落羽杉混种。

# 五、被子植物 Angiospermae

## （一）莼菜科 Cabombaceae

### 1. 莼菜 *Brasenia schreberi* J. F. Gmel.

**形态特征**：浮叶植物。根状茎具叶及匍匐枝，后者在节部生根，并生具叶枝条及其他匍匐枝。叶椭圆状矩圆形。花暗紫色；萼片及花瓣条形，先端圆钝；花药条形；心皮条形，具微柔毛。坚果矩圆卵形，有3枚或更多成熟心皮；种子1~2粒，卵形。花期6~7月，果期10~11月。

**产地**：南雄（王瑞江6344，IBSC）、阳山（苏凡和周欣欣1630，IBSC）等地。本次调查发现8个分布点。野外少见。

**分布**：湖北、江苏、浙江等地。印度，日本；俄罗斯；美洲。

**生境**：水质好、没有污染的湿地池塘中。

**种群现状**：莼菜的嫩茎叶可以食用，野生莼菜在清远阳山分布点有3个，在南雄有5个分布点。由于水生环境的破坏，特别是水质受到污染及湿地被大量征用，大多数莼菜分布点已经消失，所以对莼菜的种质资源和遗传多样的保护已经刻不容缓。

## 2. 红菊花草 *Cabomba furcata* Schult. & Schult. f.

**形态特征：** 多年生沉水植物。茎、叶、花均为紫红色。茎有分枝。叶二型，沉水叶 3 枚，轮生，叶掌状分裂，裂片 3~4 次二叉分裂成线形小裂片；浮水叶狭椭圆形，盾状着生。花单生于浮水叶叶腋；花瓣与萼片近等大，紫红色，基部有黄色斑纹，椭圆形；雄蕊 6 枚离生；花药黄色；心皮 3 枚，离生。花期 12 月至次年 1 月。

**产地：** 恩平（苏凡、周欣欣 1683，IBSC）有逸生。

**分布：** 原产南美洲和中美洲，我国作为水族箱观赏植物引进栽培。

**生境：** 池塘、沟渠、河流和沼泽地里。

**种群现状：** 本种作为水生植物观赏而引种。2016 年在恩平发现的红菊花草野生种群可能是在水族箱养殖后丢弃在自然水体中生长形成的（胡喻华，2018）。2020 年再去同一地调查，发现河道中的红菊花草已经被清除，仅在大田镇凤子山水库有分布。

# （二）睡莲科　Nymphaeaceae

## 3. 芡实 *Euryale ferox* Salisb. ex K. D. Koenig & Sims

**形态特征：**一年生大型水生草本。沉水叶箭形或椭圆肾形，两面无刺；浮水叶椭圆肾形至圆形，下面带紫色，有短柔毛，两面在叶脉分枝处有锐刺；叶柄有硬刺。花萼片披针形，内面紫色，外面密生稍弯硬刺；花瓣矩圆披针形或披针形，紫红色，成数轮排列。浆果球形，乌紫红色，外面密生硬刺；种子球形，黑色。花期 7~8 月，果期 8~9 月。

**产地：**潮州、汕头、韶关、肇庆有栽培。

**分布：**我国南北各地区普遍生长。印度，日本，朝鲜；俄罗斯。

**生境：**湖泊或池塘中。

## 4. 中华萍蓬草 *Nuphar pumila* (Timm) DC. subsp. *sinensis* (Hand.-Mazz.) Padgett

**形态特征:** 浮叶植物。叶两型；浮水叶宽卵形或宽椭圆形，长宽比为 1~1.3，先端圆钝，基部具弯缺，心形，裂片远离，圆钝，上面光亮、无毛，下面密生柔毛；叶柄扁或略具脊；沉水叶叶柄短。花直径 2~4.5（6）cm；萼片常 5 枚，有时 7 枚，倒卵形，黄色，基部绿色；花瓣匙状，橘黄色；花药长 3.5~6 mm，黄色，花丝为花药长的 2~5 倍。浆果卵形；柱头盘深裂，绿色、黄色或红色；种子卵状，绿棕色至棕色。花期 3~7 月，果期 7~10 月。

**产地:** 野外仅见于恩平、阳山等地，也见于公园水池栽培。

**分布:** 安徽、福建、广西、贵州、湖南、江西、浙江等地。欧洲。

**生境:** 湖泊、池塘中。

## 5. 日本萍蓬草 *Nuphar japonica* DC.

**形态特征:** 地下茎发达粗壮，横走。植株高可达 80cm。叶沉水、漂浮但常高出水面；出水叶卵形或长圆状卵形，长宽比为 1.3~2.7，先端圆钝；叶柄圆柱状，与叶近等长。花直径 2~3.5 cm，萼片 5 枚，宽倒卵形，黄色，偶有浅红色，基部变成绿色，花期时不叠生；花瓣截形或匙状，黄色；花丝长为花药的 1~2 倍。果实坛状，表面平滑；柱头盘黄色；种子卵状。花果期 6~10 月。

**产地:** 广州、恩平有栽培，有时逸生。

**分布:** 原产日本和朝鲜，我国湖北和浙江等地有引种栽培。

**生境:** 水池或者浅水沼泽中。

**识别要点:** 本种植株粗壮，叶片大多为出水叶，其长宽比可达 1.3~2.7；而中华萍蓬草的植株较为柔弱，叶片长宽比常小于 1.3（Padgett, 2007）。

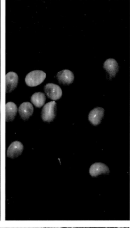

## 6. 白睡莲 *Nymphaea alba* L.

**形态特征**: 多年生浮叶植物。根状横走。叶近圆形, 基部裂片稍重叠, 全缘或波状, 两面无毛; 叶柄盾状着生。花瓣白色。花期8~10月。

**产地**: 广东公园偶有栽培。

**分布**: 我国西北、中部、东部和南部有栽培。印度; 欧洲。

**生境**: 水池或池沼中。

## 7. 红睡莲 *Nymphaea alba* var. *rubra* Lönnr.

**形态特征**: 本变种的花粉红色或玫瑰红色, 与原变种不同。

**产地**: 广东公园偶有栽培。

**分布**: 我国中部、东部和南部有引种。

**生境**: 水池或池沼中。

## 8. 柔毛齿叶睡莲 *Nymphaea lotus* L. var. *pubescens* (Willd.) Hook. f. & Thomson

**形态特征:** 多年生浮叶植物。根状茎肥厚, 匍匐。叶纸质, 卵状圆形。花瓣白色、红色或粉红色。花期 8~10 月。

**产地:** 广东有栽培。

**分布:** 分布于中国西南地区, 云南南部和台湾。印度, 泰国, 缅甸。

**生境:** 水池或池塘中。

## 9. 墨西哥睡莲 *Nymphaea mexicana* **Zucc.**

**形态特征:** 多年生浮叶植物。根状茎短粗。新叶橄榄绿色，密布紫色或红褐色斑点；叶背铜红色，具小的紫色斑点；叶卵形。花瓣黄色。花期 6~8 月，果期 8~10 月。

**产地:** 广东有引种，常见于湿地公园。

**分布:** 原产墨西哥。我国江苏和浙江等地有栽培。

**生境:** 水池或池塘中。

## 10. 睡莲 *Nymphaea tetragona* **Georgi**

**形态特征**: 浮叶植物。叶二型: 沉水叶披针形至箭形; 浮水叶全缘, 心形、椭圆形至圆形, 上面亮绿色, 下面红色或紫红色, 两面皆无毛。花萼基部四棱形; 花瓣白色, 宽披针形、长圆形或倒卵形, 内轮不变成雄蕊; 雄蕊比花瓣短, 花药条形; 浆果球形, 为宿存萼片包裹; 种子椭圆形, 黑色。花果期 6~10 月。

**产地**: 南雄(王瑞江 6343, 6346, IBSC)、阳山(苏凡和周欣欣 1634, IBSC)。本次调查发现野生睡莲的分布点 6 个。

**分布**: 在我国广泛分布。印度, 日本, 朝鲜, 越南; 西亚; 欧洲; 美洲。

**生境**: 湖泊、池塘等湿地。

## 11. 延药睡莲 *Nymphaea nouchali* **Burm. f.**

**形态特征**: 浮叶植物。叶椭圆形至圆形, 边缘有波状钝齿或近全缘, 下面带紫色, 两面无毛。花瓣蓝色或紫红色。种子椭圆形球状, 具纵向排的毛。花期 7~12 月。

**产地**: 恩平、佛山有栽培。公园常见。

**分布**: 安徽、海南、湖北、台湾、云南等地。南亚和东南亚; 澳大利亚。

**生境**: 湖泊、池塘中, 也常栽培在湿地公园中。

## 12. 亚马逊王莲 *Victoria amazonica* (Poepp.) Sowerby

**形态特征:** 浮叶植物。浮水叶椭圆形至圆形,叶缘上翘呈盘状;叶面绿色略带微红,有皱褶,叶背面紫红色,具刺。花单生,常伸出水面开放,初开白色,后变为淡红色至深红色。果球形;种子多数。花果期7~9月。

**产地:** 广州有引种栽培。公园偶见。

**分布:** 原产南美洲热带地区,我国于 20 世纪 50 年代引入,多地公园有栽培。

**生境:** 人工水池。

## 13. 克鲁兹王莲 *Victoria cruziana* Orb.

**形态特征**: 浮叶植物。叶浮于水面,较亚马逊王莲小,成熟时叶缘向上反折,比亚马逊王莲反折的高度高些;叶背绿色,具刺。花单生,伸出水面;初开时白色,逐渐变为粉红色。浆果球形;种子在水中成熟,黑色。花期 7~9 月,果期 9~12 月。

**产地**: 广州有引种。公园中偶见。

**分布**: 原产南美洲热带地区,我国多地公园有栽培。

**生境**: 人工水池或池塘。

# （三）三白草科 Saururaceae

## 14. 蕺菜 *Houttuynia cordata* Thunb.

**形态特征**: 多年生草本。茎下部伏地，上部直立，植株具腥臭味。单叶互生，心形至宽卵形，具有细腺点。穗状花序，生于茎上端，与叶对生，基部具 4 枚花瓣状白色总苞片；雄蕊 3 枚，雌蕊由 3 枚下部合生的心皮组成，子房上位。蒴果顶端开裂。花期 4~7 月，果期 6~10 月。

**产地**: 广东各地（东源，苏凡和徐显异 AP0065，IBSC）。野外常见。

**分布**: 我国长江以南各省区。印度，日本，马来西亚，泰国，越南。

**生境**: 水沟、溪边或沼泽湿地浅水处。

## 15. 三白草 *Saururus chinensis* (Lour.) Baill.

**形态特征：**多年生草本。茎粗壮，下部伏地，常带白色，上部直立，绿色。叶纸质，阔卵形至卵状披针形，密生腺点；上部的叶较小，茎顶端的 2~3 枚在花期常为白色，呈花瓣状。总状花序，生于顶端，或与叶对生；雄蕊 6 枚，花药长圆形。果近球形，表面多疣状突起。花果期 6~9 月。

**产地：**广东各地（东源，苏凡和徐显异 AP0065，IBSC）。野外常见。

**分布：**长江流域及其以南各地。印度，日本，朝鲜，菲律宾，越南。

**生境：**低湿沟边、塘边或溪旁。

# （四）樟科 Lauraceae

## 16. 潺槁木姜子 *Litsea glutinosa* (Lour.) C. B. Rob.

**形态特征:** 乔木。叶互生,倒卵状长圆形或椭圆状披针形。伞形花序单生或几个簇生于短枝上;花被片不完全或缺。果球形。花期 5~6 月,果期 9~10 月。

**产地:** 广东各地。野外常见。

**分布:** 福建、广西、海南、云南南部。不丹,印度,缅甸,尼泊尔,菲律宾,泰国,越南。

**生境:** 河流岸边、海岛和丘陵坡地,适应性广。

# （五）菖蒲科 Acoraceae

## 17. 金钱蒲 *Acorus gramineus* Sol. ex Aiton

**形态特征:** 直立草本。根状茎短，有芳香气味。叶线形，无中肋，平行脉多数。佛焰苞叶状；肉穗花序黄绿色，圆柱状；花小，花被片倒卵形；子房倒圆锥形。浆果红色，倒卵形。花期 5~6 月，果期 7~8 月。

**产地:** 广东各地（英德，郭亚男、苏凡和梁丹 AP0029，IBSC）。野外常见。

**分布:** 我国东部和南部地区。印度，日本，朝鲜，老挝，缅甸，菲律宾，泰国；俄罗斯。

**生境:** 河流石边或河边。

# （六）天南星科 Araceae

## 18. 尖尾芋 *Alocasia cucullata* (Lour.) G. Don

**形态特征**：直立草本。地上茎黑褐色，圆柱状。叶宽卵状心形，侧脉 5~8 对。总花梗单生；佛焰苞管部长圆状卵形，淡绿色至深绿色；檐部外面上部淡黄色，下部淡绿色，狭舟状；肉穗花序比佛焰苞短；雌花序圆柱状；能育雄花序近纺锤形，黄色；附属器狭圆锥形，淡绿色、黄绿色。浆果近球形，通常有种子 1 粒。花期 5 月。

**产地**：广州、深圳、汕头、阳春、珠海、肇庆等地。常见栽培。

**分布**：福建、广西、贵州、海南、四川、台湾、云南。孟加拉国，印度，老挝，缅甸，尼泊尔，斯里兰卡，泰国，越南。

**生境**：水边或者成丛栽植于公园湿地处。

## 19. 海芋 *Alocasia odora* (Roxb.) K. Koch

**形态特征**：大型常绿草本，有直立的地上茎。叶多数，革质，箭状卵形；叶柄通常绿色，有时乌紫色。佛焰苞管部绿色，卵形或短椭圆形；檐部开花时黄绿色、绿白色，凋萎时变黄色、白色，舟状长圆形。肉穗花序芳香；雌花序白色；不育雄花序绿白色，能育雄花序淡黄色。浆果红色，卵状。花果期夏秋季。

**产地**：广东各地。野外常见。

**分布**：我国华南和西南地区。南亚至东南亚。

**生境**：林下阴凉处或溪流、水田、河道旁。

## 20. 芋 *Colocasia esculenta* (L.) Schott

**形态特征**: 直立草本。块茎卵形或球形，无匍匐茎。叶盾状着生；叶柄多为绿色，有时上部淡紫色或褐色，长于叶；叶卵状，先端短尖或短渐尖。花序常单生，短于叶柄；佛焰苞管部绿色，长卵形、披针形或椭圆形，展开呈舟状，檐部黄色至金黄色；肉穗花序短于佛焰苞；雌花序长圆锥状；中性花序细圆柱状；雄花序圆柱状。花期秋季。

**产地**: 广东各地常见栽培，也有野生或逸生。

**分布**: 我国温带至热带地区均有栽培。全世界广布。

**生境**: 林下湿地、河流或溪水边。

**用途**: 本种块茎含有丰富的淀粉，是亚洲、非洲和中美洲地区人们的主食；其叶柄经晒干后也可炒食。芋的栽培品种较多，块茎的大小和形状也不相同。野生的种群的块茎不膨大，不可食用。

## 21. 野芋 *Colocasia esculenta* var. *antiquorum* (Schott) C. E. Hubb. & Rehder

**形态特征**：草本。常具直立块茎。叶盾状着生；叶柄淡绿色至红紫色，基部有叶鞘。总花序常 3~5 个，总花梗绿色或紫色；佛焰苞在管部和檐部之间收缩；肉穗花序；雌花序长圆锥状；中性花序细圆柱状；雄花序圆柱状。

**产地**：广东各地常有栽培。

**分布**：原产云南，现我国温带至热带地区均有栽培。全世界广布。

**生境**：林下湿地、溪流或田地边。

**识别特征**：由于芋属植物在广东地区很难开花，导致这一重要分类学特征难以得到应用，因此在野外基本无法依据花序数量进行分类，而用叶柄颜色分类也并不可靠。一般来说，野芋块茎上常长出外伸的匍匐茎，而芋则仅有球形或卵形的块茎。

## 22. 广西隐棒花 *Cryptocoryne crispatula* Engl. var. *balansae* (Gagnep.) N. Jacobsen

**形态特征:** 多年生沉水植物。根状茎具短的节间。叶柄膜质,鞘状;叶狭带形,长 16~70 cm,宽 1.1~ 1.7 cm,明显泡状。佛焰苞花期露出水面部分的外侧为深紫色,水中部分为浅棕色,短于叶;檐部螺状左旋;肉穗花序,包藏于壶室内,花单性;雄花 80~100 朵;雌花序由 6 枚轮生的雌蕊组成。浆果聚合,顶端开裂成星状。花期 10~12 月。

**产地:** 广州、云安(苏凡和郭亚男 1613,IBSC)。野外少见。

**分布:** 广西。泰国,越南。

**生境:** 缓慢流动的河水中。

**种群现状:** 一般生长在流动缓慢、清澈的河水中,很容易受到水环境变化的影响,目前仅在云安发现一个种群,原来在广州市有过采集记录的种群经多次寻找未果。

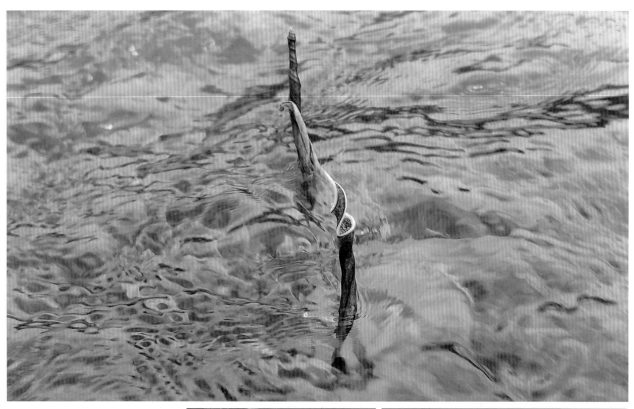

5cm

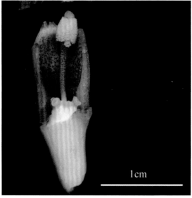

1cm

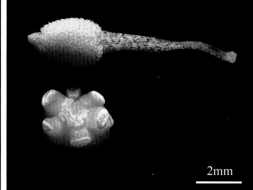

2mm

## 23. 北越隐棒花 *Cryptocoryne crispatula* var. *tonkinensis* (Gagnep.) N. Jacobsen

**形态特征:** 多年生沉水植物。根状茎具短或长的节间。叶狭带形,绿色、淡褐色或有时略带红色,长 20~60 cm。佛焰苞外侧绿色至淡褐色,长 20~40 cm,花期时露出水面;佛焰苞的檐部奶白色至灰色,稍带或密布细长的紫色斑点,螺状左旋;基部的壶室内部多少带红色(上部尤甚),靠近管口处多少带紫色斑点。肉穗花序包藏于壶室内;雄花 80~100 朵;雌花序具 4~6 朵短粗的雌花。花期 11~12 月。

**产地:** 恩平(苏凡和周欣欣 1680,IBSC)、高州(苏凡和郭亚男 1617,IBSC)、龙门(苏凡和周欣欣 1660,IBSC)、翁源(苏凡和周欣欣 1652,IBSC)、阳春(苏凡和郭亚男 1673,IBSC)。野外少见。

**分布:** 广西(东兴)。泰国,越南。

**生境:** 水流湍急或缓慢的河流中。

**识别要点:** 广西隐棒花和北越隐棒花是旋苞隐棒花的变种。旋苞隐棒花叶明显短于北越隐棒花与广西隐棒花;而北越隐棒花与广西隐棒花的区别在于其叶比广西隐棒花较长和较狭窄,佛焰苞外侧绿色至淡褐色,而广西隐棒花佛焰苞外侧深紫色。

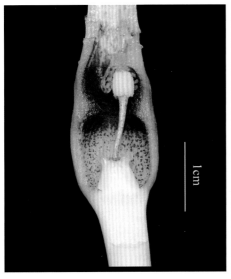

## 24. 刺芋 *Lasia spinosa* (L.) Thwaites

**形态特征**：多年生草本。茎直立或上升，节间具粗壮的刺。叶柄松弛多刺，有时几乎光滑；叶形状多变，幼株时戟形，成年植株时会深裂，表面绿色，背面淡绿色且脉上疏生皮刺。佛焰苞檐部的上部螺状旋转；肉穗花序圆柱状，黄绿色。浆果倒卵圆状，顶部四角形，先端通常密生小疣状突起；种子卵球形。花期9月，果次年2月成熟。

**产地**：广州、茂名、深圳、阳春、肇庆等地。野外少见。

**分布**：广西、海南、台湾、西藏、云南等地。南亚至东南亚地区。

**生境**：沼泽、河岸、沟渠或林下湿地，有时种植于观赏池边。

## 25. 浮萍 *Lemna minor* L.

**形态特征**: 漂浮植物。叶状体对称，上面绿色，下面浅黄色、绿白色或紫色，近圆形、倒卵形或倒卵状椭圆形，全缘，脉 3 条。下面垂生丝状根 1 条，白色，根冠钝头，根鞘无翅。叶状体下面一侧具囊，新叶状体于囊内形成浮出，以极短的柄与母体相连，后脱落。雌花具弯生胚珠。果近陀螺状，无翅；种子具 12~15 条纵肋。

**产地**: 广东各地。野外常见。

**分布**: 全国各地。温带至亚热带地区。

**生境**: 常见于富营养化的水田、池塘、沟渠、鱼塘等静水水体中，常与紫萍混生。

## 26. 稀脉浮萍 *Lemna perpusilla* Torr.

**形态特征**: 漂浮植物。叶状体两面绿色，近扁平，斜倒卵形或倒卵状长圆形，全缘，先端钝圆，基部钝，无柄。根 1 条，根冠锐尖，根鞘具 2 细翅。雌花具有 1 枚直立胚。

**产地**: 阳春。野外常见。

**分布**: 我国黄河以南地区。世界各地。

**生境**: 池塘、水田中。

**识别要点**: 稀脉浮萍的叶状体不对称，而浮萍对称；稀脉浮萍叶状体斜倒卵形或斜倒卵状长圆形，而浮萍叶状体倒卵形或倒卵状椭圆形；稀脉浮萍胚珠直生，而浮萍胚珠弯生。

## 27. 大薸 *Pistia stratiotes* L.

**形态特征:** 多年生漂浮植物。具匍匐茎,叶簇生成莲座状,叶倒卵形至长圆形,两面被毛,基部尤为浓密。花单生,无花被;佛焰苞白色,叶状,生于叶腋内;肉穗花序短于佛焰苞,但远长于管部;雌花序具单花;雄花序轮状排列,雄花有雄蕊 2 枚,雄蕊极短;子房卵圆形,斜生于肉穗花序轴上。种子圆柱状。花期 5~11 月。

**产地:** 广东各地。野外常见。

**分布:** 原产美洲,现归化于我国黄河以南各地,有时栽培观赏。全球热带及亚热带地区。

**生境:** 池塘、水沟、湖泊都可以生长。

5mm

## 28. 紫萍 *Spirodela polyrhiza* (L.) Schleid.

**形态特征：**漂浮植物。根数条，聚生于叶状体下面的中间，在根的着生处一侧长出新芽，新芽与母体分离之前，由一细弱的柄相连接。叶状体卵圆形，上面鲜绿色，下面紫色，具掌状脉 5~11 条。花单生，雌雄同株，生于叶状体边缘的缺刻内，佛焰苞袋状，内有 1 朵雌花和 2 朵雄花。果实圆形，有翅。花期 6~7 月。

**产地：**广东各地。野外常见。

**分布：**我国大部分地区。广泛分布于温带和热带地区。

**生境：**常与浮萍混生于富营养化的水田、水沟、池塘、鱼塘等静水水体中。

**识别要点：**本种与天南星科的浮萍相似，两者也常生长在一起。本种叶状体背面常紫色，具 5~11 条丝状根，而浮萍叶状体背面常绿色，具 1 条丝状根。

## 29. 鞭檐犁头尖 *Typhonium flagelliforme* (Lodd.) Blume

**形态特征**: 草本。块茎近圆形、椭圆形、圆锥形或倒卵形，上部周围密生肉质根。叶戟状长圆形，基部心形或下延，前裂片长圆形或长圆披针形，侧裂片向外水平伸展或下倾，长三角形，侧脉4~5对。花序柄细；佛焰苞管部绿色，卵圆形或长圆形；檐部绿色至绿白色，披针形，常伸长卷曲为长鞭状或较短而渐尖。浆果卵圆形，绿色。花期4~5月。

**产地**: 广州（从化，苏凡、郭亚男和袁明灯 AP0107，IBSC）。野外偶见。

**分布**: 广西、云南等地。南亚至东南亚；澳大利亚。

**生境**: 水田或田埂边。

## 30. 芜萍 *Wolffia arrhiza* (L.) Horkel ex Wimm.

**形态特征:** 漂浮植物。细小如沙粒，为世界上最小的种子植物。叶状体卵状半球形，单一或两个相连，直径 0.5~1.5 mm，扁平，上面绿色，具多数气孔，下面突起，淡绿色，表皮细胞五至六边形。无叶脉和根。花果期夏季。

**产地:** 广东各地。野外少见。

**分布:** 华东至华南各省区。全球各地有分布。

**生境:** 静水池沼中。

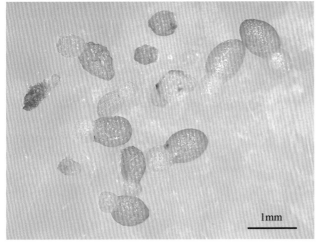

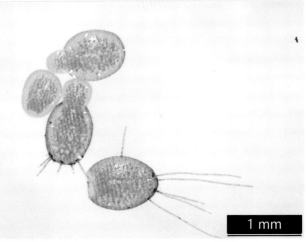

## 31. 紫柄芋 *Xanthosoma sagittifolium* (L.) Schott

**形态特征:** 多年生草本。植株有地下球茎;叶柄及叶脉紫黑色;叶由块茎生出,叶柄近柱形,基生;叶较大,箭形。佛焰苞绿白色,肉穗花序白色。

**产地:** 广东有栽培,可食用或观赏。

**分布:** 原产热带美洲,海南、云南等地有食用栽培。东南亚。

**生境:** 池塘边或沟渠旁。

# （七）泽泻科　Alismataceae

## 32. 窄叶泽泻 *Alisma canaliculatum* A. Braun & C.D. Bouché

**形态特征**：多年生水生或沼生草本。沉水叶条形；挺水叶披针形，先端渐尖，基部楔形，或渐尖，叶脉 3~5 条。花直立；花序具 3~6 轮分枝，每轮分枝 3~9 枚；花两性；外轮花被片长圆形，内轮花被片白色，近圆形，边缘不整齐。聚合果中的瘦果倒卵形；种子深紫色，矩圆形。花果期 5~10 月。

**产地**：乐昌、连州、乳源，广州有栽培。野外偶见。

**分布**：安徽、福建、贵州、河南、湖北、湖南、江苏、江西、山东、四川、台湾、浙江等地。印度，日本，朝鲜。

**生境**：水田、湖边、水塘、沼泽中。

### 33. 宽叶泽苔草 *Caldesia grandis* Sam.

**形态特征**: 多年生草本。根状茎直立。叶基生，多数；叶扁圆形，先端凹，中脉处急尖，突起。花直立；花两性；外轮花被片绿色，3 枚，椭圆形至广卵形，内轮花被片白色，匙形或近倒卵形。聚合果中的小瘦果近倒卵形。花果期 7~11 月。

**产地**: 广州、南雄（王瑞江 6347，IBSC）、阳山（苏凡和周欣欣 1631，IBSC）等地。野外罕见。

**分布**: 湖北、湖南、台湾、云南等地。孟加拉国，印度，马来西亚。

**生境**: 沼泽、小溪、湖泊和池塘浅水处。

## 34. 皇冠草 *Echinodorus amazonicus* **Rataj**

**形态特征**：多年生直立草本。叶基生，莲座状排列；水上叶长卵形，基出 5 脉，侧脉平行，水下叶叶柄短于水上叶，长披针形。花细长，挺出水面，开始直立，随着逐渐增长而斜卧；花序总状，具有花多轮；花两性，花被片 6 枚，排成 2 轮，外轮萼片状，绿色，内轮花瓣状，白色。花果期 5~9 月。

**产地**：广东各地多有栽培，但有时逸生。

**分布**：原产中南美洲，国内各地有栽培。

**生境**：湖边、池塘、溪流中等。

## 35. 水金英 *Hydrocleys nymphoides* (Willd.) Buchenau

**形态特征**: 多年生浮叶植物。茎圆柱状。叶圆形至阔卵圆形。伞形花序；小花具长柄，罂粟状，淡黄色，花心棕红色；花瓣 3 枚。蒴果披针形；种子细小、马蹄形。花期 6~9 月。

**产地**: 广东有栽培。常见。

**分布**: 原产巴西、委内瑞拉，国内各地有栽培。

**生境**: 湖边、池塘、溪流中等。

## 36. 黄花蔺 *Limnocharis flava* (L.) Buchenau

**形态特征**: 直立草本。叶丛生，挺出水面；叶卵形至近圆形，先端圆或微凹，基部钝圆或浅心形，背面近顶部具 1 个排水器，形似龟壳；叶脉 9~13 条。花基部稍扁，上部三棱形；伞形花序，有花 2~15 朵；苞片绿色，圆形至宽椭圆形；内轮花瓣状花被片淡黄色。果圆锥形；种子褐色或暗褐色，马蹄形，具多条横生薄翅。花果期 3~5 月。

**产地**: 广东各地栽培。少见。

**分布**: 原产热带美洲，归化于海南、湖北、香港、云南以及热带亚洲等地。

**生境**: 池塘或水池中。

## 37. 泽泻慈姑 *Sagittaria lancifolia* L.

**形态特征:** 直立草本。沉水叶条形,丝带状;挺水叶长卵形至长披针形,青绿色。花葶直立,挺出水面,花白色,花瓣 3 枚。花果期 3~11 月。

**产地:** 广州偶栽培。少见。

**分布:** 原产中美洲及南美洲北部,我国南方地区有栽培。

**生境:** 沼泽地或者浅水池塘中。

## 38. 利川慈姑 *Sagittaria lichuanensis* J. K. Chen, S. C. Sun & H. Q. Wang

**形态特征:** 直立草本。叶基生; 叶箭形, 5~7 脉, 先端和末端均渐尖或尖, 叶腋处有近锥形的珠芽。花序圆锥状, 花数轮, 每轮 3 朵花; 花单性, 下部为雌花, 少数, 上部均为雄花; 花药黄色。瘦果小, 喙侧生, 背翅极窄, 腹翅不明显。花果期 7~10 月。

**产地:** 南雄(王瑞江 6354, IBSC) 等地。野外偶见。

**分布:** 福建、贵州、湖北、江苏、江西、浙江等地。

**生境:** 沟谷浅水或池塘旁。

## 39. 蒙特登慈姑 *Sagittaria montevidensis* Cham. & Schltdl.

**形态特征：**直立草本。叶箭形，通常顶裂片与侧裂片近等长。花葶直立，挺出水面，总状或圆锥形花序，花葶粗，花单性，花大，花被片白色，基部淡黄色，基部具有紫色斑块。花期常为夏秋季，有时春季。

**产地：**广东有栽培。常见。

**分布：**原产南美洲，我国各地多有引种。

**生境：**湿地或浅水中。

## 40. 矮慈姑 *Sagittaria pygmaea* Miq.

**形态特征:** 直立草本。匍匐茎短、细。叶条形,稀披针形,光滑,先端渐尖或稍钝,基部鞘状,通常具横脉;无叶柄。花序总状,常具花 2 轮;花单性;雌花单生 1 朵或与 2 朵雄花组成 1 轮。瘦果倒卵形,两侧压扁具翅。花果期 5~11 月。

**产地:** 连州、仁化(苏凡和周欣欣 1644,IBSC)、新兴、阳春、英德、肇庆等地。野外偶见。

**分布:** 我国东部、中部和南部。日本,朝鲜,泰国,越南。

**生境:** 沼泽、水田、沟溪浅水处。

## 41. 野慈姑 *Sagittaria trifolia* L.

**形态特征:** 直立草本。根状茎横走,末端膨大成球茎,或不膨大。挺水叶箭形,叶长短、宽窄变异很大,顶端渐尖。花葶直立挺水;花序总状或圆锥状,具花多轮,每轮 2~3 花;苞片 3 枚;花瓣 3 枚,白色或淡黄色;花单性,雄花位于上部而雌花位于下部。聚合果球形;瘦果倒卵形,具翅,顶端具喙;种子褐色。花果期 5~10 月。

**产地:** 广东各地(乳源,苏凡和袁明灯 1582,IBSC)。野外少见。

**分布:** 我国大部分地区。亚洲;欧洲。

**生境:** 池塘、沼泽、沟渠、水田或湿地。

**识别要点:** 野慈姑与小慈姑植株的成熟个体大小相差不多,叶都比较狭窄,从外形上难以区分。两者的主要区别是前者种子的果喙生于瘦果的顶端,而后者在近轴面。

## 42. 华夏慈姑 *Sagittaria trifolia* subsp. *leucopetala* (Miq.) Q.F. Wang

**形态特征:** 多年生直立草本。根状茎匍匐,末端膨大呈球形。沉水叶线形,挺水叶箭形,全缘。花直立,挺出水面;花序总状或圆锥状,花多轮,每轮 2~3 花;花瓣白色;花单性,雄花位于上部而雌花位于下部。聚合果球形;瘦果斜倒卵形或广倒卵形,有翅。花期 9~11 月。

**产地:** 广东各地有栽培。常见。

**分布:** 安徽、福建、广西、贵州、海南、河南、陕西、云南、浙江等地。日本,朝鲜。

**生境:** 常在水田中栽培,也有在水旁湿地生长。

**识别要点:** 华夏慈姑与野慈姑的不同在于其植株高大、粗壮,叶宽大、肥厚,常栽培食用,而野慈姑的植株比较柔弱,叶较狭窄,多野生。

# （八）水鳖科 Hydrocharitaceae

## 43. 无尾水筛 *Blyxa aubertii* Rich.

**形态特征**：沉水植物。茎极端，须根多数。叶基生，绿色，线形，边缘有细锯齿。佛焰苞长管状，绿色，顶端 2 齿裂；两性花，单生于佛焰苞内；花瓣 3 枚，白色，长条形；雄蕊 3 枚，花丝白色，花药白色或淡黄色。果圆柱状；种子 30~70 粒，矩状纺锤形，表面疣状棘突不明显，两端无尾状附属物，或有极短小尖头。花果期 5~12 月。

**产地**：佛山（高明，梁丹和苏凡 GM0021，IBSC）、惠东、乐昌、仁化、乳源（苏凡和袁明灯 1585，IBSC）、信宜、阳春、英德、肇庆等地。野外少见。

**分布**：我国南部地区。日本，朝鲜；东南亚；非洲。

**生境**：水田、静水湖或缓慢流动的溪水中。

1mm

## 44. 有尾水筛 *Blyxa echinosperma* (C. B. Clarke) Hook. f.

**形态特征**：沉水植物。茎极短缩，须根多数。叶基生，绿色，有时基部带紫红色，条形，边缘有细锯齿。佛焰苞绿色，顶端 2 裂；两性花；花瓣白色，3 枚，长条形；雄蕊 3 枚；子房下位，绿色或上部淡紫色。果长圆柱状；种子 30~50 粒，黄色，纺锤形或近矩状纺锤形，表面具明显的疣状突起，两端有尾状附属物。花果期 6~10 月。

**产地**：翁源（苏凡和周欣欣 1655，ISBC）、肇庆等地。野外少见。

**分布**：安徽、福建、广西、贵州、河北、湖南、江苏、江西、陕西、四川、台湾、浙江等地。日本，朝鲜；东南亚地区；澳大利亚。

**生境**：水田或沟渠中。

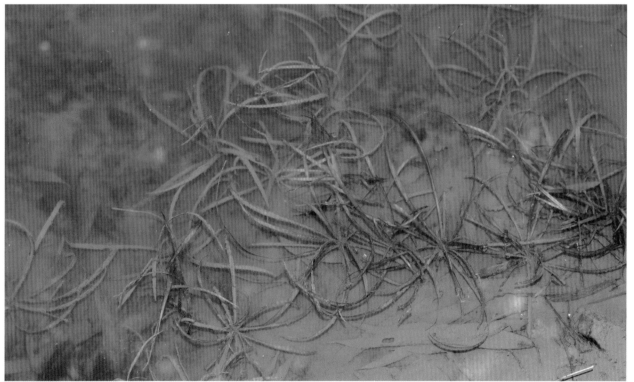

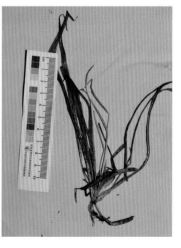

2mm

## 45. 水筛 *Blyxa japonica* (Miq.) Maxim. ex Asch. & Gürke

**形态特征**: 沉水植物。具根状茎，直立茎分枝，圆柱状。叶螺旋状排列，披针形，先端渐尖，基部半抱茎，边缘有细锯齿。佛焰苞腋生，无梗，长管状，绿色。花两性；花瓣3枚，白色，线形；雄蕊3枚；花药黄色。果圆柱状；种子30~60粒，长椭圆形，光滑。花果期5~10月。

**产地**: 佛山、广州、仁化（苏凡和周欣欣1647，IBSC）、阳春、肇庆等地。野外偶见。

**分布**: 主要为华中、华东和华南地区。朝鲜及东南亚地区；欧洲。

**生境**: 水田、池塘、沟渠或静水湖泊中。

2mm

## 46. 茨藻叶水蕴草 *Egeria naias* Planch.

**形态特征**: 沉水植物。茎圆柱状，质脆易折断。叶狭披针形至线形，4~7 枚轮生，叶缘有锯齿。雌雄异株；花单生；雌佛焰苞管状，绿色；花萼 3 枚，绿色；花瓣 3 枚，白色。果纺锤形；种子约 9 粒。花果期 10 月到次年 2 月。

**产 地**: 恩平（苏凡和周欣欣 1671，IBSC）。归化植物。

**分布**: 原产南美洲，在广东首次发现其归化群落。

**生境**: 河流、湖泊中。

**种群现状**: 茨藻叶水蕴草作为观赏植物引进中国，常用作水族馆或公园观赏。2019 年 11 月 24 日笔者在江门恩平市大田镇调查时，发现在水库中有大量的茨藻叶水蕴草生长，可能是在养殖后丢弃于野外自然水体中，并形成了野生种群。

## 47. 黑藻 *Hydrilla verticillata* (L. f.) Royle

**形态特征:** 沉水植物。茎圆柱状,质较脆。休眠芽长卵圆形;苞叶多数,螺旋状紧密排列。叶 3~8 枚轮生,线形或长条形。单性花,雌雄同株或异株;雄花花瓣 3 枚,反折开展,白色或粉红色;雄蕊 3 枚,雄花成熟后自佛焰苞内放出,漂浮于水面开花;雌佛焰苞管状,绿色;苞内雌花 1 朵。果实圆柱状;种子 2~6 粒。植物以休眠芽繁殖为主。花果期 5~10 月。

**产地:** 广东大部分地区。野外常见。

**分布:** 我国大部分地区。亚欧大陆热带至温带。

**生境:** 水体流动的池塘、水沟、湖泊中。

**注:** 一些植物志均记载本种的变种——罗氏轮叶黑藻 *Hydrilla verticillata* var. *roxburghii* Casp. 在广东和我国其他大部分地区有分布,但 Cook & Lüönd (1982) 在对黑藻的分类修订时早已指出,Caspary (1858) 描述的这个变种以及其他变种所表现出来的区别特征均是受到环境因子影响而产生的,因而不予以承认。

## 48. 水鳖 *Hydrocharis dubia* (Blume) Backer

**形态特征:** 浮叶植物。叶簇生，多漂浮，远轴面有蜂窝状贮气组织。雄花序腋生；佛焰苞 2 枚，膜质透明，具红紫色条纹，苞内具雄花 5~6 朵，每次 1 朵花开放；花瓣黄色；雌佛焰苞小，苞内雌花 1 朵；花瓣白色。浆果球形或倒卵球形；种子多数，椭圆形。花果期 8~10 月。

**产地:** 广东常栽培，未发现其野生种群，可能在广东已经野外灭绝。

**分布:** 我国东北、华北、华东、华南和西南地区。孟加拉国，印度，印度尼西亚，日本，朝鲜，缅甸。

**生境:** 池塘、水沟、湖泊。

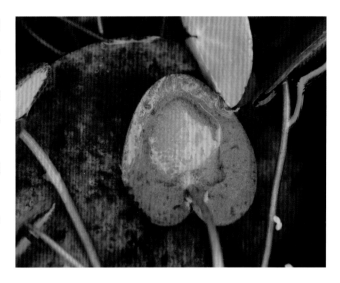

## 49. 东方茨藻 *Najas chinensis* N. Z. Wang

**形态特征:** 沉水植物。植株纤细，易折断，黄绿色至深绿色。茎圆柱状，光滑，无齿。叶近对生或 3 枚叶假轮生；叶线形至狭披针形，边缘有细锯齿；叶鞘圆形，抱茎，边缘每侧有数枚细锯齿。花单性，常单生于叶腋。瘦果灰白色至黑褐色，长椭球形；种子略呈肾形。花果期 5~8 月。

**产地:** 据记载肇庆等地有生长，但野外未找到，仅见于公园池塘中，多与睡莲和黄花狸藻等混生。

**分布:** 我国东北至东南以及华南地区。日本；欧洲。

**生境:** 池塘、运河、湖泊或缓慢流动的河水中。

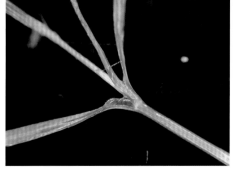

## 50. 小茨藻 *Najas minor* All.

**形态特征:** 沉水植物。植株纤细,易折断。茎圆柱状,光滑,无齿。上部叶呈 3 枚叶假轮生,下部叶近对生,于枝端较密集,无柄;叶线形,边缘每侧有 6~12 枚锯齿。花小,单性,单生于叶腋,罕有 2 朵花同生。瘦果黄褐色,狭长椭圆形,上部渐狭而稍弯曲。花果期 6~10 月。

**产地:** 佛山(高明,王瑞江 6493,IBSC)、仁化、汕头、肇庆等地。野外偶见。

**分布:** 我国大部分地区。亚洲、欧洲、非洲和美洲各地。

**生境:** 池塘、湖泊、水田和水渠中,多与普氏轮藻、黄花狸藻和李氏禾等混生。

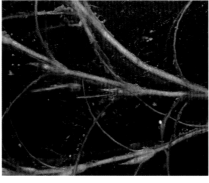

## 51. 虾子草 *Nechamandra alternifolia* (Roxb.) Thwaites

**形态特征:** 沉水植物。茎纤细，多分枝。叶互生，枝顶处常丛生，绿色，线形，先端锐尖，边缘有锯齿，基部膨大成鞘。花单性，腋生，雌雄异株；雄花苞卵形，苞内雄花 60~100 朵，密生于透明、脆弱的总花梗上；雌佛焰苞筒状，先端 2 齿裂，无梗，苞内雌花 1 朵，花被管细长，伸出。果实圆柱状；种子 80~90 粒。花期 9~10 月。

**产地:** 恩平（苏凡和周欣欣 1682，IBSC）、英德、肇庆等地。野外罕见。

**分布:** 广西、云南。南亚至东南亚。

**生境:** 缓慢流动的河流、水沟中。

## 52. 龙舌草 *Ottelia alismoides* (L.) Pers.

**形态特征**: 沉水植物。具须根，根状茎短。叶基生，幼叶线形或披针形，成熟叶多宽卵形、卵状椭圆形、近圆形或心形；叶柄长短随水体深浅而异。花两性，偶单性；佛焰苞椭圆形或卵形，顶端 2~3 个浅裂，有 3~6 条纵翅，翅有时呈折叠波状；花单生；花瓣白色、淡紫色或浅蓝色。果圆锥形；种子多数，纺锤形。花果期 7~9 月。

**产地**: 广州、乐昌、仁化（苏凡和周欣欣 1643，IBSC）、乳源、翁源、徐闻、阳春、英德等地。野外罕见。

**分布**: 我国华东、华南和西南。亚洲东部及东南部；非洲；澳大利亚。

**生境**: 水田、池塘、湖泊中。

## 53. 密刺苦草 *Vallisneria denseserrulata* (Makino) Makino

**形态特征：** 多年生沉水植物。匍匐茎表面具微刺，节上生根和叶。叶基生，线形，深绿色，叶缘具密钩刺；主脉 3 条，明显平行。雌雄异株；雄佛焰苞内含雄花多数；雄蕊 2 枚；雌佛焰苞圆筒状，两侧压扁，边缘有锯齿；佛焰苞梗纤细，长度多与水深成正相关。果三棱状圆棱形；种子多数，无翅。花期 9~10 月。

**产地：** 恩平、乐昌（苏凡和周欣欣 1640，ISBC）、龙门（苏凡和周欣欣 1661，IBSC）等地。野外偶见。

**分布：** 安徽、广西、湖北、辽宁、浙江等地。日本。

**生境：** 河流、溪水中。

## 54. 苦草 *Vallisneria natans* (Lour.) H. Hara

**形态特征**：多年生沉水植物。匍匐茎光滑或稍粗糙，白色，有越冬块茎。叶基生，线形或带形，绿色或略带紫红色，先端钝，全缘或有不明显细锯齿，叶脉5~9条。雌雄异株；雄佛焰苞卵状圆锥形，每佛焰苞具雄花200余朵或更多；雄蕊1枚；成熟雄花浮水面开放；雌花单生佛焰苞内，花梗长，将雌花托上水面，受精后螺旋状卷曲。果圆柱状。花果期9~11月。

**产地**：怀集、乐昌、连南、连州（苏凡和郭亚男1611，IBSC）、始兴、阳山（苏凡和袁明灯1588，ISBC）、云安等地。野外常见。

**分布**：华中、东南、华南等地区。印度，日本，朝鲜，马来西亚，尼泊尔，越南；俄罗斯。

**生境**：河流、溪水、湖泊。

**识别要点**：苦草和密刺苦草均为沉水植物，前者叶脉光滑无刺，雄蕊1枚，雌佛焰苞无锯齿，果圆柱状。后者叶脉有刺，雄蕊2枚，雌佛焰苞有锯齿，果三棱状圆柱形。

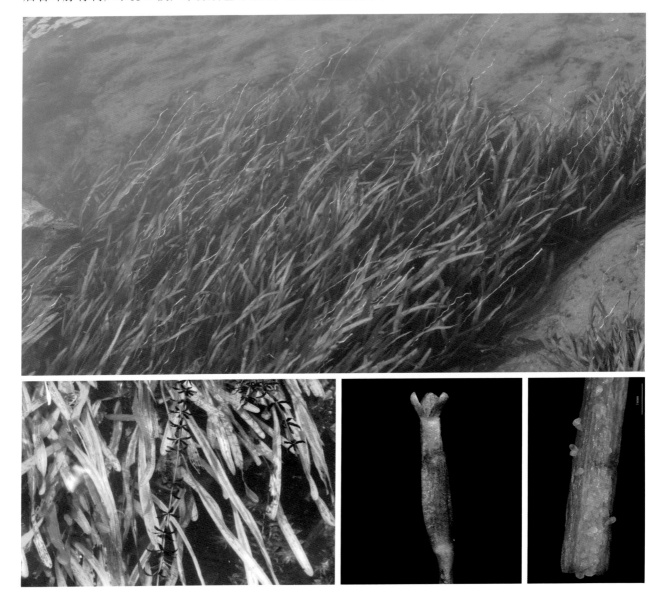

# （九）水蕹科 Aponogetonaceae

### 55. 水蕹 *Aponogeton lakhonensis* A. Camus

**形态特征**：浮叶植物。根茎卵球形或锥形，下部生有多数纤维质须根。叶沉水或浮水，窄卵形或披针形，全缘，基部心形或圆形；沉水叶柄长 9~15 cm，浮水叶柄长 40~60 cm。花序穗状单一，顶生，花期时顶出水面；佛焰苞早落；花两性，无梗；花被片 2 枚离生，黄色，匙状倒卵形；雄蕊略长于花被片。蓇葖果卵形，顶端具外弯短钝喙。花果期 4~10 月。

**产地**：博罗、鼎湖、佛山、广州、河源（东源，苏凡和徐显异 AP0060，IBSC）、乐昌、连州、仁化、英德等地。野外少见。

**分布**：福建、广西、海南、江西、台湾、云南、浙江等地。南亚和东南亚。

**生境**：水田、浅水塘和静止的溪流中。

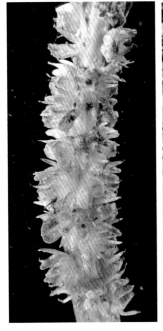

# （十）眼子菜科 Potamogetonaceae

## 56. 菹草 *Potamogeton crispus* L.

**形态特征：** 多年生沉水植物。具近圆柱状的根茎。叶条形，无柄，叶缘多少呈浅波状，具疏或稍密的细锯齿；叶脉 3~5 条，平行。穗状花序顶生，具花 2~4 轮，初时每轮 2 朵对生，穗轴伸长后常稍不对称；花序梗棒状，较茎细；花被片 4 枚，淡绿色，雌蕊 4 枚，基部合生。果实卵形，果喙长可达 2 mm，向后稍弯曲。花果期 4~7 月。

**产地：** 怀集、乐昌、连平、龙门、阳山（苏凡和袁明灯 1590，IBSC）等地。野外少见。

**分布：** 我国东北、华北、华东、东南、华南和西南地区。世界广布。

**生境：** 流动的河流、湖泊或小溪中。

## 57. 鸡冠眼子菜 *Potamogeton cristatus* Regel & Maack

**形态特征：** 沉水植物。茎纤细，圆柱状或近圆柱状，具分枝。叶线形，互生，全缘，无柄，开花前全沉水中。穗状花序顶生或假腋生，具花3~5轮；花小，花被片4枚；雄蕊4枚，离生。果具喙，斜倒卵圆形。花果期4~7月。

**产地：** 乐昌、连南、肇庆等地。野外偶见。

**分布：** 东北、华东和华南。日本，朝鲜；俄罗斯。

**生境：** 缓慢流动的小河、小溪以及静水池塘或稻田中。

## 58. 眼子菜 *Potamogeton distinctus* A. Benn.

**形态特征：** 浮叶植物。茎圆柱状，通常不分枝。浮水叶革质，披针形、宽披针形或卵状披针形；沉水叶披针形或窄披针形，草质。穗状花序顶生，开花时伸出水面，花后沉没水中；花序梗稍膨大，粗于茎；花时直立，花后自基部弯曲；花被片4枚，绿色。果宽倒卵圆形，背部具3条脊，中脊锐，上部隆起，侧脊稍钝。花果期5~10月。

**产地：** 乐昌、云安（苏凡和郭亚男1615，IBSC）等地。野外少见。

**分布：** 我国大部分地区。不丹，印度尼西亚，日本，朝鲜，马来西亚，尼泊尔，菲律宾，越南；俄罗斯；太平洋岛屿。

**生境：** 流动的河水中。

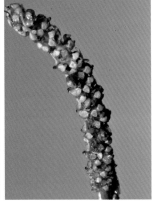

## 59. 光叶眼子菜 *Potamogeton lucens* L.

**形态特征:** 多年生沉水植物。叶长椭圆形、卵状椭圆形至披针状椭圆形，无柄或具短柄；叶中脉粗大而显著，二级脉与中脉平行，顶端连接，三级脉细弱，清晰。穗状花序顶生，具花多轮；花序梗明显膨大呈棒状；花被片 4 枚；雌蕊 4 枚。果实卵形，背部 3 条脊。花果期 6~10 月。

**产地:** 翁源。野外偶见。

**分布:** 我国东北、华北、华东、西北各省区及云南。北半球广布。

**生境:** 湖泊、沟塘或流动缓慢的河流中。

## 60. 浮叶眼子菜 *Potamogeton natans* L.

**形态特征：** 多年生浮叶植物。浮水叶少数，革质，卵形或矩圆状卵形，有时卵状椭圆形，先端圆或具钝尖头，基部心形或圆，稀渐窄；沉水叶质厚，叶柄状，半圆柱状线形。穗状花序顶生；花序梗稍膨大，开花时通常直立，花后弯曲而使穗沉没水中；花被片 4 枚，绿色，肾形或近圆形。果倒卵形，常灰黄色；背部钝圆，或具不明显中脊。花果期 7~10 月。

**产地：** 乐昌、平远、仁化（苏凡和袁明灯 1567，IBSC）、云浮、肇庆等地。野外少见。

**分布：** 黑龙江、西藏等地。亚洲西南部；非洲；欧洲；美洲。

**生境：** 流动的河水或湖泊中。

**识别要点：** 浮叶眼子菜与眼子菜两者区别：浮叶眼子菜的沉水叶线形，果背部全缘；眼子菜的沉水叶披针形，果背部具 3 条脊。

## 61. 南方眼子菜 *Potamogeton octandrus* Poir.

**形态特征**: 沉水植物。叶两型，花前全为沉水叶，线形，互生，先端渐尖，全缘；近花期或花时生出浮水叶，互生，或花序梗下面的叶近对生，具柄，椭圆形、长圆形或长圆状卵形，革质，基部近圆，全缘；托叶膜质，与叶离生。穗状花序顶生；花序梗稍膨大，略粗于茎；花被片 4 枚，绿色。果倒卵圆形，背脊钝圆或具小波齿，无突起。花果期 5~10 月。

**产地**: 博罗、佛山（高明）、惠东、平远、仁化、始兴（苏凡和周欣欣 1654，IBSC）、新丰等地。野外少见。

**分布**: 我国东北、华北、华东、华南至东南地区。日本，朝鲜和东南亚地区；非洲；澳大利亚。

**生境**: 流动的河流、水沟、池塘中。

**识别要点**: 本种和鸡冠眼子菜较为相似，主要区别在于南方眼子菜果实的背脊钝圆或具小波齿，果喙长约 0.3mm；而鸡冠眼子菜背脊为明显的鸡冠状，果喙长 1~1.2mm。

## 62. 小眼子菜 *Potamogeton pusillus* L.

**形态特征**: 沉水植物。无根状茎，茎椭圆状柱形或近圆柱状。叶线形，先端渐尖，全缘，叶脉 1 条或 3 条，中脉明显，侧脉无或不明显；无柄，托叶透明膜质，与叶离生，边缘合生成套管状抱茎。穗状花序顶生，花 2~3 轮，间断排列；花序梗与茎相似或稍粗于茎；花小，花被片 4 枚，绿色。果斜倒卵圆形，顶端具稍后弯短喙，龙骨脊钝圆。花果期 5~10 月。

**产地**: 潮州、连平（苏凡和周欣欣 1659，IBSC）、梅州、阳山等地。野外罕见。

**分布**: 我国各地。亚热带至北半球温带。

**生境**: 沟渠、池塘、湖泊、沼泽、水田、河流中。

## 63. 竹叶眼子菜 *Potamogeton wrightii* Morong

**形态特征**: 多年生沉水植物。叶线形或长椭圆形，先端钝圆具小凸尖，基部钝圆或楔形，边缘浅波状，有细微锯齿；托叶大，近膜质，无色或淡绿色，与叶离生，鞘状抱茎。穗状花序顶生，花多轮，密集或稍密集；花序梗稍粗于茎；花被片 4 枚，绿色。果离生，倒卵圆形，两侧稍扁，背部具 3 条脊，边缘平滑，中脊窄翅状，侧脊锐。花果期 6~10 月。

**产地**: 广州、乐昌、连南、始兴、阳山（苏凡和袁明灯 1589，IBSC）、肇庆等地。野外少见。

**分布**: 我国大部分地区。日本，朝鲜；俄罗斯；东南亚、南亚至西亚；太平洋岛屿。

**生境**: 湖泊、河流、渠道、池塘中。

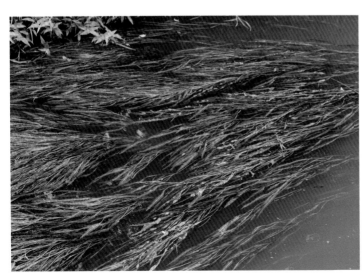

## 64. 篦齿眼子菜 *Stuckenia pectinata* (L.) Börner

**形态特征**：多年生沉水植物。有根状茎，根状茎白色。叶线形，先端渐尖或尖，基部与托叶贴生成鞘，绿色，边缘叠压抱茎。穗状花序顶生，具花 4~7 轮，间断排列；花序梗细长，与茎近等粗；花被片 4 枚，圆形或宽卵形。果倒卵圆形，顶端斜生长约 0.3 mm 的喙，背部钝圆。花果期 5~10 月。

**产地**：恩平（苏凡和郭亚男 1670，ISBC）。野外罕见。

**分布**：我国南北各省都有分布。全球广布。

**生境**：淹没在湖泊、池塘、河流、渠道和沼泽中。

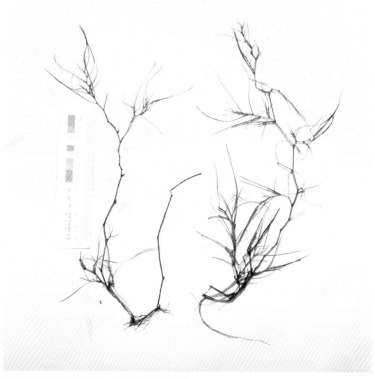

# （十一）薯蓣科 Dioscoreaceae

## 65. 裂果薯 *Schizocapsa plantaginea* Hance

**形态特征:** 多年生草本。根状茎粗短，常弯曲。叶狭椭圆形或狭椭圆状披针形，基部下延呈狭翅；叶柄基部具鞘。总苞片4枚，小苞片线形；伞形花序；花被裂片6枚；花丝极短，顶端兜状；柱头3裂。蒴果近倒卵形。花果期多为夏秋季。

**产地:** 封开、和平、惠东、乐昌、连山、连阳、龙门、茂名、南雄、清远、乳源、始兴、翁源、五华、新丰、阳春、阳江、阳山、英德等地。野外常见。

**分布:** 广西、贵州、湖南、江西、云南等地。

**生境:** 溪流边。

# （十二）兰科 Orchidaceae

## 66. 竹叶兰 *Arundina graminifolia* (D. Don) Hochr.

**形态特征:** 直立草本。茎细竹竿状。叶线状披针形，基部圆筒状抱茎。花粉色、白色或带紫色；花瓣椭圆形或卵状椭圆形，与萼片近等长。蒴果近长圆形。花果期 9~11 月。

**产地:** 广东各地山区。野外少见。

**分布:** 福建、广西、贵州、湖南、江西、四川、台湾、西藏、云南、浙江等地。南亚至东南亚。

**生境:** 溪边或山坡潮湿处。

## 67. 线柱兰 *Zeuxine strateumatica* (L.) Schltr.

**形态特征：**直立草本。根状茎短。叶淡褐色，无柄，抱茎。总状花序，具数朵至 20 余朵花；花白色或黄白色；花瓣歪斜，半卵形或近镰状，唇瓣肉质或较薄，舟状，淡黄色或黄色。蒴果近椭圆柱状。花果期 1~5 月。

**产地：**广东各地。野外少见。

**分布：**福建、我国西南至东南地区。日本，南亚至东南亚。

**生境：**江边或河边潮湿草地上。

# （十三）鸢尾科 Iridaceae

## 68. 黄菖蒲 *Iris pseudacorus* L.

**形态特征:** 多年生草本。根状茎粗壮。叶基生,宽剑形,灰绿色,中脉明显。花茎粗壮;苞片膜质,绿色;花黄色,外轮花被裂片顶端下垂,中部有黑褐色条纹;内轮花被片直立。

**产地:** 广州公园常有栽培。

**分布:** 原产欧洲,我国各地引种。

**生境:** 河湖沿岸或沼泽地上。

## 69. 鸢尾 *Iris tectorum* Maxim.

**形态特征**：多年生草本。叶基生，宽剑形，无明显中脉；花茎长伸出；苞片草质；花蓝紫色；花被管细长，上端膨大成喇叭形；外花被裂片中脉有白色鸡冠状附属物。蒴果长椭圆形或倒卵形。花期 4~5 月，果期 6~8 月。

**产地**：广东各地常见栽培。野生种群未见。

**分布**：我国大部分地区。日本，朝鲜，缅甸。

**生境**：水边或林缘潮湿处。

# （十四）石蒜科 Amaryllidaceae

## 70. 石蒜 *Lycoris radiata* (L' Hér.) Herb.

**形态特征:** 多年生草本。鳞茎近球形。叶深绿色,秋季出叶,窄带状,先端钝,中脉具粉绿色带。花茎高约 30 cm;顶生伞形花序有花 4~7 朵;总苞片 2 枚,披针形;花两侧对称,鲜红色;花被筒绿色,花被裂片窄倒披针形,外弯,边缘皱波状;雄蕊伸出花被,比花被长约 1 倍。花期 8~9 月,果期 10 月。

**产地:** 广州、乐昌、连南、龙门、始兴、仁化、翁源、阳山等地。野外偶见,多为栽培。

**分布:** 我国东部、中部和西南部分地区。日本,朝鲜,尼泊尔。

**生境:** 山坡上阴凉潮湿的地方或水田潮湿处。

# （十五）鸭跖草科 Commelinaceae

## 71. 穿鞘花 *Amischotolype hispida* (Less. & A. Rich.) D. Y. Hong

**形态特征**：直立草本。茎直立。叶鞘密生褐黄色细长硬毛。头状花序大，常有花数十朵；苞片卵形，先端尖，疏生睫毛。蒴果卵球状三棱形，顶端钝，近顶端疏被细硬毛。花期 7~8 月，果期 9~10 月。

**产地**：佛山、广州、和平、乐昌、乳源、阳春等地。野外少见。

**分布**：福建、广西、贵州、海南、台湾、西藏、云南等地。日本，南亚至东南亚。

**生境**：山谷溪边。

## 72. 饭包草 *Commelina benghalensis* L.

**形态特征:** 直立草本。叶卵形,顶端急尖或钝,近无毛;叶鞘口有疏生长睫毛。总苞片下部边缘合生,漏斗状,与叶对生,常数个集聚在枝顶;花序下面一枝具不育花1~3朵,伸出总苞片外面,花序上面的枝有能育花,不伸出总苞片;花瓣圆形,蓝色。蒴果3室,椭球形;种子多皱,有不规则网纹。花果期夏秋季。

**产地:** 博罗、封开、广州、和平、怀集、乐昌、乳源等地。野外常见。

**分布:** 我国华东、华中、华南及西南地区。亚洲及非洲的热带、亚热带地区。

**生境:** 湿地上。

## 73. 鸭跖草 *Commelina communis* L.

**形态特征:** 直立草本。茎匍匐生根,多分枝。叶披针形或卵状披针形。总苞片边缘分离,心形;聚伞花序,下面一枝有1朵不育花;上面一枝具3~4朵能育花,具短梗,几不伸出总苞片;花瓣深蓝色。蒴果2室,椭圆形;种子4粒,棕黄色,有不规则窝孔。花果期夏秋季。

**产地:** 广州、乐昌、梅州、乳源、英德等地。野外常见。

**分布:** 国内除青海、新疆和西藏外都有分布。朝鲜,日本,俄罗斯;东南亚;美洲。

**生境:** 河流、小溪和水田边。

## 74. 竹节菜 *Commelina diffusa* **Burm. f.**

**形态特征**：一年生草本。茎匍匐。叶披针形或在分枝下部的为长圆形。总苞片边缘分离，卵状披针形；聚伞花序，上面的枝有不育花 1~4 朵，远远伸出总苞片；下面的枝有能育花 3~5 朵，藏于总苞片内；花瓣蓝色。蒴果 3 室，矩圆状三棱形；种子黑色，卵状长圆形，具粗网状纹饰，在粗网纹中又有细网纹。花果期 5~11 月。

**产地**：广东各地。野外常见。

**分布**：广西、贵州、海南、西藏、云南等地。全世界热带和亚热带地区。

**生境**：溪流、水田、湖泊、池塘等潮湿之处。

**识别要点**：饭包草总苞片下部边缘合生，而鸭跖草和竹节菜总苞片边缘分离。鸭跖草总苞片心形，花不伸出总苞片，蒴果 2 室；竹节菜总苞片卵状披针形，花伸出总苞片，蒴果 3 室。

## 75. 大苞鸭跖草 *Commelina paludosa* Blume

**形态特征：**多年生草本。茎常直立，不分枝或上部分枝。叶披针形或卵状披针形。总苞片漏斗状，常4~10 枚在茎顶端集成头状，下缘合生，上缘尖或短尖；聚伞花序几不伸出总苞片；花瓣蓝色，匙形或倒卵状圆形。蒴果卵球状三棱形，3 室；种子椭圆状，黑褐色，具细网纹。花期 8~10 月，果期 10 月至次年 4 月。

**产地：**广东各地。野外常见。

**分布：**我国华南和西南地区。南亚和东南亚。

**生境：**山谷溪水边或田地里。

### 76. 聚花草 *Floscopa scandens* Lour.

**形态特征**: 多年生草本。茎高不分枝。叶无柄或有带翅短柄；叶椭圆形至披针形。聚伞圆锥花序顶生和腋生；花瓣倒卵形，比萼片略长，蓝色或紫色，稀白色；花丝长而无毛。蒴果卵圆状，侧扁；种子半椭圆形，灰蓝色，胚盖长有浅辐射纹。花果期 7~11 月。

**产地**: 广东北部、西部和中部地区。野外常见。

**分布**: 我国南部至西南部。南亚至东南亚；澳大利亚。

**生境**: 河流溪水旁、水田边荒地或沼泽地中。

## 77. 大苞水竹叶 *Murdannia bracteata* (C. B. Clarke) Kuntze ex J. K. Morton

**形态特征:** 多年生草本。茎长而匍匐,顶端上升。主茎基生叶密集,成莲座状,剑形;能育茎叶卵状披针形至披针形;叶鞘被长柔毛或沿口部一侧被刚毛。聚伞花序头状或密穗状;花蓝色。蒴果宽椭圆状三棱形。花果期 5~11 月。

**产地:** 广东各地。野外常见。

**分布:** 广西、云南等地。老挝,泰国,越南。

**生境:** 山谷水边或溪边沙地上。

## 78. 牛轭草 *Murdannia loriformis* (Hassk.) R. S. Rao & Kammathy

**形态特征**：多年生草本。根须状。主茎叶密集，成莲座状、禾叶状或剑形，下部边缘有睫毛；能育茎的叶较短，叶鞘沿口部，侧有硬睫毛。聚伞花序或圆锥花序；花瓣倒卵圆形，紫红色或蓝色；能育雄蕊 2 枚。蒴果卵圆状三棱形；种子具辐射条纹及细网纹，黄棕色。花果期 5~10 月。

**产地**：广东各地。野外常见。

**分布**：我国华东、东南和华南地区。菲律宾，日本，斯里兰卡，泰国，巴布亚新几内亚，印度东部，印度尼西亚，越南。

**生境**：路边潮湿处或溪水边。

## 79. 裸花水竹叶 *Murdannia nudiflora* (L.) Brenan

**形态特征**：直立草本。茎披散，无毛。叶禾叶状或披针形；叶鞘被长刚毛或仅口部一侧密被长刚毛。蝎尾状聚伞花序；花梗细而伸直；萼片草质，浅舟状；花瓣紫色。蒴果卵圆状三棱形。花果期6~10月。

**产地**：广东各地。野外常见。

**分布**：安徽、福建、广西、河南、湖南、江苏、江西、山东、四川、云南、浙江等地。不丹，印度，印度尼西亚，柬埔寨，日本，老挝，马来西亚，缅甸，菲律宾，巴布亚新几内亚，斯里兰卡；印度洋和太平洋岛屿。

**生境**：溪流边或路边、山坡的潮湿处。

## 80. 矮水竹叶 *Murdannia spirata* (L.) G. Brückn.

**形态特征**: 矮小草本。根状茎细长横走，节有短鞘。叶长卵形或披针形，基部稍抱茎。蝎尾状聚伞花序1~4个，在茎顶集成疏散的顶生圆锥花序，最上一枚总苞片红色；花瓣倒卵圆形，大于萼片，淡蓝色或几乎白色。蒴果长圆状三棱形，顶端有突尖；种子每室3~7粒。全年开花结果。

**产地**: 恩平、河源、广州、湛江等地。野外偶见。

**分布**: 福建、海南、台湾、云南等地。不丹，印度，印度尼西亚，老挝，马来西亚，缅甸，菲律宾，斯里兰卡，越南；太平洋岛屿。

**生境**: 湿润荒地和沼泽地中。

## 81. 水竹叶 *Murdannia triquetra* (Wall. ex C. B. Clarke) G. Brückn.

**形态特征**: 直立或匍匐草本。根状茎长而横走，具叶鞘。叶竹叶形，平展或稍折叠，先端渐钝尖。花常单生，顶生兼腋生，顶生者梗长，腋生者梗短；花瓣粉红色、紫红色或蓝色，倒卵形。蒴果卵圆状三棱形，两端钝或短尖，每室 3 粒种子，有时 1~2 粒；种子短柱状，红灰色。花果期 9~11 月。

**产地**: 广州、连州、乳源、翁源、英德等地。野外常见。

**分布**: 我国东部地区。南亚和东南亚。

**生境**: 水田和沼泽地旁边。

## 82. 杜若 *Pollia japonica* Thunb.

**形态特征:** 直立草本。根状茎长而横走。茎粗壮,不分枝,被短柔毛。叶长椭圆形,无柄或基部下延成带翅的柄。蝎尾状聚伞花序常成轮排列;花序总梗长伸出。花瓣倒卵状匙形,白色。果球形,黑色。花果期7~10月。

**产地:** 广东北部地区。野外常见。

**分布:** 安徽、福建、广西、贵州、湖北、湖南、江西、四川、台湾、浙江等地。日本,朝鲜。

**生境:** 林下溪边或山坡阴湿处。

# （十六）田葱科 Philydraceae

## 83. 田葱 *Philydrum lanuginosum* Banks & Sol. ex Gaertn.

**形态特征**：直立草本。叶基生，排成两列；叶剑形，先端渐窄，海绵质，具7~9条脉。穗状花序单一，有时分枝，密被白色绵毛；花两性，黄色，无梗，左右对称，生于苞片内；花被片4枚，外面2枚较大。蒴果三角状长圆形，密被白色绵毛；种子多数，暗红色。花期6~7月，果期9~10月。

**产地**：博罗、佛山、广州、海丰、江门、深圳、徐闻、阳春等地。野外少见。

**分布**：福建、广西、台湾、香港等地。日本；南亚至东南亚；澳大利亚。

**生境**：池塘、沼泽、稻田或河道旁边。

# （十七）雨久花科 Pontederiaceae

## 84. 箭叶雨久花 *Monochoria hastata* (L.) Solms

**形态特征：** 直立高大草本。根状茎长而粗壮，茎直立或斜上，高 50~200 cm。叶箭形，顶端渐尖，基部常箭形或戟形，纸质，全缘。总状花序腋生，有花 10~40 朵；花被片淡蓝色，卵形。蒴果长圆球形；种子多数，细小，长圆形，棕褐色，有纵棱，棱间具横条纹。花期 8 月至次年 3 月。

**产地：** 佛山（高明，苏凡和郭亚男 GM0043，IBSC）、广州等地。野外偶见。

**分布：** 贵州、海南、云南等地。亚洲热带和亚热带地区广泛分布。

**生境：** 水田、池塘、沟渠或河边湿地。

## 85. 雨久花 *Monochoria korsakowii* Regel & Maack

**形态特征**：草本。根状茎粗壮，具柔软须根。茎直立，高达 70 cm，基部有时带紫红色。基生叶宽卵状心形，先端急尖或渐尖，基部心形，全缘；茎生叶叶柄渐短，基部增大成鞘，抱茎。总状花序顶生，有时再聚成圆锥花序，有花 10 余朵；花被片椭圆形，蓝色。蒴果长卵圆形；种子长圆形，有纵棱。花果期 7~10 月。

**产地**：广东北部地区。野外少见。

**分布**：我国大部分地区。日本，朝鲜；俄罗斯。

**生境**：池塘、湖水浅水岸边或稻田中。

## 86. 鸭舌草 *Monochoria vaginalis* (Burm. f.) C. Presl

**形态特征:** 草本。根状茎极短。茎直立或斜上,高 6~45 cm。叶基生和茎生,心状宽卵形、长卵形或披针形,先端短突尖或渐尖,基部圆形或浅心形,全缘。总状花序,有花 2~10 朵,蓝色;花被片卵状披针形或长圆形。蒴果卵圆形或长圆形;种子多数,椭圆形,灰褐色,具 8~12 条纵条纹。花果期 8~10 月。

**产地:** 潮州、东源、广州、仁化(苏凡和周欣欣 1650,ISBC)、乳源、新丰、阳春等地。野外常见。

**分布:** 我国南北各省区。不丹,印度,日本,马来西亚,尼泊尔,菲律宾。

**生境:** 稻田、沟旁、浅水池塘等水湿处。

**识别要点:** 本种与雨久花形态相似,但本种通常比较矮小,叶多呈披针形,而雨久花的叶则多为宽卵状心形。

## 87. 梭鱼草 *Pontederia cordata* L.

**形态特征:** 直立草本。基生叶心形、卵形或披针形,顶端钝圆或渐尖,基部心形,全缘。花葶直立,常高出叶面;穗状花序顶生;小花密集,蓝紫色带黄色斑点;花被裂片 6 枚,近圆形,基部连接成筒状。胞果成熟时褐色,果皮坚硬。花果期 2~5 月。

**产地:** 广东常见栽培,有时逸生。

**分布:** 原产北美洲,我国华南、华中和华北地区有引种。

**生境:** 常栽植于河道、池塘或湖边。

# （十八）芭蕉科 Musaceae

## 88. 香蕉 *Musa acuminata* Colla

**形态特征**：植株丛生；假茎被白粉或蜡粉。叶长圆形，背面被蜡粉。穗状花序下垂；苞片亮红色至深紫色，有时在最顶端为黄色，被白粉；花被片浅紫色或乳白色。果序具多果，果弓形弯曲，幼时具 5 条棱，成熟后成柱状；果肉黄白色。栽培种无种子。

**产地**：广东南部地区常见栽培。

**分布**：广西、云南有野生兼栽培，福建、海南、台湾为栽培。全球热带亚热带地区。

**生境**：溪边或河边湿地。

## 89. 野蕉 *Musa balbisiana* Colla

**形态特征**：假茎丛生，具匍匐茎。叶卵状长圆形，基部耳形，两侧不对称。苞片外面暗紫色，被白粉，内面紫红色，开放后反卷。浆果棱角明显；种子扁球形。

**产地**：广东各地山区。野外常见。

**分布**：广西、云南等地。南亚至东南亚。

**生境**：林下沟谷湿地。

# （十九）美人蕉科 Cannaceae

## 90. 柔瓣美人蕉 *Canna flaccida* Salisb.

**形态特征**: 直立草本。叶长圆状披针形，具尖头。总状花序直立；花黄色，柔软；萼片披针形；花冠管长达萼片的 2 倍；花冠裂片线状披针形，花后反折；唇瓣圆形。蒴果椭圆形。花期夏季。

**产地**: 广东各地常见栽培。

**分布**: 原产南美洲，我国南北各地均有栽培。

**生境**: 常栽植于河道、池塘或湖边。

## 91. 大花美人蕉 *Canna* × *generalis* L. H. Bailey

**形态特征:** 直立草本。茎、叶及花序均被白粉。叶椭圆形,中脉明显;叶柄鞘状抱茎。花大而美丽,红色或其他颜色;花冠裂片披针形;唇瓣倒卵状匙形。发育雄蕊披针形;子房球形;花柱带形。蒴果椭圆形。花期夏季。

**产地:** 广东各地常见栽培。

**分布:** 本种为园艺杂交品种。中国各地广为栽培。

**生境:** 常栽植于河道、池塘或湖边。

## 92. 金脉美人蕉 *Canna × generalis* 'Striata'

**形态特征**：直立草本。茎、叶及花序均被白粉。叶椭圆形，具黄色脉纹。总状花序超出叶面；苞片紫色；花冠裂片披针形，深红色，顶端内凹；唇瓣舌状或线状长圆形，红色，弯曲。蒴果长圆形。

**产地**：广东各地均有栽培。常见。

**分布**：园艺杂交品种，我国南北各地均有栽培。

**生境**：常栽植于河道、池塘或湖边。

## 93. 美人蕉 *Canna indica* L.

**形态特征**：多年生草本。地下茎肉质，不分枝。叶卵状长圆形。总状花序，稍高出叶面；花红色，单生；萼片 3 枚，披针形；花冠裂片披针形；唇瓣披针形，弯曲。蒴果长球形，具刺突起；种子黑色。花果期 3~12 月。

**产地**：广东各地常有栽培。

**分布**：原产印度，我国南北各地均有栽培。

**生境**：常栽植于河道、池塘或湖边。

# （二十）竹芋科 Marantaceae

## 94. 再力花 *Thalia dealbata* Fraser ex Roscoe

**形态特征:** 多年生直立草本。全株附有白粉。叶卵状披针形，浅灰蓝色，边缘紫色，长 50 cm，宽 25 cm。复总状花序，直立，花茎可高达 2 m 以上；花小，紫堇色。花期夏秋季。

**产地:** 广东常见栽培。

**分布:** 原产墨西哥及美国东南部的热带地区，安徽、福建、江苏、江西、山东、上海等地有引种。

**生境:** 浅水处或湿地。

## 95. 垂花再力花 *Thalia geniculata* L.

**形态特征：**多年生草本。株高 1~2 m，具根茎。叶鞘为红褐色，叶长卵圆形，叶脉明显。穗状花序，直立，花茎可达 3 m，顶端弯垂；花梗呈之字形；苞片具细绒毛，花冠粉紫色，先端白色。花期 6~11 月。

**产地：**广东常见栽培。

**分布：**原产非洲中部及热带美洲，我国有引种。

**生境：**沼泽、池塘及河岸边。

# （二十一）姜科 Zingiberaceae

## 96. 姜花 *Hedychium coronarium* J. Koenig

**形态特征:** 直立草本。叶长圆状披针形或披针形。穗状花序顶生，椭圆形；苞片覆瓦状排列，紧密，卵圆形，每苞片有 2~3 朵花；花白色，无毛，顶端一侧开裂。花期 8~12 月。

**产地:** 广宁、广州、乐昌、梅县、乳源等地。野外少见。

**分布:** 广西、湖南、四川、台湾、香港、云南等地。印度，越南；澳大利亚。

**生境:** 田边水沟潮湿处，栽培或逸生。

# （二十二）香蒲科 Typhaceae

## 97. 曲轴黑三棱 *Sparganium fallax* Graebn.

**形态特征**：直立草本。块茎短粗；根状茎细长，横走。茎粗壮；叶先端渐尖，中下部背面呈龙骨状突起，海绵质。花序总状；雄性花序和雌性花序均为头状。果实纺锤形，具短柄。花果期6~10月。

**产地**：阳山等地。野外罕见，偶有栽培观赏。

**分布**：福建、贵州、台湾、云南、浙江等地。印度，印度尼西亚，日本，缅甸，巴布亚新几内亚。

**生境**：湖泊、河流、池塘浅水处，沼泽、沟渠中亦常见。

## 98. 水烛 *Typha angustifolia* L.

**形态特征**: 直立草本。根状茎乳黄色、灰黄色，先端白色。地上茎直立，粗壮。叶线形；叶鞘抱茎。花单性，雌雄同株，雌雄花序相距 2.5~6.9 cm。小坚果长椭圆形，具褐色斑点，纵裂；种子深褐色。花果期 6~9 月。

**产地**: 连州、龙湖、南雄、仁化、乳源等地。野外常见。

**分布**: 全国各地。印度，日本，尼泊尔，巴基斯坦；大洋洲；欧洲；美洲。

**生境**: 湖泊、河流、池塘浅水处，沼泽、沟渠中亦常见。

## 99. 香蒲 *Typha orientalis* C. Presl

**形态特征：** 直立草本。根状茎乳白色。地上茎粗壮，向上渐细。叶条形，光滑无毛，上部扁平，下部腹面微凹，背面逐渐隆起呈凸形，横切面呈半圆形，海绵状；叶鞘抱茎。雌雄花序紧密连接。小坚果椭圆形至长椭圆形；果皮具长形褐色斑点；种子褐色，微弯。花果期5~8月。

**产地：** 封开、佛山、广宁、广州、深圳、新丰、阳山、云浮等地。野外常见。

**分布：** 我国东北、华北、华东和华南等地区。菲律宾，日本；俄罗斯；大洋洲。

**生境：** 湖泊、池塘、沟渠、沼泽及河流缓慢流动带。

**识别要点：** 香蒲雌雄花序紧密连接，而水烛雌雄花序相距2.5~6.9 cm。

# （二十三）黄眼草科 Xyridaceae

## 100. 黄眼草 *Xyris indica* L.

**形态特征**：直立草本。叶剑状线形，基部套折。花葶粗壮，长 15~63 cm，扁至圆柱状，具深槽纹；头状花序卵形至椭圆状，有时近球形；花瓣淡黄色至黄色；蒴果倒卵圆形至球形，长 3~4 mm；种子卵形，表面有纵条纹，黄棕色。花期 9~11 月，果期 10~12 月。

**产地**：东莞、广州、汕尾、台山、徐闻、阳春（苏凡、郭亚男和梁丹 WP1421，IBSC）。野外少见。

**分布**：福建、海南。南亚至东南亚；澳大利亚。

**生境**：草地、沙地、田边、山谷潮湿处。

# （二十四）谷精草科 Eriocaulaceae

## 101. 云南谷精草 *Eriocaulon brownianum* Mart.

**形态特征**：草本。叶线形，丛生，两面均有微毛。花葶稍扭转，具 5~7 条棱，有微毛；花序扁球形，粉白色；总花托有密毛；苞片倒披针状楔形，背面上部及先端密生白毛；雄花花萼佛焰苞状，常 3 浅裂，无翅，花冠 2~3 裂；雌花萼片 3 枚，无翅，花瓣 3 枚。种子长卵圆形，具横格及 T 形或条状突起。花果期 8~12 月。

**产地**：阳山（苏凡和周欣欣 1625，IBSC）。野外少见。

**分布**：湖南、云南等地。斯里兰卡，泰国，印度，印度尼西亚，越南。

**生境**：山顶、沼泽地和阴湿处。

## 102. **谷精草** *Eriocaulon buergerianum* **Körn.**

**形态特征**: 草本。叶线形，丛生。花葶多数，扭转，4~5 条棱；花序近球形，禾秆色；总花托常有密柔毛；苞片倒卵形或长倒卵形，背面上部及先端有白毛。雄花花萼呈佛焰苞状，外侧裂开，3 浅裂，背面及先端多少有毛，花冠 3 裂；雌花花萼合生呈佛焰苞状，先端 3 浅裂，背面及先端有毛，离生花瓣 3 枚。种子长圆状，具横格及 T 形突起。花果期 7~12 月。

**产地**: 博罗、乐昌、连州、始兴、翁源、新丰、阳山、肇庆等地。野外常见。

**分布**: 安徽、福建、广西、贵州、湖北、湖南、江苏、江西、四川、台湾、浙江等地。日本，朝鲜。

**生境**: 沼泽和田地潮湿处。

## 103. 南投谷精草 *Eriocaulon nantoense* Hayata

**形态特征**：草本。叶线形，丛生，具横格。花葶扭曲，具4~5条棱。花序成熟时近球形，灰黑色；总花托有密毛，苞片倒卵形或倒披针形，背面上部及顶端有白毛；雄花花萼漏斗状，背面上部及顶端有白毛，花冠3裂；雌花萼片3枚，背部有窄龙骨状突起，上部及顶端有白毛，花瓣3枚，倒披针状线形。种子卵圆形，具横格，每横格具1~6个条状突起。花果期9~11月。

**产地**：广州、翁源、信宜、阳山（苏凡和周欣欣1626，IBSC）、云浮、肇庆等地。野外偶见。

**分布**：福建、广西、贵州、台湾、香港、云南、浙江等地。

**生境**：沼泽、溪水旁浅水处。

## 104. 华南谷精草 *Eriocaulon sexangulare* L.

**形态特征**：草本。叶线形，丛生，叶质较厚，具横格。花葶扭转，具4~6条棱；花序成熟时近球形，灰白色；总花托无毛；苞片倒卵形至倒卵状楔形，背上部有白色短毛；雄花花萼合生，佛焰苞状，顶端2~3浅裂，有时顶端平截不见分裂，两侧片具翅；雌花萼片2~3枚，无毛，线形花瓣3枚。种子卵形，表面具横格及T形毛。花果期夏秋至冬季。

**产地**：广东各地。野外常见。

**分布**：福建、广西、海南、台湾等地。日本；南亚至东南亚；非洲。

**生境**：稻田、池塘浅水处。

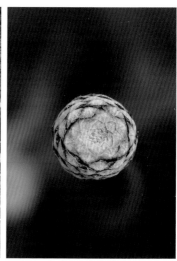

## 105. 越南谷精草 *Eriocaulon tonkinense* Ruhland

**形态特征:** 草本。叶丝状丛生，半透明，具网格。花葶稍扭转，具 5~7 条棱；花序成熟时近球形，棕黑色或上半部灰色，下半部黑色；总苞片卵形至倒卵形；总花托无毛；雄花花葶佛焰苞状结合，3 浅裂至深裂，花冠 3 裂；雌花萼片 3 枚，花瓣 3 枚，离生，倒披针状线形；种子卵形，表面具不明显的横格，无突起。花果期 10 月到次年 1 月。

**产地:** 广州、惠东（苏凡和周欣欣 1687，IBSC）等地。野外偶见。

**分布:** 广西、香港等地。印度，越南。

**生境:** 河流中或者沼泽地。

## 106. 菲律宾谷精草 *Eriocaulon truncatum* Buch.-Ham. ex Mart.

**形态特征:** 草本。茎极短。叶线形，丛生，具横格。花葶扭转，具 4~6 条棱；花序半球形或近球形；总花托无毛；苞片倒卵形或倒披针形；雄花花萼佛焰苞状，前面深裂，先端 2~3 浅裂；雌花萼片 2~3 枚，上部带黑色，花瓣 3 枚，倒披针状线形。种子卵圆形或椭圆形，具方形或纵向六角形网格，网线翅状。花果期 5~12 月。

**产地:** 博罗、广州、河源、惠东、乐昌、深圳、肇庆等地。野外偶见。

**分布:** 福建、广西、贵州、台湾、香港、云南、浙江等地。印度尼西亚，日本，菲律宾，泰国。

**生境:** 山地溪流中或水田湿地处。

# （二十五）花水藓科 Mayacaceae

## 107. 花水藓 *Mayaca fluviatilis* Aubl.

**形态特征**：沉水植物，也可以陆生。茎通常多分枝。叶狭线状披针形至丝状，螺旋状排列。花单生于叶腋；宿存萼片 3 枚，披针形、椭圆形；花瓣 3 枚，卵形，淡紫色或淡粉色，但在基部带白色。蒴果近球形或椭圆体，褐色；种子卵球形，网状。花期 11~12 月。

**产地**：恩平（苏凡和郭亚男 1669，IBSC），逸生。野外偶见。

**分布**：原产巴西、美国东南部到阿根廷的亚热带和热带美洲，我国作为观赏性水草引入。

**生境**：湖泊、河流或沼泽中。

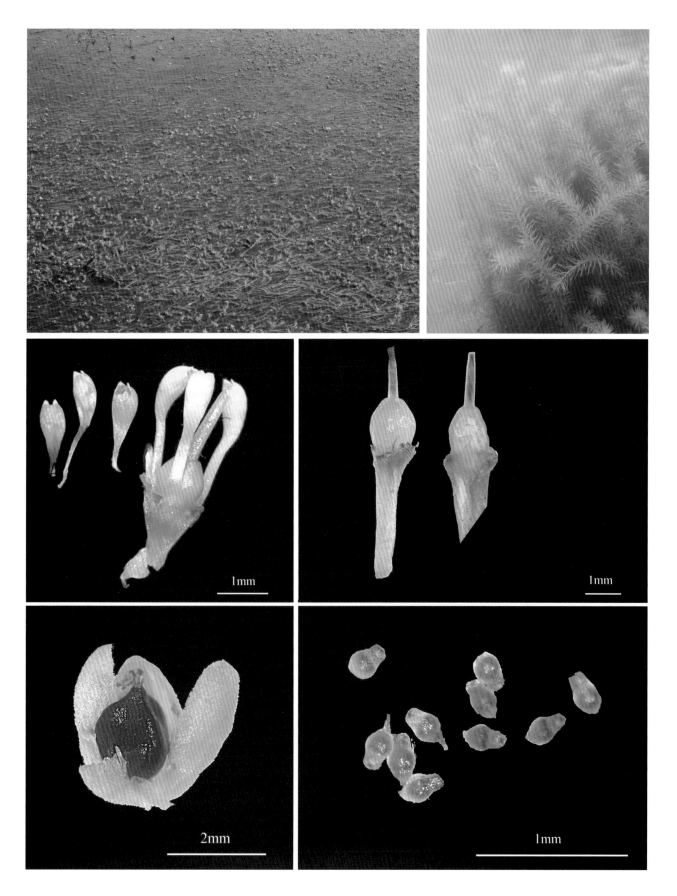

# （二十六）灯心草科  Juncaceae

## 108. 灯心草 *Juncus effusus* L.

**形态特征**：草本。茎直立丛生，圆柱状，茎内充满白色髓。叶全为低出叶，叶退化为刺芒状。聚伞花序假侧生，含多朵花，花被片线状披针形，外轮稍长于内轮。蒴果 3 室，长圆形或卵形，黄褐色；种子卵状长圆形，黄褐色。花期 4~7 月，果期 6~9 月。

**产地**：乐昌、乳源、阳春、英德、肇庆等地。野外常见。

**分布**：全国各地均有。全世界温暖地区。

**生境**：河边、池旁、水沟、稻田旁、草地及沼泽潮湿处。

## 109. 笄石菖 *Juncus prismatocarpus* R. Br.

**形态特征**: 草本。茎丛生, 圆柱状或稍扁。叶基生和茎生; 基生叶少数, 茎生叶 2~4 枚; 叶扁平, 具不完全横隔。头状花序, 具花 5~30 朵, 排成顶生复聚伞花序; 头状花序半球形或近球形; 花被片内外轮等长。蒴果三棱状圆锥形, 具短尖头, 1 室, 淡褐色或黄褐色; 种子长卵形, 具小尖头, 蜡黄色, 具纵纹及细横纹。花期 3~6 月, 果期 7~8 月。

**产地**: 德庆、恩平、佛山 (高明)、广州、罗定、信宜、阳春等地。野外常见。

**分布**: 长江流域及其以南各省。日本, 亚洲东南部; 俄罗斯; 澳大利亚。

**生境**: 田地边或沼泽地。

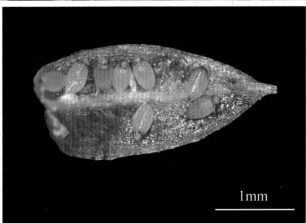

1mm

## 110. 圆柱叶灯心草 *Juncus prismatocarpus* subsp. *teretifolius* K. F. Wu

**形态特征**: 草本。茎直立丛生，圆柱状，具纵条纹。基生叶 1~2 枚，茎生叶通常 2 枚；叶细长，圆柱状，具有横隔。头状花序，具多花，排成复聚伞花序。蒴果三棱状圆锥形，棕褐色，有小尖头。花期 4~5 月，果期 6~8 月。

**产地**: 博罗、广州、平远、乳源、阳山（苏凡和周欣欣 1628，IBSC）、肇庆等地。野外常见。

**分布**: 江苏、西藏、云南、浙江等省区。

**生境**: 山谷溪水边或池塘边。

**识别要点**: 圆柱叶灯心草与笄石菖的区别在于本种植株较高大，叶圆柱状，有时干后稍压扁，具明显的完全横隔膜，单管。

# （二十七）莎草科 Cyperaceae

## 111. 大藨草 *Actinoscirpus grossus* (L. f.) Goetgh. & D. A. Simpson

**形态特征:** 直立草本。具匍匐的根状茎。秆散生,锐三棱形,无秆生叶。叶状苞片 3~4 枚;复出长侧枝聚伞花序,顶生,具 10 多个辐射枝;小穗单生,卵形或椭球形,铁锈色。小坚果倒卵形或近于椭球形,扁三棱形,顶端具舌吻。花果期 7~10 月。

**产地:** 英德、肇庆等地。野外偶见。

**分布:** 广西、海南、台湾、云南等地。日本;南亚至东南亚;澳大利亚;太平洋群岛。

**生境:** 浅水塘、沼泽地或湿地处。

## 112. 条穗薹草 *Carex nemostachys* Steud.

**形态特征:** 草本。根状茎粗短,木质,具地下匍匐茎。秆粗壮,三棱形。叶长于秆,下部常折合,上部平张,两侧脉明显;小穗 5~8 个,常聚生于秆的顶部,顶生小穗为雄小穗,线形;其余小穗为雌小穗。花果期 9~12 月。

**产地:** 广东各地常见。

**分布:** 安徽、福建、广西、贵州、湖北、湖南、江苏、江西、台湾、云南、浙江等地。日本,印度以及中南半岛各国。

**生境:** 小溪旁、沼泽地或林下阴湿处。

## 113. 密穗砖子苗 *Cyperus compactus* **Retz.**

**形态特征:** 草本。根状茎短；秆粗壮，圆柱状，横脉明显隆起，下部具叶，基部稍膨大。叶长于或稍短于秆，平张；叶鞘长，圆筒形，紫红色。穗状花序近于球形，具多数小穗。小坚果线状长圆形，三棱形，初期淡黄色，具密的细点。花果期 6~12 月。

**产地:** 东莞、广州、吴川、英德、郁南、肇庆等地。野外偶见。

**分布:** 广西、贵州、海南、台湾、云南等地。南亚至东南亚。

**生境:** 山谷湿地、溪边或水田中。

## 114. 异型莎草 *Cyperus difformis* L.

**形态特征**：一年生草本。秆丛生，扁三棱形，平滑。侧枝聚伞花序简单，稀复出，辐射枝 3~9 个；小穗多数，密聚辐射枝顶成球形头状花序，披针形或条形，具 8~28 朵花；小穗轴无翅。小坚果倒卵状椭圆形，三棱状，淡黄色。

**产地**：广东野外常见。

**分布**：我国南北各省区都有分布。全世界热带、亚热带。

**生境**：田边潮湿或者沼泽地中。

## 115. 高秆莎草 *Cyperus exaltatus* Retz.

**形态特征**: 多年生高大草本。秆粗壮,钝三棱柱形。叶几乎与秆等长,边缘粗糙。复出长侧枝聚伞花序;穗状花序圆筒形;小穗多数,长圆状披针形,扁平,具6~16朵花。小坚果倒卵形或近椭圆形,三棱状,光滑。花果期6~8月。

**产地**: 广东大部分地区(罗坑,苏凡和徐一大 AP0174,IBSC)。野外少见。

**分布**: 安徽、福建、贵州、海南、湖北、江苏、吉林、山东、台湾、浙江等地。印度,印度尼西亚,马来西亚,菲律宾,越南;澳大利亚;非洲。

**生境**: 池塘、河流或积水处旁边。

## 116. 畦畔莎草 *Cyperus haspan* L.

**形态特征**: 直立草本。根状茎短缩。秆丛生或散生,扁三棱形,平滑。叶短于秆,或有时仅剩叶鞘而无叶;叶状苞片2枚,常较花序短。长侧枝聚伞花序复出或简单;小穗通常3~6个呈指状排列,线形或线状披针形。小坚果淡黄色,宽倒卵形,三棱形,具疣状小突起。花果期常年。

**产地**: 广东各地。野外常见。

**分布**: 福建、台湾、广西、云南、四川等地。朝鲜,日本,越南,印度,马来西亚,印度尼西亚,菲律宾;非洲。

**生境**: 水田或浅水塘等多水的地方。

## 117. 叠穗莎草 *Cyperus imbricatus* Retz.

**形态特征:** 多年直立草本。根状茎短,秆粗壮,钝三棱状,平滑。叶基生,短于秆;叶状苞片 3~5 枚,长于花序。长侧枝聚伞花序复出;穗状花序,紧密排列,圆柱状,具多数小穗;小穗多列,卵状披针形或长圆状披针形,稍扁。小坚果倒卵形或椭圆形,三棱状,平滑。花果期 9~10 月。

**产地:** 广东大部分地区(汕头,苏凡和袁明灯 1537,IBSC)。野外常见。

**分布:** 广西、海南、台湾等地。印度,印度尼西亚,日本,马来西亚;非洲;美洲。

**生境:** 潮湿的水田、菜地或长期积水处。

## 118. 风车草 *Cyperus involucratus* Rottb.

**形态特征**: 多年生直立草本。根状茎短而粗大。秆稍粗壮，高 30~150 cm，近圆柱状，上部稍粗糙。叶退化成鞘状，包裹着秆的基部。复出花序具多数；小穗密集簇生，椭圆形或长圆状披针形。小坚果椭圆形，近于三棱形，褐色。花期 10~11 月。

**产地**: 广东各地常见栽培。

**分布**: 原产非洲，我国南北各地有栽培。

**生境**: 河畔、沟渠、池塘或湖泊边。

## 119. 碎米莎草 *Cyperus iria* L.

**形态特征:** 直立草本。无根状茎。秆丛生、细弱或稍粗壮,扁三棱形。叶短于秆,平张或折合,叶鞘红棕色或棕紫色;叶状苞片 3~5 枚。复出花序;穗状花序卵形或长圆状卵形;小穗排列松散,长圆形,披针形和线状披针形。小坚果倒卵形或椭圆形,三棱形,褐色,具密的微突起细点。花果期 6~10 月。

**产地:** 潮州、高州、惠东、乐昌、连平、南雄、梅州、乳源、清远、仁化、始兴等地。野外常见。

**分布:** 我国南北各省。亚洲,非洲和大洋洲的温带和热带地区。

**生境:** 田间、山坡、路旁潮湿处。

## 120. 旋鳞莎草 *Cyperus michelianus* (L.) Delile

**形态特征:** 直立或披散草本。秆扁三棱形。叶平张, 基部叶鞘紫红色。苞片叶状, 较花序长很多。聚伞花序呈头状, 卵形或球形; 小穗卵形或披针形, 鳞片长圆状披针形, 螺旋状排列。小坚果狭长圆形, 三棱形。花果期 1~9 月。

**产地:** 佛山 (顺德, 王瑞江 6483, IBSC); 野外少见。

**分布:** 东北、华北、东南、华南至西南部地区。亚洲大部分地区; 非洲; 澳大利亚; 欧洲。

**生境:** 江边泥地上。

## 121. 断节莎 *Cyperus odoratus* L.

**形态特征:** 直立草本。秆粗壮，三棱形，平滑，基部膨大呈块茎。叶短于秆，叶线形；叶鞘棕紫色；苞片 6~8 枚。穗状花序长圆状圆筒形，具多数小穗；小穗线形。小坚果长圆形或倒卵状长圆形、三棱形，红色，后变成黑色。

**产地:** 广东各地野外常见（汕头，苏凡和袁明灯 1536，IBSC）。

**分布:** 山东、台湾、浙江等地。全世界热带地区。

**生境:** 淡水沼泽地、水田或池塘边。

## 122. 纸莎草 *Cyperus papyrus* L.

**形态特征**: 多年生草本。秆直立丛生，高 90~120 cm，三棱形，不分枝。叶退化成鞘状，棕色，包裹茎秆基部。花小，淡紫色。瘦果三棱形。花期 6~7 月。

**产地**: 广东常有栽培。

**分布**: 原产欧洲南部、非洲北部地区。我国在长江以南地区广泛栽培。

**生境**: 淡水沼泽、水田中或潮湿处。

### 123. 毛轴莎草 *Cyperus pilosus* Vahl

**形态特征:** 多年生草本。秆散生,粗壮,锐三棱形,平滑。叶短于秆,边缘粗糙;叶鞘短,淡褐色;叶状苞片通常 3~5 枚。复出花序;穗状花序卵形或长圆形,被较密的黄色粗硬毛。小坚果宽椭圆形或倒卵形,三棱形,顶端具短尖,成熟时黑色。花果期 8~11 月。

**产地:** 东源、高州、惠东(苏凡和袁明灯 1529,IBSC)、龙门、清远(清城区)、仁化、汕头、新丰等地。野外常见。

**分布:** 我国东部、南部和西南各省区。亚洲,非洲热带地区和澳大利亚。

**生境:** 淡水沼泽、水田中或潮湿处。

2mm

## 124. 埃及莎草 *Cyperus prolifer* Lam.

**形态特征:** 多年生草本。秆圆柱状或三棱形，高 23~110 cm。叶退化，叶鞘带红褐色至暗紫色。花序聚生于茎顶，排列成散状，由较多等长的辐射枝组成。小坚果倒卵形。

**产地:** 广东有栽培。

**分布:** 原产非洲。我国南方引进作为庭院景观植物。

**生境:** 淡水沼泽中或潮湿处。

### 125. 矮莎草 *Cyperus pygmaeus* Rottb.

**形态特征**：一年生草本，无根状茎。秆丛生，扁锐三棱形，三面均下凹，基部具少数叶。聚伞花序，头状，具多数小穗，小穗密集。小坚果近于三棱形。花果期 10~11 月。

**产地**：始兴、肇庆等地。野外罕见。

**分布**：广西、安徽、海南、河南、湖北、台湾、浙江等地；亚洲东部、东南部、南部和西南部；非洲；欧洲；澳大利亚。

**生境**：池塘边缘、近水处或潮湿的沙地上。

### 126. 窄穗莎草 *Cuyperus tenuispica* Steud.

**形态特征**：草本。秆丛生，细弱，扁三棱形，基部具少数叶。叶短于秆，平张；苞片常 2 枚，有时 3 枚，长于花序或至少最下面的一枚长于花序。长侧枝聚伞花序，常有 4~8 个伞梗；柱头 3 枚。小坚果倒卵形。花果期夏秋季。

**产地**：茂名、深圳、翁源、肇庆等地。野外少见。

**分布**：安徽、广西、贵州、海南、湖南、江苏、江西、四川、台湾、西藏、浙江等地；亚洲；非洲；澳大利亚。

**生境**：积水处或潮湿泥地上。

**识别要点**：本种跟畦畔莎草相似，不同之处在于本种的苞片或至少一枚常较花序长，而畦畔莎草较之短。

## 127. 裂颖茅 *Diplacrum caricinum* R. Br.

**形态特征**: 草本。根状茎。秆丛生，三棱形，细弱。叶线形，柔弱，无毛；叶鞘具狭翅，无叶舌。头状聚伞花序，小；小穗全部为单性，雄小穗紧靠雌小穗基部。小坚果球形。花果期9~10月。

**产地**: 广州、乐昌、连州、肇庆等地。野外常见。

**分布**: 福建、广西、台湾、浙江等地。南亚至东南亚；澳大利亚；太平洋群岛。

**生境**: 野外田边、水边和阴湿的山坡上。

## 128. 紫果蔺 *Eleocharis atropurpurea* (Retz.) J. Presl & C. Presl

**形态特征**: 一年生草本。秆丛生，像头发，直立，圆柱状，具钝的纵向肋。叶鞘1或2个，基部带紫红色，顶部带绿色，管状。小穗卵球形、球状，或长圆状卵球形，多花，先端钝。小坚果先略带紫红色，后变为深紫色，倒卵形至宽倒卵形。花果期6~10月。

**产地**: 广州、河源等地。野外偶见。

**分布**: 江苏、海南、广西、云南、四川等地。广布于全世界热带地区。

**生境**: 田边或者路旁潮湿处。

## 129. 荸荠 *Eleocharis dulcis* (Burm. f.) Trin. ex Hensch.

**形态特征**：多年生草本。秆丛生，细长，圆柱状，有横隔膜。叶鞘黄绿色、红色或褐色。花柱基部很明显具领状的环；小穗直立，圆柱状，苍白微绿色。小坚果倒卵形，扁双凸状，平滑。花果期 5~10 月。

**产地**：广东各地有栽培或野生。

**分布**：福建、广西、海南、湖北、湖南、江苏、台湾等省区。全世界热带地区。

**生境**：沼泽或田边潮湿处。

## 130. 龙师草 *Eleocharis tetraquetra* Nees

**形态特征**：草本。秆丛生，锐四棱柱形，无毛。叶无，只在秆的基部有 2~3 个叶鞘。单一小穗稍斜生于秆的顶端，长圆状卵形、宽披针形或长圆形。小坚果成熟时淡褐色，具短而粗的柄，倒卵形至宽倒卵形。花果期 9~11 月。

**产地**：博罗、惠东、封开、乳源、阳山等地。野外常见。

**分布**：我国东北、华北、华东、华南和西南部分地区。印度，印度尼西亚，马来西亚；澳大利亚。

**生境**：溪边和沟谷边。

**识别特征**：本种与紫果蔺在植株形态特征及花序形状和大小上比较相似，但本种的秆为四棱形，而紫果蔺的秆为圆柱状。

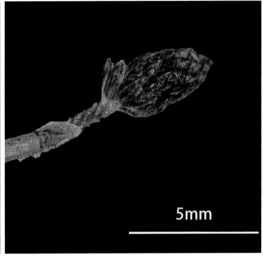

5mm

## 131. 披针穗飘拂草 *Fimbristylis acuminata* Vahl

**形态特征:** 多年生草本。秆稍细丛生, 稍扁, 具纵沟, 平滑无毛。基部具叶鞘而无叶, 下面的叶鞘鳞片状, 上面的叶鞘筒状, 顶端斜截形。具 1 个顶生的小穗, 卵形或披针形。小坚果圆倒卵形, 双凸状, 具褐色短柄。

**产地:** 台山、肇庆等地。野外偶见。

**分布:** 福建、香港等地。亚洲南部到东南部; 澳大利亚。

**生境:** 池塘边或潮湿的水田附近。

2mm

2mm

## 132. 夏飘拂草 *Fimbristylis aestivalis* (Retz.) Vahl

**形态特征：**一年生直立草本。无根状茎。秆密丛生，纤细，高 3~12 cm，扁三棱形，平滑，基部具少数叶。叶短于秆。小穗单生于第一次或第二次辐射枝顶端，卵形、长圆状卵形或披针形，具多数花；小坚果倒卵形，双凸状，黄色，基部近于无柄，表面近于平滑，有时具不明显的六角形网纹。花期 5~8 月。

**产地：**高州、广州、梅州（梅县区）、韶关（曲江）、翁源、阳江等地。野外常见。

**分布：**福建、广西、四川、台湾、香港、云南、浙江等地。南亚至东南亚；俄罗斯；澳大利亚。

**生境：**路边、田边、空旷草地上和稻田中。

**识别要点：**本种叶片宽不到 1 mm，并且细短和柔软；小穗没有棱角。

### 133. 两歧飘拂草 *Fimbristylis dichotoma* (L.) Vahl

**形态特征:** 一年或多年生直立草本。秆疏丛生,三棱形,无毛或被疏柔毛。叶线形,略短于秆或与秆等长;叶鞘革质,上端近于截形。花序复出,小穗单生于辐射枝顶端,卵形、椭圆形或长圆形,具多数花。小坚果宽倒卵形,双凸状。花果期 7~10 月。

**产地:** 广东各地。野外常见。

**分布:** 我国南北各地都有。印度,日本,越南。

**生境:** 荒地潮湿处。

## 134. 起绒飘拂草 *Fimbristylis dipsacea* (Rottb.) Benth. ex C. B. Clarke

**形态特征**：草本。秆丛生，无根状茎。叶常与秆等长或短于秆，毛发状；苞片 3~4 枚，叶状，基部扩大。小穗单生，近球形，刺猬状。小坚果狭长圆形，淡褐色，两侧有具柄的球形乳头状突起，突起后脱落。

**产地**：佛山、始兴、阳江、肇庆等地。野外少见。

**分布**：安徽、广西、海南、黑龙江、湖南、云南、浙江等地。南亚至东南亚；非洲。

**生境**：湖泊浅水潮湿处或者农田边上。

2mm

## 135. 水虱草 *Fimbristylis littoralis* Gaudich.

**形态特征:** 一年生直立草本。秆丛生,扁四棱状,具纵槽。叶侧扁,套褶,剑状,边上有稀疏细齿。花序复出,有许多小穗单生于辐射枝顶端,球形或近球形,顶端极钝。小坚果倒卵形或宽倒卵形,钝三棱形,麦秆黄色,具疣状突起和横长圆形网纹。

**产地:** 广东各处。野外常见。

**分布:** 我国东部、南部、西南各省区均有分布。日本,朝鲜;东南亚;澳大利亚。

**生境:** 水田和河流旁边。

**识别要点:** 本种小穗单生于辐射枝顶端,球形或近球形。

## 136. 少穗飘拂草 *Fimbristylis schoenoides* (Retz.) Vahl

**形态特征:** 直立草本。根状茎极短,具须根。秆丛生,细长,稍扁,平滑,具纵槽。叶基生,狭线形,两边常内卷,上部边缘具小刺;苞片无或1~2枚,线形。小坚果圆倒卵形或近于圆形,双凸状,具短柄,黄白色,表面具六角形网纹。花期8~9月,果期10~11月。

**产地:** 罗定等地。野外偶见。

**分布:** 福建、广西、海南、江西、台湾、云南、浙江等地。亚洲东南部;澳大利亚。

**生境:** 溪水、沟边、水田边。

## 137. 毛芙兰草 *Fuirena ciliaris* (L.) Roxb.

**形态特征:** 直立草本。秆丛生, 三棱形, 具槽, 全体被疏柔毛。秆生叶平张, 两面和叶缘被疏柔毛。苞片叶状。圆锥花序由顶生或侧生聚伞花序组成; 小穗卵形或长圆形; 下位刚毛 6 枚, 外轮 3 枚呈钻形, 内轮 3 枚呈花瓣状且有长爪, 长约为瓣片的一半至全长。小坚果倒卵形。花果期 5~10 月。

**产地:** 广东中部和南部等地。野外常见。

**分布:** 福建、广西、海南、江苏、山东、台湾、云南等地。亚洲东部、东南部和南部; 非洲; 澳大利亚。

**生境:** 草地、水稻田或水渠等潮湿处。

## 138. 芙兰草 *Fuirena umbellata* Rottb.

**形态特征:** 直立草本。秆近丛生，近五棱形，具槽，上部被疏柔毛，基部膨大成长圆状卵形的球茎。秆叶平张，披针形；苞片叶状。圆锥花序由顶生或侧生聚伞花序组成；小穗卵形或长圆形；内轮下位刚毛3枚，花瓣状，基部楔形具短爪。小坚果倒卵形，三棱形。花果期6~11月。

**产地:** 东源（苏凡和袁明灯1544，IBSC）、佛山、罗定、平远、仁化、深圳等地。野外常见。

**分布:** 福建、广西、海南、台湾、西藏、云南等地。世界热带和亚热带地区。

**生境:** 潮湿的荒地或池塘中。

**识别要点:** 本种秆下部多光滑，近五棱形，内轮下位刚毛基部柄很短，而毛芙兰草的秆全体被疏条毛，三棱形，内轮下位刚毛较长。

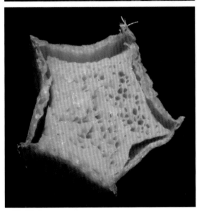

### 139. 鳞籽莎 *Lepidosperma chinense* Nees & Meyen ex Kunth

**形态特征:** 直立草本。秆丛生,圆柱状或近圆柱状。叶鞘紫黑色、淡紫黑色或麦秆黄色,开裂,边缘膜质;叶圆柱状,基生。圆锥花序紧缩成穗状;小穗密集,纺锤状长圆形。小坚果椭圆形,褐黄色。花果期 7~12 月,有时在 5 月抽穗。

**产地:** 广东各地(阳山,苏凡和周欣欣 1638,IBSC)。野外常见。

**分布:** 福建、广西、海南、湖南、浙江等地。印度,印度尼西亚,马来西亚,越南。

**生境:** 山地沼泽中。

## 140. 石龙刍 *Lepironia articulata* (Retz.) Domin

**形态特征：**直立草本，具木质匍匐根状茎。秆圆柱状，中具横隔膜，基部具鞘。叶无。苞片为秆的延长，顶细尖。穗状花序单一，假侧生，棕色或栗色；鳞片卵形至倒卵状长圆形；螺旋状覆瓦式排列；小穗具 2 片舟形和多数线形小鳞片；柱头 2 个，细长。小坚果扁。花果期 3~6 月。

**产地：**肇庆（四会，王瑞江 6494，IBSC）等地。多为栽培，少见。

**分布：**海南、台湾等地。南亚至东南亚；澳大利亚；马达加斯加；太平洋群岛。

**生境：**栽培于沼泽地或池塘。

## 141. 华湖瓜草 *Lipocarpha chinensis* (Osbeck) J. Kern

**形态特征:** 直立草本。秆纤细, 具槽, 被微柔毛。叶基生, 最下面的鞘无叶, 上面的鞘具叶; 小总苞片顶端宽而近截平, 具直立的短尖头; 叶纸质, 狭线形。穗状花序 3~7 个簇生, 卵形。小坚果小, 长圆状倒卵形, 三棱形, 微弯, 顶端具微小短尖。花果期 6~10 月。

**产地:** 茂名、阳春、肇庆等地。野外少见。

**分布:** 福建、台湾、云南等地。印度, 日本, 越南。

**生境:** 田边或池塘水中。

## 142. 球穗扁莎 *Pycreus flavidus* (Retz.) T. Koyama

**形态特征:** 直立草本。秆细弱, 丛生, 钝三棱形。叶少, 短秆; 叶鞘长, 下部红棕色; 叶状苞片长于花序。花序简单, 具 1~6 个辐射枝, 每一辐射枝上端有多数小穗密集成球形花序; 小穗轴近四棱状。小坚果倒卵形, 顶端有短尖, 双凸状, 稍扁。花果期 6~11 月。

**产地:** 广东各地。野外常见。

**分布:** 我国南北各省几乎都有分布。印度, 日本, 朝鲜, 越南; 澳大利亚; 非洲。

**生境:** 潮湿草地上。

## 143. 多枝扁莎 *Pycreus polystachyos* (Rottb.) P. Beauv.

**形态特征:** 多年生直立草本。秆坚挺、密丛生，扁三棱形。基生叶短于秆；叶状苞片较花序长。花序简单或呈头状，有5~8个辐射枝。小坚果近长圆形，表面有细点。

**产地:** 惠阳、阳春、云浮、肇庆等地。野外常见。

**分布:** 福建、海南、台湾等地。印度，日本，朝鲜，越南。

**生境:** 田边及湿润处。

## 144. 红鳞扁莎 *Pycreus sanguinolentus* (Vahl) Nees ex C. B. Clarke

**形态特征:** 一年生直立草本。秆密丛生,扁三棱形。基生叶稍多,常短于秆;叶状苞片平向展开,长于花序。花序简单,有3~5个辐射枝;每个辐射枝有4~12个小穗,密集成短的穗状或近似头状花序。小坚果圆倒卵形或长圆状倒卵形,双凸状,稍肿胀,成熟时黑色。花果期7~12月。

**产地:** 广东各地。野外常见。

**分布:** 我国南北各省区几乎都有分布。南亚至东南亚;非洲。

**生境:** 溪旁、沼泽中。

## 145. 三俭草 *Rhynchospora corymbosa* (L.) Britton

**形态特征：** 多年生高大草本。秆直立，粗壮，三棱柱状。有基生叶和秆生叶；叶狭长。圆锥花序由顶生和侧生伞房状长侧枝聚伞花序组成，大型，辐射枝多数，松散。小坚果长圆倒卵形，扁，两面常凹凸不平。花果期 3~12 月。

**产地：** 恩平、佛山、河源、乳源、深圳、阳春、肇庆等地。野外少见。

**分布：** 海南、台湾及云南等地。全球热带和亚热带地区。

**生境：** 沼泽和河边或荒废水田。

## 146. 日本刺子莞 *Rhynchospora malasica* C. B. Clarke

**形态特征:** 多年生直立草本。秆三棱形,平滑。叶茎生,总状或穗状花序多个,顶生和侧生。小坚果顶端突然狭成短颈。

**产地:** 封开、惠东、阳山(苏凡和周欣欣 1635,IBSC)等地。野外偶见。

**分布:** 台湾、香港等地。印度尼西亚,日本,马来西亚。

**生境:** 浅水潮湿处。

## 147. 刺子莞 *Rhynchospora rubra* (Lour.) Makino

**形态特征:** 多年生直立草本。秆直立,丛生,钝三棱柱状。叶基生,叶狭长,钻状线形。头状花序顶生,球形,棕色;具多数小穗,小穗钻状披针形,有光泽。小坚果宽或狭倒卵形,宿存花柱基短小,三角形。花果期5~11月。

**产地:** 广东各地。野外常见。

**分布:** 长江流域以南各省区及台湾。亚洲、非洲和大洋洲的热带地区。

**生境:** 沼泽或潮湿处,也可生于山坡。

## 148. 萤蔺 *Schoenoplectus juncoides* (Roxb.) Palla

**形态特征:** 直立草本。无根状茎。秆稍坚挺,圆柱状,具多数纵槽纹。小穗 2~7 个聚成头状,假侧生,卵形或长圆状卵形;下位刚毛 5~6 枚,长等于或短于小坚果。小坚果宽倒卵形,或倒卵形,成熟时黑褐色。花果期 8~11 月。

**产地:** 广东各地(东源,苏凡和袁明灯 1542,IBSC)。野外常见。

**分布:** 全国大部分地区。世界热带、亚热带地区。

**生境:** 水田中或者溪水浅水处。

## 149. 水毛花 *Schoenoplectus mucronatus* (L.) Palla subsp. *robustus* (Miq.) T. Koyama

**形态特征:** 直立草本。秆丛生,锐三棱形。基部具 2 个叶鞘,鞘棕色,无叶。苞片 1 枚,直立或稍展开;小穗聚集成头状,假侧生。小坚果倒卵形或宽倒卵形,扁三棱形,成熟时暗棕色。花果期 5~8 月。

**产地:** 恩平、佛山(高明)、海丰、龙门、仁化(苏凡和袁明灯 1569, IBSC)、台山、阳山等地。野外常见。

**分布:** 全国大部分地区。印度,印度尼西亚,日本,朝鲜,马来西亚;马达加斯加。

**生境:** 水池、沼泽、溪水边。

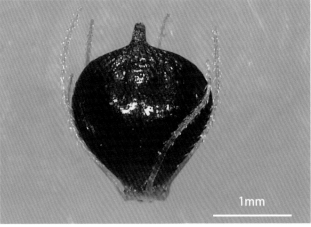

## 150. 水葱 *Schoenoplectus tabernaemontani* (C. C. Gmelin) Palla

**形态特征**：直立草本。秆圆柱状，平滑。叶线形，常短于花序，稀稍长于花序。长侧枝聚伞花序简单或复出，假侧生，辐射枝 4~13 个或更多，一面凸，一面凹，边缘有锯齿。小坚果倒卵形或椭圆形，双凸状。花果期 6~9 月。

**产地**：海丰、深圳、翁源等地。也有少量栽培。野外偶见。

**分布**：我国温带和亚热带地区广布。日本，朝鲜。

**生境**：湖边、水边和沼泽地。

## 151. 三棱水葱 *Schoenoplectus triqueter* (L.) Palla

**形态特征**: 直立草本。秆粗壮，散生，三棱形。叶扁平；苞片 1 枚，三棱形。聚伞花序简单，假侧生。小坚果倒卵形，平凸状，成熟时褐色。花果期 6~9 月。

**产地**: 佛山（顺德，苏凡和周欣欣 1663，IBSC）、广州等地。野外偶见。

**分布**: 全国各省。日本，朝鲜；俄罗斯；欧洲；美洲。

**生境**: 水旁和沼泽地。

### 152. 猪毛草 *Schoenoplectus wallichii* (Nees) T. Koyama

**形态特征:** 直立草本，无根状茎。秆丛生，稍坚挺，圆柱状。小穗单生或 2~3 个；下位刚毛 4~5 枚，长于小坚果。小坚果宽倒椭圆形，黑褐色。花果期 9~11 月。

**产地:** 乐昌、乳源、阳春（苏凡和周欣欣 1676，IBSC）等地。野外少见。

**分布:** 我国东部、中部和南部地区。印度，日本，马来西亚，缅甸，朝鲜，菲律宾，越南。

**生境:** 稻田、溪边近水处。

**识别要点:** 猪毛草和萤蔺的区别：猪毛草小穗下位刚毛 4~5 枚，比小坚果长；柱头 2 枚；小穗常 1~3 个簇生。萤蔺的下位刚毛有 5~6 枚，短于或等于小坚果；柱头 3 枚；小穗常 3~5 个簇生。

# （二十八）禾本科 Poaceae

## 153. 看麦娘 *Alopecurus aequalis* Sobol.

**形态特征**：直立草本。秆丛生，细瘦，光滑，节处常膝曲。圆锥花序圆柱状；小穗长 2~3 mm，椭圆形或卵状长圆形；芒长 2~3 mm，隐藏或外露；花药橙黄色。颖果长约 1 mm。花果期 4~8 月。

**产地**：广东各地（翁源，苏凡、郭亚男和梁丹 AP0012，IBSC）。野外常见。

**分布**：我国大部分省区。北温带广布。

**生境**：翻耕过的田边、菜地潮湿处。

## 154. 荩草 *Arthraxon hispidus* (Thunb.) Makino

**形态特征：** 直立草本。秆细弱，无毛，基部倾斜，具多节，基部节着地易生根。总状花序细弱，2~10 个，呈指状排列或簇生于秆顶。无柄小穗卵状披针形，呈两侧压扁，灰绿色或带紫色；第一颖草质，边缘膜质；第二颖近膜质，与第一颖等长。颖果长圆形，与稃体等长。花果期 9~11 月。

**产地：** 广东大部分地区。野外常见。

**分布：** 遍布全国各地。东半球温暖地区。

**生境：** 山坡草地阴湿处、积水沼泽地。

## 155. 芦竹 *Arundo donax* L.

**形态特征:** 大型直立草本。秆粗大直立,高 2~6 m,常生分枝。叶扁平,基部白色,抱茎。圆锥花序极大型,长可达 90 cm,常带紫色,分枝向上。颖果细小,黑色。花果期 9~12 月。

**产地:** 广东各地。野生或栽培。

**分布:** 福建、贵州、海南、湖南、江苏、四川、西藏、云南、浙江等地。亚洲;非洲;大洋洲。

**生境:** 河岸或湖泊旁。

注: 本种的变种花叶芦竹 *Arundo donax* var. *versicolor* (Mill.) Stokes 原产台湾,现在各地公园均有栽培,其与芦竹的区别在于其叶具白色和绿色相间的纵长条纹。

## 156. 溪边野古草 *Arundinella fluviatilis* Hand.-Mazz.

**形态特征:** 直立草本。常成密集的大丛;须根稠密。秆直立或近地面数节斜升而着生不定根及分蘖;叶鞘光滑,无毛或有毛;叶通常挺直,无毛。圆锥花序狭窄,分枝短而疏,主轴与分枝具棱;小穗孪生。花果期 9~11 月。

**产地:** 佛山(顺德,王瑞江 6476,IBSC)。野外罕见,广东省新分布。

**分布:** 贵州、湖北、湖南、江西、四川等地。

**生境:** 江岸边的石隙中。

## 157. 撑篙竹 *Bambusa pervariabilis* McClure

**形态特征**: 竿高 7~10 m，直径 4~5.5 cm；节间通直，幼时薄被白蜡粉或有糙硬毛，老时无粉也无毛；竿壁厚，基部数节间具黄绿色纵条纹。箨鞘早落，薄革质，新鲜时具黄绿色纵条纹，干时纵肋稍隆起。叶线状披针形，上面无毛，下面密生短柔毛。

**产地**: 广东各地常见栽培。

**分布**: 广西。我国华中、华东和西南各地有引种。

**生境**: 河溪两岸及村落附近。

## 158. 硬头黄竹 *Bambusa ridiga* Keng & Keng f.

**形态特征**: 竿高 5~12 m，直径 2~6 cm，尾梢略弯拱；节间常无毛，壁厚 1~1.5 cm；节处稍突起。箨耳不相等，略有皱褶，边缘被波曲状长约 1cm 的繸毛，大箨耳常为卵形；小箨耳卵形或近圆形。

**产地**: 广东常见栽培。

**分布**: 我国华南和西南地区。

**生境**: 低海拔地区的河边和村落附近。

## 159. 车筒竹 *Bambusa sinospinosa* McClure

**形态特征**：竿高 15~24 m，直径 8~14 cm，尾梢略弯；节间常光滑无毛，壁厚 1~3 cm；节处稍突起。假小穗线形至线状披针形，稍扁，单生或以数枚簇生于花枝各节；小穗含两性小花 6~12 朵；颖常缺；外稃卵状长圆形；内稃通常稍长于外稃。笋期 5~6 月，花期 8~12 月。

**产地**：广东常见栽培。

**分布**：我国华南和西南地区。

**生境**：河流两岸和村落附近。

## 160. 菵草 *Beckmannia syzigachne* (Steud.) Fernald

**形态特征**: 直立草本。秆直立。叶鞘无毛，多长于节间；叶舌透明膜质；叶扁平。圆锥花序分枝稀疏，直立或斜升；小穗扁平，圆形，灰绿色，常含1朵小花。颖果长圆形，黄褐色。花果期4~10月。

**产地**: 广州、翁源（梁丹和郭亚男 AP0008，IBSC)。野外偶见。

**分布**: 我国大部分地区。日本，哈萨克斯坦，朝鲜，吉尔吉斯斯坦，蒙古；俄罗斯；欧洲；美洲。

**生境**: 水沟、稻田边。

## 161. 臭根子草 *Bothriochloa bladhii* (Retz.) S.T. Blake

**形态特征:** 直立草本。须根粗壮。秆直立或基部倾斜,高 50~100 cm,一侧有凹沟,具多节,节被白色短髯毛或无毛。叶线形,两面疏生疣毛或下面无毛,边缘粗糙。圆锥花序由多数总状花序组成。无柄小穗两性,长圆状披针形,灰绿色或带紫色,基盘具白色髯毛;有柄小穗中性,稀为雄性,较无柄者狭窄,无芒;花果期 7~12 月。

**产地:** 广州、乐昌、连州、台山、徐闻、阳春、湛江等地。野外常见。

**分布:** 我国西北、华东、华南和西南地区。非洲、亚洲至大洋洲的热带和亚热带地区;美洲有引种。

**生境:** 田边湿地、沼泽地中。

## 162. 拂子茅 *Calamagrostis epigeios* (L.) Roth

**形态特征:** 直立草本。具根状茎。秆直立,平滑无毛或花序下稍粗糙,高 45~100 cm。叶鞘平滑或稍粗糙,短于或基部者长于节间;叶扁平或边缘内卷,上面及边缘粗糙,下面较平滑。圆锥花序紧密,圆筒形,劲直、具间断;小穗长 5~7 mm,淡绿色或带淡紫色。花果期 5~9 月。

**产地:** 博罗、清远、乳源、始兴等地。野外常见。

**分布:** 遍及全国。欧亚大陆温带地区。

**生境:** 山地潮湿处、河岸及沟渠旁。

### 163. 细柄草 *Capillipedium parviflorum* (R. Br.) Stapf

**形态特征:** 直立草本。秆较柔软，直立或基部稍倾斜。节上被髯毛。叶线形，顶端长渐尖，基部近圆形，叶舌边缘具短纤毛。圆锥花序长圆形，总状花序具 1~3 节，第一颖长圆状披针形，第二颖舟形，第二外稃顶端具芒，芒膝曲。花果期 8~12 月。

**产地:** 广东各地。野外常见。

**分布:** 我国大部分地区。南亚至东南亚；澳大利亚。

**生境:** 山坡草地上、河边、灌丛中。

## 164. 竹节草 *Chrysopogon aciculatus* (Retz.) Trin.

**形态特征:** 直立草本。秆基部膝曲,直立部分高达 50 cm。叶披针形,基部圆形,边缘具小刺毛而粗糙。圆锥花序直立,长圆形,紫褐色,分枝轮生,第一颖披针形,第二颖舟形,第二外稃顶端具直芒。花果期 6~10 月。

**产地:** 广东大部分地区。野外常见。

**分布:** 福建、广西、贵州、海南、台湾、云南等地。南亚至东南亚;澳大利亚;太平洋岛屿。

**生境:** 开旷且潮湿的沼泽地、草地和荒地上。

## 165. 香根草 *Chrysopogon zizanioides* (L.) Roberty

**形态特征**：大型直立草本。须根具浓郁香气。叶鞘无毛，叶舌短，边缘具纤毛，叶线形，扁平，下部对折。圆锥花序大型，顶生，各节具多数轮生的分枝，无柄小穗线状披针形，第一颖革质，圆形；第一外稃边缘具丝状毛，第二外稃较短，顶端具小尖头。花果期 9~11 月。

**产地**：吴川有野生群落，其他地区多为引自印度等地的栽培群落。野外偶见。

**分布**：海南、安徽、福建、贵州、湖北、江苏、四川、台湾、云南、浙江等地有栽培。

**生境**：水湿溪流旁和疏松黏壤土中，也可生于山坡上。

**生存现状**：香根草是一种优良的水土保持和香料植物。我国栽培种主要是在 20 世纪 50 年代从印度和印度尼西亚引进的。相关研究表明，我国广东吴川和海南东方、临高等地有野生香根草群落，且吴川香根草的面积达 7 000 hm²。自 20 世纪 60 年代以后，由于对香根草的无序采掘、运河的开凿以及大片果基鱼塘的开垦等，吴川野生香根草群落面积急剧缩减（夏汉平，敖惠修，1998）。编者于 2020 年 10 月赴吴川调查时，仅发现数十丛香根草孤生于泥塘周围，已然成为濒危植物。

## 166. 小丽草 *Coelachne simpliciuscula* (Wight & Arn. ex Steud.) Munro ex Benth.

**形态特征：** 直立草本。秆纤细，基部有时卧伏，节上生根。叶鞘松弛，无叶舌。叶柔软，披针形。圆锥花序狭窄，小穗 3~7 枚着生于穗轴和缩短的分枝上，小穗淡绿色或微带紫色，雄蕊 3 枚，花柱 2 枚。颖果棕色，卵状椭圆形。花果期 9~12 月。

**产地：** 佛山、广州、南雄（王瑞江 6348，IBSC）、仁化、深圳、翁源、阳春等地。野外少见。

**分布：** 贵州、四川、云南等地。南亚至东南亚。

**生境：** 潮湿山谷或溪旁草丛中。

## 167. 狗牙根 *Cynodon dactylon* (L.) Pers.

**形态特征：** 直立草本，具根茎。秆细而坚韧，下部匍匐地面蔓延甚长，节上常生不定根。叶线形。穗状花序；小穗灰绿色或带紫色，仅含 1 朵小花。颖果长圆柱状。花果期 5~10 月。

**产地：** 广东各地。野外常见。

**分布：** 福建、甘肃、海南、湖北、江苏、陕西、山西、四川、台湾、云南、浙江等地。世界热带和暖温带地区。

**生境：** 河岸、菜地、稻田边潮湿处。

## 168. 升马唐 *Digitaria ciliaris* (Retz.) Koeler

**形态特征:** 直立草本。秆基部横卧地面，节处生根和分枝。叶线形或披针形，上面散生柔毛。总状花序5~8 个；小穗披针形；第一外稃等长于小穗，具 7 条脉，脉平滑，中脉两侧的脉间较宽而无毛，其他脉间贴生柔毛，边缘具长柔毛；第二外稃等长于小穗。花果期 5~10 月。

**产地:** 广东各地。野外常见。

**分布:** 我国北部、中部、东部和南部。热带和亚热带。

**生境:** 荒野沼泽地或稻田旁边。

## 169. 异马唐 *Digitaria bicornis* (Lam.) Roem. & Schult.

**形态特征:** 一年生草本。秆下部匍匐,节上生根。叶线状披针形,基部生疣基柔毛。总状花序 2~5 个,长 4~14cm;小穗成对,覆瓦状排列,异型;下面的小穗近无毛,长约 3mm;上面的小穗有毛。花果期 5~9 月。

**产地:** 广东中部和西部。野外偶见。

**分布:** 福建、海南、云南等地。南亚至东南亚;非洲;澳大利亚;美洲有引种。

**生境:** 潮湿草地和稻田边。

## 170. 红尾翎 *Digitaria radicosa* (J. Presl) Miq.

**形态特征:** 直立草本。叶较小,披针形,下面及顶端微粗糙,无毛或贴生短毛,下部有少数疣基柔毛。总状花序 2~4 个;小穗窄披针形,宽约 0.7 mm;第一外稃具 3 脉。花果期夏秋季。

**产地:** 广东各地。野外常见。

**分布:** 安徽、福建、广西、海南、江西、台湾、云南、浙江等地。印度,印度尼西亚,日本,马来西亚,缅甸,尼泊尔,菲律宾,泰国,澳大利亚;印度洋岛屿;马达加斯加;太平洋岛屿。

**生境:** 潮湿草地。

## 171. 光头稗 *Echinochloa colona* (L.) Link

**形态特征：** 直立或倾斜。秆直立，高 60cm 或稍高，光滑无毛。叶鞘无毛；叶线形。花序分枝长 1~2cm，排列稀疏，直立向上或贴向主轴，穗轴无或仅基部具 1~2 根疣基长毛；小穗无芒，成四行排列于穗轴的一侧；第二外稃光亮、平滑。颖果。花果期夏秋季。

**产地：** 广东各地。野外常见。

**分布：** 全国分布。全世界温暖地区。

**生境：** 田野湿地或稻田中。

**识别要点：** 相对于本属其他种具较密且长的花序分枝，本种的花序分枝排列比较稀疏且穗轴较短，穗轴基部无或仅有 1~2 根疣基长毛，小穗无芒。

## 172. 稗 *Echinochloa crus-galli* (L.) P. Beauv.

**形态特征**：草本。秆直立或基部倾斜或膝曲。秆高可达 1.5m，光滑无毛。叶鞘平滑无毛；叶扁平线形。圆锥花序直立，近尖塔形；主轴粗糙；分枝斜上举或贴近主轴，柔软，有时再分小轴；小穗卵形；小穗、颖片和外稃的脉上均具疣基毛，外稃芒长 0.5~1.5（3）cm。花果期夏秋季。

**产地**：广东各地。野外常见。

**分布**：全国分布。全世界温暖地区。

**生境**：稻田中、沼泽地和水沟边。

**识别要点**：本种各变种的高度、小穗的颜色、芒的长短等形态特征变化较大，因此在分类上不容易识别。本原变种的小穗具明显的长芒，有时芒长可达 3cm，这明显不同于其他变种。

## 173. 短芒稗 *Echinochloa crus-galli* var. *breviseta* (Döll) Podp.

**形态特征:** 本变种植株个体一般高 30~70cm。小穗绿色，长约 3mm，顶端具小尖头，或具与小穗等长或稍长的短芒，芒长一般短于 5mm。

**产地:** 广东各地。野外常见。

**分布:** 台湾。印度，马来西亚，斯里兰卡；非洲。

**生境:** 稻田边、沼泽地和水沟边。

## 174. 无芒稗 *Echinochloa crus-galli* var. *mitis* (Pursh) Peterm.

**形态特征:** 本变种植株个体一般高 50~120 cm。花序分枝常有小枝；小穗绿色，长约 3mm，顶端无芒，或仅具长度小于 0.5 mm 的短芒。

**产地:** 广东各地。野外常见。

**分布:** 全国各地。全球热带和亚热带地区。

**生境:** 路旁和溪流边。

## 175. 水田稗 *Echinochloa oryzoides* (Ard.) Fritsch

**形态特征**：草本。秆粗壮直立，高可达 1m 多，直径可达 8mm 左右。叶鞘及叶均光滑无毛；叶扁平，线形。圆锥花序，分枝常不具小枝；穗轴基部无疣基毛；小穗卵状椭圆形，常无芒或芒短于 5mm；第二外稃革质，硬而光亮。花果期 7~10 月。

**产地**：广东各地。野外常见。

**分布**：我国北部、中部、西南和华南地区。亚洲大部分地区；欧洲；美洲。

**生境**：沼泽地、河边或混生于稻田中。

**识别要点**：本种小穗较大，长 4~6mm；穗轴基部无疣基长毛。

## 176. 鼠妇草 *Eragrostis atrovirens* (Desf.) Trin. ex Steud.

**形态特征：** 直立草本。秆直立，疏丛生，基部稍膝曲。叶鞘除基部外，均较节间短；叶扁平或内卷，下面光滑，上面粗糙，近基部疏生长毛。圆锥花序开展；小穗窄矩形，深灰色或灰绿色。颖果。夏秋抽穗。

**产 地：** 广东各地（佛山，王瑞江6478，IBSC）。野外常见。

**分布：** 福建、广西、贵州、海南、湖南、四川、云南等地。亚洲和非洲。

**生境：** 溪水边。

## 177. 乱草 *Eragrostis japonica* (Thunb.) Trin.

**形态特征:** 直立草本。秆直立或膝曲丛生。叶平展，光滑无毛。圆锥花序长圆形，整个花序常超过植株一半以上，分枝纤细，簇生或轮生，腋间无毛。小穗卵圆形，有4~8朵小花，成熟后紫色，自小穗轴由上而下地逐节断落。颖果卵圆形，棕红色并透明。花果期6~11月。

**产地:** 广东西部和北部山区（连州，苏凡和郭亚男 1598，IBSC）。野外少见。

**分布:** 长江以南及西南各省。南亚至东南亚。

**生境:** 河边或田地潮湿处。

## 178. 高野黍 *Eriochloa procera* (Retz.) C.E. Hubb.

**形态特征:** <u>直立草本</u>。<u>秆直立</u>，<u>丛生</u>，高达 1.5 m。叶舌为一圈白色长柔毛，叶线形，干时常卷折。圆锥花序由数个总状花序组成，总状花序直立或斜举；小穗长圆状披针形，孪生或数个簇生，常带紫色。

**产地:** 广州、惠东、吴川等地。野外少见。

**分布:** 福建、广东、海南、台湾等地。南亚至东南亚；澳大利亚。

**生境:** 溪旁、湿地或海边。

## 179. 扁穗牛鞭草 *Hemarthria compressa* (L. f.) R. Br.

**形态特征:** 直立草本, 具横走的根茎。叶线形, 两面无毛。总状花序略扁, 光滑无毛; 无柄小穗长 3~5 mm, 第一颖边缘外侧光滑; 叶基部圆形。颖果长卵形。

**产地:** 广东各地。野外偶见。

**分布:** 广西、贵州、海南、内蒙古、陕西、四川、台湾、云南等地。日本, 东南亚至南亚。

**生境:** 田边、河沟旁。

## 180. 牛鞭草 *Hemarthria sibirica* (Gand.) Ohwi

**形态特征:** 多年生直立草本。叶鞘松弛, 叶线形, 长可达 40 cm, 无毛, 基部狭窄或近心形。总状花序近圆柱状, 单生或成束, 成熟后脱落, 第一颖狭披针形, 第二颖紧贴花序轴, 有柄小穗两颖顶端略渐尖。花果期 7~10 月。

**产地:** 潮州、佛山、高州、广州等地。野外偶见。

**分布:** 我国北部、东部和华南地区。日本, 朝鲜, 巴基斯坦, 俄罗斯。

**生境:** 沼泽地、湿地、沙滩上。

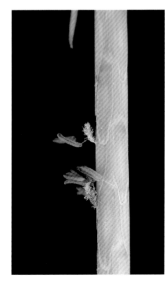  

## 181. 膜稃草 *Hymenachne amplexicaulis* (Rudge) Nees

**形态特征:** 多年生直立草本。秆高大粗壮，具多数节，具海绵质髓部，无毛。叶扁平，宽大，质地较厚。圆锥花序紧密呈穗状，穗轴有翼，粗糙，一侧簇生小穗；小穗粗糙；小穗狭披针形。颖果顶端圆。花果期夏季至秋季。

**产地:** 广州、海丰、茂名（高州，王瑞江 1595，ISBC）等地。野外偶见。

**分布:** 海南、台湾、云南等地。南亚至东南亚。

**生境:** 河边、沼泽、浅水处。

## 182. 弊草 *Hymenachne assamica* (Hook. f.) Hitchc.

**形态特征**：直立草本。秆匍匐，具多数节，节上生根。叶舌短，叶质较厚，线状披针形，基部圆形，顶端长渐尖。圆锥花序紧密呈穗状，小穗长圆状披针形，第一颖膜质，广卵形。花果期 7~10 月。

**产地**：佛山、广州、吴川等地。野外常见。

**分布**：广西、海南、云南等地。印度，泰国。

**生境**：池塘、河沟或沼泽中或旁边。

## 183. 柳叶箬 *Isachne globosa* (Thunb.) Kuntze

**形态特征:** 直立草本。秆丛生。叶披针形,两面均具微细毛而粗糙,边缘质地增厚,软骨质,全缘或微波状。圆锥花序卵圆形,盛开时抽出鞘外,分枝斜升或开展。颖果近球形。花果期夏秋季。

**产地:** 广东各地。野外常见。

**分布:** 我国中部、东部和南部各地。东南亚;大洋洲。

**生境:** 溪水边或沼泽湿地。

## 184. 有芒鸭嘴草 *Ischaemum aristatum* L.

**形态特征:** 直立草本。秆直立或下部斜升。节上无毛或被髯毛。叶鞘疏生疣基毛,叶线状披针形,基部楔形。总状花序互相紧贴成圆柱状。无柄小穗披针形,第二颖舟形,背部具脊,边缘有纤毛,下部无毛。外稃先端深 2 裂至中部,齿间伸出约 10 mm 的芒,芒中部以下膝曲,芒柱常不伸出小穗之外。花果期夏秋季。

**产地:** 广东各地。野外常见。

**分布:** 我国东部和南部地区。日本,朝鲜,越南。

**生境:** 山坡路旁或靠近海边、河流的开阔草地。

## 185. 粗毛鸭嘴草 *Ischaemum barbatum* Retz.

**形态特征:** 直立草本。秆直立,高达 1m。无毛,节上被髯毛。叶鞘被柔毛,老时脱落。叶线状披针形。总状花序孪生于秆顶,直立,相互紧贴成圆柱状,无柄小穗基盘有髯毛,第一颖无毛,下部背面具 2~4 条横皱纹,第二颖边缘常有短纤毛,第二小花的外稃先端齿间伸出膝曲芒。颖果卵形。花果期夏秋季。

**产地:** 广东各地。野外常见。

**分布:** 我国东部、中部和南部。南亚至东南亚;非洲;澳大利亚。

**生境:** 山坡、开阔草地、沼泽地等。

## 186. 细毛鸭嘴草 *Ischaemum ciliare* Retz.

**形态特征**：多年生草本。秆直立或基部平卧至斜升，直立部分高 40~50 cm，节上密被白色髯毛。叶鞘疏生疣基毛；叶舌膜质，上缘撕裂状；叶线形，两面被疏毛。总状花序常 2 个孪生于秆顶，开花时常互相分离；总状花序轴节间和小穗柄的棱上均有长纤毛；无柄小穗倒卵状矩圆形，第一颖革质；第二颖较薄，舟形，等长于第一颖。花果期夏秋季。

**产地**：广东各地。野外常见。

**分布**：我国东部、中部和南部。印度，印度尼西亚，马来西亚，缅甸，斯里兰卡，泰国，越南。

**生境**：潮湿的草地、田野边缘。

## 187. 田间鸭嘴草 *Ischaemum rugosum* Salisb.

**形态特征:** 多年生直立草本。秆直立，丛生。高达 70 cm。节上密被髯毛，叶鞘无毛，叶舌膜质。叶卵状披针形，基部圆形。总状花序孪生于枝顶，互相紧贴，干后常分离，第一颖具 4~5 条横向连贯的皱纹，第二小花外稃顶端齿间伸出长芒，芒膝曲，扭转。花果期夏秋季。

**产地:** 广东中部和西部等地。野外常见。

**分布:** 华南和西南地区。南亚至东南亚；澳大利亚。

**生境:** 沼泽、水沟旁、河旁湿润处及其他潮湿、略带盐分的草地上。

## 188. 李氏禾 *Leersia hexandra* Sw.

**形态特征:** 多年生直立草本。秆倾卧地面并于节处生根。叶披针形。圆锥花序开展，分枝较细，直升，不具小枝；小穗具有短柄；颖阙如；外稃具 5 条脉，脊与边缘具刺状纤毛，两侧具微刺毛。颖果。

**产地:** 广东各地（连州，苏凡和袁明灯 1609，ISBC）。野外常见。

**分布:** 我国南方地区。孟加拉国，不丹；非洲；美洲；澳大利亚。

**生境:** 河沟和沼泽等湿地。

## 189. 千金子 *Leptochloa chinensis* (L.) Nees

**形态特征**：一年生直立草本。植株无毛，秆直立。叶鞘无毛，短于节间，叶舌膜质；叶扁平或多少内卷，两面微粗糙或下面平滑。圆锥花序；小穗多少带紫色，具 3~7 朵小花。颖果长圆球形。花果期8~11 月。

**产地**：广东中南和西部。野外常见。

**分布**：我国东部和南部地区。日本，南亚至东南亚；非洲。

**生境**：菜地或稻田附近。

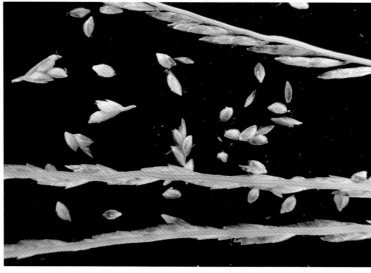

## 190. 药用野生稻 *Oryza officinalis* **Wall. ex Watt**

**形态特征**：多年生草本。秆直立或下部匍匐。叶耳不明显；叶宽大，线状披针形；叶舌 1~4 mm。圆锥花序大型，基部常为顶生叶鞘所包；小穗长 4~5 mm；成熟时易脱落。颖果扁平。

**产地**：肇庆等地。野外罕见。

**分布**：广西、海南、云南等地。东南亚。

**生境**：溪流和小河沟边。

**保育现状**：药用野生稻对水稻育种有重要的作用。由于人类活动的干扰，本种在野外已经极难见到。野外调查发现，广东西部原有的 4 个野生种群目前仅存留 1 个，且周边还被桉树林围绕，面临着极大的威胁。

## 191. 普通野生稻 *Oryza rufipogon* Griff.

**形态特征:** 多年生直立草本。秆下部海绵质或于节上生根。叶耳明显;叶线形、扁平;叶舌达 17 mm。圆锥花序直立而后下垂;小穗长 8~10mm;成熟后易脱落。颖果长圆形,易落粒。花果期 4~5 月和 10~11 月。

**产地:** 广州、茂名(高州,王瑞江 1592,IBSC)、吴川等地。野外偶见。

**分布:** 广西、海南、台湾、云南等地。东南亚;澳大利亚。

**生境:** 河边、池塘、小溪、莲花池、稻田、沟渠、沼泽。

**保育现状:** 普通野生稻是水稻育种的重要野生遗传资源库。由于人类活动的干扰,其生境受到严重干扰,急需加强原位保护。

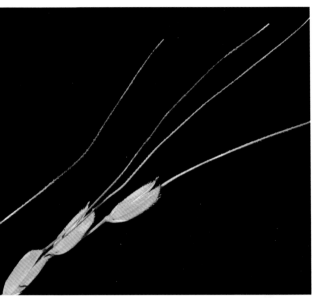

## 192. 稻 *Oryza sativa* L.

**形态特征:** 一年生直立草本。秆直立,高达 1 m。叶鞘松弛,无毛,叶舌披针形,叶线状披针形,无毛,粗糙。圆锥花序大型,舒展,成熟时向下弯垂,小穗含 1 个成熟花,两侧压扁,长圆状卵形至椭圆形,颖极小,雄蕊 6 枚。颖果长圆状卵形至椭圆形。

**产地:** 广东各地栽培。

**分布:** 广布全国。

**生境:** 水田中。

## 193. 紧序黍 *Panicum auritum* J. Presl ex Nees

**形态特征**: 多年生直立草本。高达1 m，节膨大。叶鞘边缘密生疣基纤毛，叶舌短，叶质硬，长达20cm，顶端长渐尖，基部稍圆形，与叶舌相连处密生柔毛。圆锥花序，分枝直立或斜升，较疏散，小穗草黄色，卵状披针形，第一颖广卵形，第二颖与第一外稃近等长，第二外稃薄纸质，黄绿色。花果期8~10月。

**产地**: 广州、吴川等地。野外偶见。

**分布**: 福建、海南、云南等地。南亚至东南亚。

**生境**: 河沟旁。

## 194. 糠稷 *Panicum bisulcatum* Thunb.

**形态特征**：一年生直立草本。秆纤细，较坚硬，直立或基部伏地，节上生根。叶鞘松弛，边缘被纤毛，叶舌膜质，顶端具纤毛，叶质薄，狭披针形，顶端渐尖，基部近圆形。圆锥花序，分枝纤细，斜举或平展；小穗椭圆形，绿色或有时带紫色，具细柄，第一颖近三角形，第二颖与第一外稃同形等长，第一内稃缺，第二外稃椭圆形。花果期 9~11 月。

**产地**：广东北部、中部和西部地区。野外少见。

**分布**：我国北部、东部和南部。印度，日本，朝鲜，菲律宾；澳大利亚；太平洋岛屿。

**生境**：荒野潮湿处。

## 195. 洋野黍 *Panicum dichotomiflorum* Michx.

**形态特征:** 直立草本。秆多分枝,无毛。叶鞘圆筒状,平滑有光泽。叶舌很短,顶端具长纤毛。叶线形,主脉粗,绿白色。圆锥花序,分枝粗糙;小穗疏生,卵状长椭圆形至披针状长椭圆形,平滑。第一颖宽三角形,钝尖或圆钝,包围小穗基部,第二颖与小穗等长;第一外稃与第二颖同形同大,第二外稃长椭圆形,平滑且有光泽。雄蕊 3 枚。花果期 6~10 月。

**产地:** 广东西部地区。野外常见。

**分布:** 福建、广西、台湾、云南等地。印度,马来西亚;美洲。

**生境:** 浅水或沼泽地带。

## 196. 细柄黍 *Panicum sumatrense* Roth

**形态特征:** 直立草本。叶鞘松弛,无毛,叶舌膜质,顶端被睫毛,叶线形,无毛,顶端渐尖,基部圆钝。圆锥花序开展,花序分枝纤细,微粗糙,上举或开展;小穗卵状长圆形,无毛,有柄,顶端膨大;第一颖宽卵形,第二颖长卵形,第一外稃与第二颖同形,内稃薄膜质,第二外稃狭长圆形,革质,表面平滑。鳞被细小,肉质。花果期秋季至次年春季。

**产地:** 广东东部、中部和西部。野外少见。

**分布:** 贵州、台湾、西藏、云南等地。南亚至东南亚。

**生境:** 荒野沟边和水旁。

## 197. 双穗雀稗 *Paspalum distichum* L.

**形态特征**: 直立草本。匍匐茎横走、粗壮，长达 1 m，向上直立部分高 20~40 cm，节生柔毛。叶鞘短于节间，背部具脊，边缘或上部被柔毛，叶舌长 2~3 mm，无毛，叶披针形，无毛。总状花序 2 个对连；小穗倒卵状长圆形，疏生微柔毛，第一颖退化或微小，第二颖贴生柔毛，第一外稃通常无毛，第二外稃草质，黄绿色，被毛。花果期夏秋季。

**产地**: 广东西部。野外常见。

**分布**: 我国中部、东部、南部和西南地区。世界热带和暖温带地区。

**生境**: 田野、路边、沟渠等地，大多生长在潮湿肥沃的土壤上。

## 198. 鸭乸草 *Paspalum scrobiculatum* L.

**形态特征:** 直立草本。叶鞘大多无毛,长于节间,常压扁成脊。叶披针形或线状披针形,通常无毛,边缘微粗糙,顶端渐尖,基部近圆形。总状花序生于主轴,直立或开展,穗轴边缘粗糙;小穗圆形至宽椭圆形,第一颖消失,第二颖具 5 条脉;第一外稃膜质或有时变硬,边缘有横皱纹,第二外稃革质,暗褐色,等长于小穗。花果期夏秋季。

**产地:** 广东东部、中部和西部地区。野外常见。

**分布:** 广西、贵州、海南、湖北、江苏、江西、四川、台湾、云南、浙江等地。旧世界的热带和亚热带地区,美国有引入。

**生境:** 水沟边和沼泽地。

## 199. 圆果雀稗 *Paspalum scrobiculatum* var. *orbiculare* (G. Forst.) Hack.

**形态特征:** 直立草本。秆丛生。叶鞘长于节间,无毛,鞘口有少数长柔毛。叶舌长约 1.5 mm,叶长披针形至线形,大多无毛。总状花序 2~10 枚相互间距排列于主轴上,分枝腋间有长柔毛,小穗椭圆形或倒卵形,单生于穗轴一侧,覆瓦状排列成二行,第二颖与第一外稃等长,具 3 条脉,第二外稃等长于小穗,成熟后褐色,革质有光泽。

**产地:** 广东中部和西部地区。野外常见。

**分布:** 我国东部和南部地区。东南亚;澳大利亚;太平洋岛屿。

**生境:** 草地、池塘和沟边。

## 200. 雀稗 *Paspalum thunbergii* Kunth ex Steud.

**形态特征**: 多年生草本。秆直立，丛生。叶鞘具脊，长于节间，叶舌膜质，叶线形。总状花序 3~6 个，互生于主轴，形成总状圆锥花序；小穗椭圆状倒卵形，顶端圆或微凸，第二颖与第一外稃等长，膜质，具 3 条脉，边缘有明显微柔毛；第二外稃等长于小穗，革质，具光泽。花果期 5~10 月。

**产地**: 广东各地。野外常见。

**分布**: 我国中部、东部和南部。不丹，印度，日本。

**生境**: 潮湿荒地、田地中。

## 201. 狼尾草 *Pennisetum alopecuroides* Spreng.

**形态特征**：直立草本。须根较粗壮。秆直立，丛生。叶鞘光滑，两侧压扁，主脉呈脊，秆上部者长于节间，叶舌具纤毛，叶线形，先端长渐尖。圆锥花序直立，刚毛状小枝常呈紫色，小穗通常单生，偶有双生，线状披针形。雄蕊 3 枚，花柱基部联合。颖果长圆形。花果期夏秋季。

**产地**：广东各地。野外常见。

**分布**：我国大部分地区。日本，朝鲜，南亚至东南亚；澳大利亚；太平洋岛屿。

**生境**：河岸、河滩和退水后的沼泽地。

## 202. 卡开芦 *Phragmites karka* (Retz.) Trin. ex Steud.

**形态特征**：多年生草本。秆高大直立。叶鞘通常平滑，具横脉；叶扁平。圆锥花序大型，具稠密分枝与小穗；主轴直立，分枝多数轮生于主轴各节。花果期 8~12 月。

**产地**：广东各地。野外常见。

**分布**：广西、海南、四川、台湾、云南等地。日本，南亚至东南亚；非洲；澳大利亚；太平洋岛屿。

**生境**：河岸附近或洼地周围。

## 203. 囊颖草 *Sacciolepis indica* (L.) Chase

**形态特征:** 一年生直立草本。秆基常膝曲。叶线形，基部较窄，无毛或被毛。圆锥花序紧缩成圆筒状，向两端渐狭或下部渐狭；小穗卵状披针形，向顶渐尖而弯曲，绿色或染以紫色。颖果椭圆形。花果期7~11月。

**产地:** 广东各地。野外常见。

**分布:** 我国北部、东部和南部。日本，南亚至东南亚；非洲；澳大利亚；太平洋岛屿。

**生境:** 水田岸边或池塘堤坝上。

## 204. 狗尾草 *Setaria viridis* (L.) P. Beauv.

**形态特征:** 直立草本。秆直立或基部膝曲。叶无毛，或具疏柔毛或疣毛，边缘具较长的纤毛；叶长三角状披针形或线状披针形。

圆锥花序紧密呈圆柱状，直立或稍弯曲，刚毛通常绿色，有时褐黄色至紫红色或紫色。花果期 5~10 月。

**产地:** 广东各地。野外偶见。

**分布:** 全国各地。全球温带和亚热带地区。

**生境:** 路边和湿地边缘。

## 205. 石茅 *Sorghum halepense* (L.) Pers.

**形态特征:** 多年生直立草本。秆高 50~150 cm。叶鞘无毛；叶线形至线状披针形。圆锥花序；无柄小穗椭圆形或卵状椭圆形，第一颖顶端稍钝，具明显的 3 小齿；第二外稃顶端常有芒伸出。花果期夏秋季。

**产地:** 广州、肇庆等地。野外少见。

**分布:** 原产地中海地区，归化于我国东部、中部、南部和西南部。南亚至西亚；欧洲。

**生境:** 河边、田旁或荒野。

## 206. 拟高粱 *Sorghum propinquum* (Kunth) Hitchc.

**形态特征**：多年生直立草本。根茎具多节，节上具灰白色短柔毛。叶鞘无毛，或鞘口内面及边缘具柔毛；叶舌质较硬；叶线形或线状披针形，两面无毛。无柄小穗卵形，第一颖顶端尖，或具不明显的 3 枚小齿。颖果倒卵形，棕褐色。

**产地**：广东北部和中部（佛山，王瑞江 6486，IBSC）。野外偶见。

**分布**：福建、海南、四川、台湾、云南等地。南亚至东南亚。

**生境**：河岸、洼地或池塘边上。

## 207. 稗荩 *Sphaerocaryum malaccense* (Trin.) Pilg.

**形态特征:** 一年生低矮直立草本。秆下部卧伏地面。叶卵状心形，基部抱茎。圆锥花序卵形；小穗含1朵小花。颖果卵圆形，棕褐色。花果期夏秋季。

**产地:** 广东各地。野外常见。

**分布:** 福建、广西、江西、台湾、云南、浙江等地。南亚至东南亚。

**生境:** 水边或沼泽中。

## 208. 鼠尾粟 *Sporobolus fertilis* (Steud.) Clayton

**形态特征**：直立草本。秆较硬，直立丛生，无毛。叶鞘疏散，无毛或边缘具短纤毛，叶舌纤毛状，叶较硬，常内卷，稀扁平，两面无毛或上面基部疏生柔毛，先端长渐尖。小穗灰绿色略带紫色，颖膜质，外稃等长于小穗，先端稍尖；圆锥花序线形，常间断，分枝稍硬，直立，与主轴贴生或倾斜。雄蕊3枚，花药黄色。囊果成熟后红褐色。花果期夏秋季。

**产地**：广东各地。野外常见。

**分布**：我国东部、中部和南部。日本，南亚至东南亚。

**生境**：湿地边上或岸上。

## 209. 菰 *Zizania latifolia* (Griseb.) Hance ex F. Muell.

**形态特征**：多年生大型草本，具匍匐根状茎。须根粗壮。秆高大直立。叶扁平宽大。圆锥花序，分枝多数簇生，上升，果期开展。颖果圆柱状。花期秋季。

**产地**：广东各地有栽培。

**分布**：我国长江以南常有栽培。印度，日本，朝鲜，东南亚；俄罗斯。

**生境**：浅水或者沼泽中。常见栽培。

**用途**：秆基嫩茎被真菌寄生后，变得粗大肥嫩，称茭白或茭笋，可作蔬食用。

# （二十九）金鱼藻科 Ceratophyllaceae

## 210. 金鱼藻 *Ceratophyllum demersum* L.

**形态特征:** 多年生沉水植物。茎具分枝; 叶 4~12 枚轮生, 1~2 次二叉状分枝, 裂片丝状, 或丝状条形, 边缘仅一侧有数细齿。花苞片条形, 浅绿色, 透明, 先端有 3 枚齿及带紫色毛。坚果宽椭圆形, 黑色, 平滑, 边缘无翅, 有 3 枚刺。花期 6~7 月, 果期 8~10 月。

**产地:** 翁源（苏凡和周欣欣 1657, IBSC）等地。野外少见。

**分布:** 全世界分布。

**生境:** 池塘及缓流的河水中。

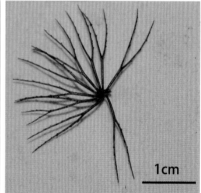

# （三十）毛茛科 Ranunculaceae

## 211. 禺毛茛 *Ranunculus cantoniensis* DC.

**形态特征**：直立草本。茎直立，上部有分枝，与叶柄均密生开展的黄白色糙毛。基生叶为三出复叶；叶宽卵形至肾圆形；小叶卵形至宽卵形，边缘密生锯齿或齿牙。花序有较多花，疏生；萼片卵形；花瓣5枚，椭圆形。聚合果近球形；瘦果扁平无毛，顶端弯钩状。花果期4~7月。

**产地**：河源、惠州、清远、翁源（苏凡、梁丹和郭亚男 AP0002，IBSC）、阳江、肇庆等地。野外常见。

**分布**：我国北部、中部、东部和南部各地。不丹，日本，朝鲜，尼泊尔。

**生境**：池塘、田间、河流岸边潮湿处。

## 212. 毛茛 *Ranunculus japonicus* Thunb.

**形态特征：** 多年生草本。茎直立，中空，有槽，具分枝，被开展或贴伏的柔毛。基生叶单叶，通常 3 深裂不达基部；下部叶与基生叶相似；最上部叶线形。聚伞花序有多数花，疏散；萼片椭圆形，被白柔毛；花瓣 5 枚，倒卵状圆形。聚合果近球形；瘦果扁平无毛，喙短直或外弯。花果期 4~9 月。

**产地：** 惠州、清远、韶关等地。野外常见。

**分布：** 除了西藏其他省份都有。日本，蒙古；俄罗斯。

**生境：** 溪水旁。

## 213. 石龙芮 *Ranunculus sceleratus* L.

**形态特征:** 一年生草本。茎直立,无毛。基生叶单叶;叶肾状圆形,3深裂不达基部;下部叶与基生叶相似;上部叶较小,3全裂。聚伞花序有多数花;花小;萼片椭圆形,外面有短柔毛;花瓣5枚,倒卵形,等长或稍长于花萼。聚合果长圆形;瘦果极多数,倒卵球形,稍扁无毛,喙短至近无。花果期5~8月。

**产地:** 广东各地。野外常见。

**分布:** 全国各地均有分布。在亚洲,欧洲,北美洲的亚热带至温带地区。

**生境:** 河沟边及湿地。

**识别要点:** 本种植物全体无毛,而毛茛被开展或贴伏的柔毛。两者基生叶均为单叶,故又不同于具三出复叶的禺毛茛。

# （三十一）莲科 Nelumbonaceae

## 214. 莲 *Nelumbo nucifera* Gaertn.

**形态特征:** 多年生直立草本。根状茎横生，肥厚，节间膨大。叶圆形，盾状，上面光滑，具白粉。花瓣红色、粉红色或白色，矩圆状椭圆形至倒卵形。坚果椭圆形或卵形，熟时黑褐色；种子（莲子）卵形或椭圆形。花期 6~8 月，果期 8~10 月。

**产地:** 广东各地栽培。偶有逸生。

**分布:** 我国除内蒙古、青海和西藏之外南北各省都有分布。不丹，印度，印度尼西亚，日本；亚洲西南部；澳大利亚。

**生境:** 池塘或水田。

注：本种在我国周朝就有栽培记载。在长期的栽培历史过程中，人工选育出了数百个栽培品种，这些品种在花的大小、数量以及花瓣的数量、形状和颜色等方面各有不同。

# （三十二）扯根菜科 Penthoraceae

## 215. 扯根菜 *Penthorum chinense* Pursh

**形态特征：**多年生直立草本。根状茎分枝。叶互生，无柄或近无柄，窄披针形或披针形，具细重锯齿，无毛。聚伞花序具多花，花黄白色，无花瓣；萼片 5 枚，革质，三角形。蒴果红紫色；种子多数，卵状长圆形。花果期 7~10 月。

**产地：**佛山（顺德区，王瑞江 6484，IBSC）、连州、中山等地。野外偶见。

**分布：**安徽、甘肃等地。日本，朝鲜，老挝，蒙古，泰国，越南；俄罗斯。

**生境：**池塘或洼地边上。

# （三十三）小二仙草科 Haloragaceae

## 216. 黄花小二仙草 *Gonocarpus chinensis* (Lour.) Orchard

**形态特征:** 直立草本。茎四棱形。叶对生，近无柄，条状披针形至矩圆形，边缘具小锯齿。花序为纤细的总状花序及穗状花序组成顶生的圆锥花序；两性花，极小；花瓣黄色。坚果极小，近球形。花期春夏秋季，果期夏秋季。

**产地:** 广州、惠东（苏凡和袁明灯 1533，IBSC）、罗定、深圳、韶关、肇庆等地。野外常见。

**分布:** 福建、广西、贵州、湖北、湖南、江西、四川、台湾、云南等地。中南半岛至大洋洲。

**生境:** 潮湿草丛中。

## 217. 矮狐尾藻 *Myriophyllum humile* (Raf.) Morong

**形态特征**: 沉水植物。根状茎节部生根。茎顶部伸出水面的叶互生, 有时假轮生; 沉水叶羽状细裂, 轮生。花单生于叶腋内; 花瓣阔匙形。分果四方角柱状, 平滑。花果期夏秋季。

**产地**: 恩平（苏凡和郭亚男 1668, IBSC）等地。野外罕见。

**分布**: 福建。印度; 美洲。

**生境**: 湖泊或河流中。

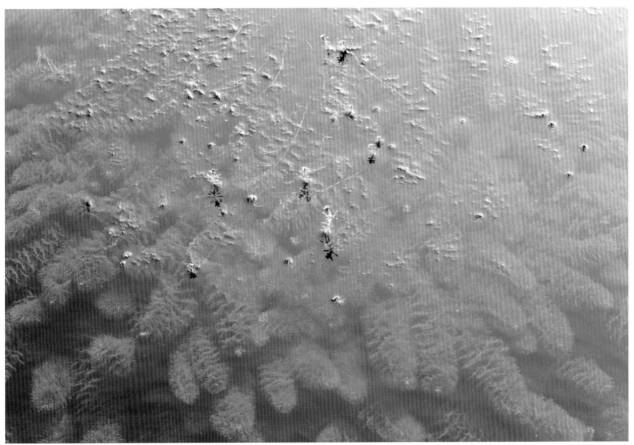

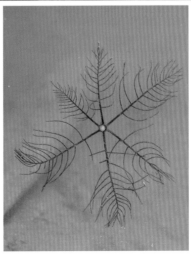

## 218. 穗状狐尾藻 *Myriophyllum spicatum* L.

**形态特征:** 沉水植物。根状茎发达。叶 3~6 枚轮生。花两性,由多花组成顶生或腋生穗状花序。果片宽卵形或卵状椭圆形,具 4 条纵深沟,沟缘光滑或有时具小瘤。花果期 4~9 月。

**产地:** 恩平、乐昌、连南、龙门、连州、梅州、翁源、阳春等地。在无污染流动水体中偶见。

**分布:** 我国南北各地。世界各地。

**生境:** 池塘、河沟、沼泽中常有生长。

**用途:** 是一种具有较强化感抑藻活性的植物,可作为治理水体污染的候选种(Zhu et al., 2010)。

## 219. 狐尾藻 *Myriophyllum verticillatum* **L.**

**形态特征:** 沉水植物。根状茎发达，节部生根，茎多分枝。叶常4枚轮生，沉水叶丝状全裂，无柄，裂片互生，水上叶互生，披针形，鲜绿色，裂片较宽。花单性，雌雄同株或杂性，单生于水上叶腋内，花无梗，苞片羽状篦齿状分裂。雄蕊8枚，花药椭圆形，淡黄色，花丝丝状。果宽卵形，具4条浅槽，顶端具残存萼片及花柱。花果期4~9月。

**产地:** 英德等地。野外偶见。

**分布:** 全中国。非洲，亚洲，欧洲，北美洲。

**生境:** 池塘、河沟、沼泽中。

# （三十四）豆科 Fabaceae

## 220. 假含羞草 *Neptunia plena* (L.) Benth.

**形态特征:** 多年生直立或铺散草本。托叶宿存,披针形;羽状复叶,羽片 4~10 对,最末一对羽片着生处有 1 个腺体;小叶 9~40 对,线状长圆形。头状花序卵圆形,黄色,上部为两性花,下部为中性花;花萼钟状,5 齿裂;花瓣披针形,基部连合。荚果下垂,长圆形;种子 5~20 粒。花果期 8~11 月。

**产地:** 广州和阳春有逸生。野外偶见。

**分布:** 原产热带美洲,北京、福建、湖北、上海、台湾有引种。东南亚。

**生境:** 小溪、池塘边的湿地中。

## 221. 三点金 *Desmodium triflorum* (L.) DC.

**形态特征**: 多年生草本。茎平卧，纤细，被开展柔毛。三出复叶，顶生小叶先端截平，基部楔形，上面无毛，下面被白色柔毛。花单生或 2~3 朵簇生叶腋，花萼长，密被白色长柔毛，5 深裂，花冠紫红色。荚果窄长圆形，略呈镰刀状，腹缝线直，背缝线波状，有 3~5 个荚节，被钩状短毛。

**产地**: 广东东部、中部和西部。野外常见。

**分布**: 福建、广西、海南、江西、台湾、云南、浙江等地。南亚至东南亚；澳大利亚；太平洋岛屿；非洲；美洲。

**生境**: 旷野草地和河边荒地上。

# （三十五）蔷薇科 Rosaceae

## 222. 龙芽草 *Agrimonia pilosa* Ledeb.

**形态特征**: 多年生直立草本。根状茎短，基部常有一至数个地下芽，茎高达 1.2 m，被疏柔毛及短柔毛，稀下部被长硬毛。奇数羽状复叶，常有 3~4 对小叶，小叶倒卵形至倒卵状披针形，具锯齿。花序穗状总状；花瓣黄色，长圆形。雄蕊 5 至多枚，花柱 2 枚。瘦果倒卵状圆锥形，顶端有数层钩刺。花果期夏秋季。

**产地**: 广东北部、中部及东部。野外常见。

**分布**: 中国各地。日本，朝鲜；南亚至东南亚；欧洲。

**生境**: 溪流或池塘边上。

# （三十六）大麻科 Cannabaceae

## 223. 山黄麻 *Trema tomentosa* (Roxb.) H. Hara

**形态特征**：乔木。叶纸质或薄革质，宽卵形或卵状矩圆形，稀宽披针形；基部心形，明显偏斜，边缘有细锯齿。雄花序长 2~4.5 cm，毛被同幼枝，花被片 5 片，卵状矩圆形，外面被微毛，边缘有缘毛；雌花序长 1~2 cm。核果宽卵珠状，压扁，表面无毛；种子阔卵珠状，压扁，两侧有棱。花期 3~6 月，果期 9~11 月。

**产地**：广州、惠州、江门、梅州、汕头、汕尾、珠海等地。野外常见。

**分布**：广西、贵州、海南、四川、台湾、西藏、云南等地。日本；东南亚；澳大利亚。

**生境**：山坡上或湿地边缘。

# （三十七）桑科 Moraceae

## 224. 石榕树 *Ficus abelii* Miq.

**形态特征**：灌木，高达 2.5 m。叶纸质，倒披针形，上面疏生粗毛，后脱落，下面密被硬毛及柔毛，侧脉 7~9 对，在上面凹下，网脉在下面明显；托叶披针形，微被柔毛。瘦果肾形，外包泡状黏膜。花期 1~7 月。

**产地**：广东各地（翁源，苏凡、郭亚男和梁丹 AP0009，IBSC）。野外常见。

**分布**：福建、广西、贵州、湖南、江西、四川、云南等地。南亚至东南亚。

**生境**：河流边或河中间石缝中。

## 225. 大果榕 *Ficus auriculata* Lour.

**形态特征**: 小乔木。幼枝被柔毛，中空。叶互生，宽卵状心形或近圆形，先端尾尖，基部心形。雄花无梗，花被片 3 片，雄蕊 2 枚，瘿花花被 3 裂，雌花生于雌株榕果内，花被 3 裂，子房白色。榕果簇生于树干基部或老茎短枝上，总柄被柔毛。花果期夏季。

**产地**: 广东中部和西部。野外少见。

**分布**: 广西、贵州、海南、四川、云南等地。南亚至东南亚。

**生境**: 山谷林下的河边沟旁。

## 226. 水同木 *Ficus fistulosa* Reinw. ex Blume

**形态特征**: 小乔木。叶互生，纸质，倒卵形至长圆形，先端具短尖，基部圆形或斜楔形。榕果簇生于老干上，近球形；雄花和瘿花生于同一榕果内。花果期 5~8 月。

**产地**: 广东中部和西部。野外少见。

**分布**: 广西、台湾、香港、云南等地。南亚至东南亚。

**生境**: 林中溪流或河沟旁。

## 227. 对叶榕 *Ficus hispida* L. f.

**形态特征:** 小乔木或灌木状。叶常对生，卵状长椭圆形或倒卵状长圆形，基部圆或近楔形，两面被粗毛，具锯齿。雄花生于榕果内壁口部，花被片 3 片，雄蕊 1 枚，瘿花无花被，花柱粗短，雌花柱头被毛。榕果腋生或生于落叶枝上，或老茎发出的下垂枝上，散生苞片及粗毛。花果期近全年。

**产地:** 广东各地。野外常见。

**分布:** 广西、贵州、海南、云南等地。南亚至东南亚；澳大利亚。

**生境:** 河流岸边、沟谷石缝中。

## 228. 琴叶榕 *Ficus pandurata* Hance

**形态特征:** 灌木。高达 2 m。叶厚纸质,提琴形或倒卵形,上面无毛,下面叶脉疏被毛及小瘤点,侧脉 5~7 对;托叶披针形,迟落。榕果单生叶腋,鲜红色,椭圆形或球形。花期 6~8 月。

**产地:** 广东各地(英德,苏凡和袁明灯 1605,IBSC)。野外少见。

**分布:** 我国中部、东部和南部。泰国,越南。

**生境:** 溪边、河流边。

# （三十八）荨麻科 Urticaceae

## 229. 鳞片水麻 *Debregeasia squamata* King ex Hook. f.

**形态特征**: 灌木至小乔木。分枝粗壮，有伸展皮刺和贴生柔毛；枝与叶柄被肉质红色皮。叶薄纸质，卵形或心形，侧脉 3~5 对。花雌雄同序，生于当年生枝和老枝，团伞花序由多数雌花和少数雄花组成。瘦果浆果状，橙红色，具短柄。花期 8~10 月，果期 10 月至次年 1 月。

**产地**: 广东中部。野外少见。

**分布**: 福建、广西、贵州、海南、云南等地。马来西亚，泰国，越南。

**生境**: 山谷河流岸边。

## 230. 波缘冷水花 *Pilea cavaleriei* H. Lév.

**形态特征:** 多年生草本。茎较细，密布钟乳体。叶集生枝顶，肉质，全缘，稀波状，下面蜂巢状，上面有线形钟乳体，托叶三角形，宿存。雌雄同株，聚伞花序常密集近头状，雄花花被片4片，倒卵状长圆形，近先端几无短角突起。瘦果卵圆形，稍扁，顶端稍歪斜，光滑。花期5~8月，果期8~10月。

**产地:** 封开、连南、仁化、乳源、阳山等地。野外常见。

**分布:** 福建、广西、贵州、湖北、湖南、江西、四川、浙江等地。不丹。

**生境:** 溪边或石壁流水处的石上。

## 231. 山冷水花 *Pilea japonica* (Maxim.) Hand.-Mazz.

**形态特征:** 草本。茎肉质。叶对生，在茎顶部的叶密集成近轮生，不等大，菱状卵形或卵形，基出脉3条。花单性，雌雄同株或异株，雄聚伞花序具细梗，常紧缩成头状或近头状，雌聚伞花序具纤细的长梗。瘦果卵形，稍扁。花期7~9月，果期8~11月。

**产地:** 翁源、仁化、南雄等地。野外少见。

**分布:** 我国东北、华北、华东及西南地区。日本，朝鲜；俄罗斯。

**生境:** 山坡溪流或瀑布旁的石缝中，常成片生长。

## 232. 冷水花 *Pilea notata* C.H. Wright

**形态特征**：多年生直立草本。茎密布线形钟乳体。叶纸质，卵形或卵状披针形，先端尾尖或渐尖，基部圆，有齿。花雌雄异株，雄花序聚伞总状，雌聚伞花序较短而密集，雄花花被4深裂，裂片卵状长圆形，宿存，近先端有短角，雌花花被片3片。瘦果宽卵圆形，顶端歪斜，有刺状小疣。

**产地**：连南、连平、仁化、乳源等地。野外常见。

**分布**：我国中部、东部和南部地区。日本。

**生境**：山地林下、溪旁阴湿处。

## 233. 雾水葛 *Pouzolzia zeylanica* (L.) Benn. & R. Br.

**形态特征:** 直立草本。茎直立或渐升,常下部分枝,被伏毛或兼有开展柔毛。叶对生,卵形或宽卵形,先端短渐尖,基部圆。团伞花序;花两性;雄花4基数,花被片基部合生,雌花花被椭圆形或近菱形,顶端具2枚小齿,密被柔毛。瘦果卵球形,淡黄白色,上部褐色或全部黑色,有光泽。

**产地:** 广东各地。野外常见。

**分布:** 我国中部、东部和南部。南亚至东南亚。

**生境:** 旷野湿处、稻田边或沟旁岸边。

# （三十九）胡桃科 Juglandaceae

## 234. 枫杨 *Pterocarya stenoptera* C.DC.

**形态特征:** 乔木。树皮老时深纵裂。叶常为偶数羽状复叶，叶轴具翅或翅不发达；小叶常 10~16 枚。菜荑花序；雌性菜荑花序顶生，雌花几乎无梗。果实长椭圆形，果翅狭，条形或阔条形。花期 4~5 月，果熟期 8~9 月。

**产地:** 广东省北部和中部地区。野外常见。

**分布:** 我国长江流域及以南地区。

**生境:** 溪涧旁或河流沿岸，或栽植作园庭树或行道树。

# （四十）葫芦科 Cucurbitaceae

## 235. 盒子草 *Actinostemma tenerum* Griff.

**形态特征：** 纤细缠绕草本。叶心状戟形、宽卵形或披针状三角形，边缘微波状或疏生锯齿。总状花序；花单性，乳白色或黄绿色。果卵形、宽卵形或长圆状椭圆形，近中部盖裂，果盖锥形，种子 2~4 粒；种子稍扁，卵形。花期 7~9 月，果期 9~11 月。

**产地：** 连州（苏凡和郭亚男 1612，IBSC）、肇庆、中山等地。野外少见。

**分布：** 我国华东、华中、华北地区。印度，日本，老挝，朝鲜，泰国，越南。

**生境：** 河岸边或塘边草丛中。

2cm

# （四十一）秋海棠科 Begoniaceae

## 236. 粗喙秋海棠 *Begonia longifolia* Blume

**形态特征**：直立草本。茎粗壮、节密、有分枝。叶互生，有长柄；叶两侧极不相等，轮廓斜长圆卵形至卵状披针形。花白色，3~5 朵，聚伞状，雄花花被片 4 片，近等长，雌花花被片 4~6 片。蒴果无翅；种子极多，小。花期 5~9 月。

**产地**：广东各地山区均有分布。野外少见。

**分布**：福建、广西、贵州、海南、湖南、台湾、云南等地。

**生境**：山谷溪旁、河边阴湿处。

# （四十二）卫矛科 Celastraceae

## 237. 鸡肫梅花草 *Parnassia wightiana* Wall. ex Wight & Arn.

**形态特征:** 直立草本。根状茎粗大，块状；基生叶 2~4 枚，具长柄，宽心形，先端圆或有小尖头，基部心形，边缘向外反卷，茎生叶单生。花单生于茎顶；花瓣白色，长圆形、倒卵形或琴形，边缘上半部常为波状或齿状，下半部具流苏状毛。蒴果倒卵球形；种子长圆球形。花果期 7~9 月。

**产地:** 广东各地。野外少见。

**分布:** 广西、贵州、湖北、湖南、陕西、四川、西藏、云南等地。亚洲南部。

**生境:** 山地沟旁或湿石缝隙中。

# （四十三）杜英科 Elaeocarpaceae

## 238. 水石榕 *Elaeocarpus hainanensis* Oliv.

**形态特征：** 小乔木，树冠宽广。叶革质，窄倒披针形或长圆形，侧脉 14~16 对，密生小钝齿。总状花序腋生，有花 2~6 朵。核果纺锤形。花期 6~7 月。

**产地：** 广东各地。常见栽培。

**分布：** 广西、海南、云南等地。缅甸，泰国，越南。

**生境：** 人工池塘边或沟旁。

# （四十四）藤黄科 Clusiaceae

## 239. 地耳草 *Hypericum japonicum* Thunb.

**形态特征**：直立草本。叶卵形、卵状披针形，先端尖或圆，基部心形抱茎至平截。花瓣椭圆形，白色、淡黄色至橙黄色；花萼片窄长圆形、披针形或椭圆形。蒴果椭圆形，成熟时 3 裂；种子黄褐色。花期 3~8 月，果期 6~10 月。

**产地**：广东各地。野外常见。

**分布**：我国长江以南。日本，亚洲南部和东南部；澳大利亚。

**生境**：稻田、水沟、沼泽或沙地等潮湿处。

## 240. 三腺金丝桃 *Triadenum breviflorum* (Wall. ex Dyer) Y. Kimura

**形态特征:** 直立草本。茎上升，幼时压扁且具 4 条纵线棱，其后呈圆柱形。叶狭椭圆形至长圆形，上面绿色，下面白绿色，散布透明腺点。花序聚伞状；花瓣倒卵状长圆形至长圆形，白色。蒴果卵珠形，先端锐尖，3 裂；种子圆柱形，深红褐色。花期 7~8 月，果期 8~9 月。

**产地:** 阳山。野外罕见。

**分布:** 安徽、湖北、湖南、江苏、江西、台湾、云南、浙江等地。印度东北部。

**生境:** 潮湿的田埂旁。

# （四十五）川苔草科 Podostemaceae

## 241. 飞瀑草 *Cladopus nymanii* H. A. Möller

**形态特征:** 草本。根狭长而扁平，绿色而常带红，借吸器紧贴于石上。不育枝上的叶簇生、线形，春季顶端常变紫色，夏季黄绿色；能育枝上的叶常指状分裂。花单朵顶生；佛焰苞斜球形；花被片 2 枚，线形；雄蕊 1 枚；柱头 2 裂，偏斜。蒴果椭圆状；种子小。花期冬季。

**产地:** 广州（从化）。野外罕见。

**分布:** 福建、海南等地。印度尼西亚，日本，泰国。

**生境:** 河流中的石上或石壁上。

# （四十六）沟繁缕科 Elatinaceae

## 242. 三蕊沟繁缕 *Elatine triandra* Schkuhr

**形态特征:** 矮小软弱的一年生草本。茎匍匐, 圆柱状, 分枝多, 节间短, 节上生根。叶对生, 卵状长圆形、披针形至条状披针形。花单生叶腋; 花瓣 3 枚, 阔卵形或椭圆形, 白色或粉红色。蒴果扁球形, 3 瓣裂, 具多数种子; 种子长圆形。

**产地:** 佛山（王瑞江 6477, IBSC）、广州、阳春、肇庆等地。野外偶见。

**分布:** 黑龙江、吉林、台湾等地。南亚至东南亚; 大洋洲; 欧洲; 美洲。

**生境:** 水池、稻田和沼泽中。

# （四十七）杨柳科 Salicaceae

## 243. 垂柳 *Salix babylonica* L.

**形态特征**: 乔木。树皮灰黑色，不规则开裂；枝细，下垂。叶狭披针形或线状披针形，边缘有锯齿。花序先叶开放，或与叶同时开放；雄花序有短梗，雌花序有梗，基部有 3~4 枚小叶。蒴果绿黄褐色。花期 3~4 月，果期 4~5 月。

**产地**: 广东北部和中部地区常有栽培。

**分布**: 我国北部至南部地区。亚洲、欧洲和美洲均有引种。

**生境**: 多栽植于池塘或水沟旁边。

## 244. 长梗柳 *Salix dunnii* C. K. Schneid.

**形态特征:** 灌木或小乔木。幼枝紫色,密生柔毛。叶椭圆形或椭圆状披针形,尖端常有一短尖头,基部宽楔形至圆形;上面有疏柔毛,下面灰白色,密生平伏长柔毛;叶缘有稀疏的腺锯齿;叶柄有毛。雄花序长约 5 cm,花序梗上着生有 3~5 枚正常叶,花序轴密被灰白色柔毛;雌花序长约 4 cm,花序梗上生有 3~6 枚叶,花序轴密被短柔毛。花果期 4~7 月。

**产地:** 广东北部地区。野外少见。

**分布:** 福建、江西、浙江等地。

**生境:** 溪流或河沟旁。

## 245. 粤柳 *Salix mesnyi* Hance

**形态特征:** 乔木。树皮淡黄灰色,片状剥裂;幼枝顶端密生锈色短柔毛,褐色。叶长圆形,狭卵形或长圆状披针形,先端长渐尖或尾尖,基部常圆形或近心形,叶缘有粗腺锯齿。雄花序长 4~5 cm,花序轴上密被灰白色短柔毛;雌花序长 3~6.5 cm。蒴果卵形,无毛。花果期 3~4 月。

**产地:** 广东北部。野外少见。

**分布:** 福建、广西、江苏、江西、浙江等地。

**生境:** 溪流旁。

## 246. 四子柳 *Salix tetrasperma* Roxb.

**形态特征:** 乔木。老枝无毛。叶卵状至线状披针形,先端长渐尖,基部楔形至近圆形,叶缘有细锯齿。雄花序长约 10 cm,雌花序稍短,花序轴密生短柔毛。蒴果长可达 1 cm,无毛。花期 9~10 月或 1~4 月,果期 11~12 月或 4~5 月。

**产地:** 佛山(顺德,王瑞江 6480,6481,6485,IBSC)。野外局部常见。

**分布:** 广西、云南等地。南亚至东南亚。

**生境:** 江河岸边。

# （四十八）大戟科 Euphorbiaceae

## 247. 厚叶算盘子 *Glochidion hirsutum* (Roxb.) Voigt

**形态特征**: 灌木或小乔木。小枝密被长柔毛。叶革质，卵形、长卵形或长圆形，顶端钝或急尖，基部浅心形、截形或圆形，两侧偏斜，上面疏被短柔毛，脉上毛被较密，老渐近无毛，下面密被柔毛；侧脉每边 6~10 条，被柔毛。聚伞花序生腋上。蒴果扁球状，被柔毛。花果期几乎全年。

**产地**: 广东中部和西部地区。野外常见。

**分布**: 福建、广西、海南、台湾、西藏、云南等地。印度。

**生境**: 溪流岸边。

# （四十九）叶下珠科 Phyllanthaceae

## 248. 白饭树 *Flueggea virosa* (Roxb. ex Willd.) Royle

**形态特征:** 灌木。小枝有皮孔。叶长圆形，有小尖头。花小，淡黄色，雌雄异株，多朵簇生于叶腋。蒴果浆果状，近圆球形，成熟时果皮淡白色，不开裂；种子黑色，具光泽。花期 3~8 月，果期 7~12 月。

**产地:** 广东大部分地区。野外常见。

**分布:** 我国东部、南部和西南地区；东南亚；非洲；大洋洲。

**生境:** 河堤或岸边，也可生长在林下坡地上。

### 249. 浮水叶下珠 *Phyllanthus fluitans* Benth. ex Müll. Arg.

**形态特征:** 漂浮植物。茎匍匐,节上生红色的根,易断,直径 1~1.5 mm,长可至 10 cm 以上。叶互生,圆形,浅绿色至深红色,基部心形,背面有浅槽,全缘;叶两面密布乳头状小突起,并且有与中脉平等的囊状隆起;叶柄长小于 1mm。聚伞花序常有 3 花,腋生;花单性,雄花和雌花至少各有 1 朵,花被片白色或绿白色,离生。蒴果 3 室,近球形,直径约 3mm;种子每室 2 粒。

**产地:** 阳春(苏凡、郭亚男等 1679,IBSC)。野外偶见归化。

**分布:** 原产于南美洲地区;我国多地引进当作水族馆植物观赏。偶有逸生。当生境合适时,本种能快速繁殖。

**生境:** 漂浮在水面上,也可扎根在浅水的土壤里。

## 250. 叶下珠 *Phyllanthus urinaria* L.

**形态特征:** 直立小草本。叶纸质,长圆形或倒卵形;下面灰绿色,侧脉 4~5 对。花雌雄同株。蒴果球形,红色,具小凸刺。花期 4~6 月,果期 7~11 月。

**产地:** 广东各地。野外常见。

**分布:** 安徽、福建、广西、贵州等地。不丹,印度,印度尼西亚,日本,老挝,马来西亚,尼泊尔,斯里兰卡,泰国,越南;南美洲。

**生境:** 田野或荒地中。

# （五十）千屈菜科 Lythraceae

## 251. 耳基水苋 *Ammannia auriculata* Willd.

**形态特征:** 直立草本。茎四棱形。叶对生,狭披针形或矩圆状披针形,顶端渐尖或稍急尖,基部扩大,多少呈心状耳形,半抱茎。聚伞花序腋生,花 3~15 朵;有总花梗;花瓣近圆形,紫色或白色,早落,有时无花瓣。蒴果扁球形,紫红色,成不规则周裂;种子半椭圆形。花期 8~12 月。

**产地:** 广东各地。野外常见。

**分布:** 我国中南部各省区。广布于全球热带地区。

**生境:** 稻田和村边菜地中。

## 252. 水苋菜 *Ammannia baccifera* L.

**形态特征**：直立草本。茎略带紫色，具狭翅。叶基部楔形或渐狭而钝或近圆形。聚伞花序或花束腋生。近无总花梗；通常无花瓣。蒴果球形，紫红色；种子极小，形状不规则，黑色。花期8~10月，果期9~12月。

**产地**：广州、连山、南雄（苏凡和周欣欣1653，IBSC）、翁源、云浮、肇庆等地。野外常见。

**分布**：除东北和西北外，全国各地均有分布。热带亚洲，非洲和大洋洲。

**生境**：潮湿的河沟两旁或水田中。

## 253. 多花水苋 *Ammannia multiflora* Roxb.

**形态特征:** 直立草本。茎上部略具 4 条棱。叶对生,长椭圆形,基部通常耳形或稍抱茎。聚伞花序,腋生,总花梗短。蒴果扁球形,成熟时暗红色。花果期 7~10 月。

**产地:** 乐昌、台山等地。野外少见。

**分布:** 我国南部各海岸。亚洲;非洲;澳大利亚;欧洲。

**生境:** 河沟、溪流或水田旁边。

## 254. 千屈菜 *Lythrum salicaria* L.

**形态特征:** 直立草本。叶对生或 3 片轮生,披针形或宽披针形。聚伞花序,簇生;花瓣 6 枚,倒披针状长椭圆形,红紫色或淡紫色。蒴果扁圆形。花果期 7~10 月。

**产地:** 乐昌、连州、乳源等地。野外少见,有栽培。

**分布:** 全国各地亦有栽培。亚洲;欧洲;非洲;澳大利亚;美洲。

**生境:** 河岸、湖畔、溪沟边和潮湿草地。

## 255. 节节菜 *Rotala indica* (Willd.) Koehne

**形态特征:**一年生直立草本,多分枝,节上生根,茎常略具 4 条棱。基部常匍匐,上部直立或稍披散。叶对生,长大于宽。花序腋生,罕有顶生。蒴果椭圆形,成熟时 2 瓣裂。花期 9~10 月,果期 10 月至次年 4 月。

**产地:**广东各地。野外常见。

**分布:**我国西南部、中部和东部。日本;南亚至东南亚。

**生境:**水田或河边湿地。

## 256. 圆叶节节菜 *Rotala rotundifolia* (Buch.-Ham. ex Roxb.) Koehne

**形态特征：** 一年生直立草本。植株无毛。茎直立，带紫红色。叶对生，无柄或具短柄，近圆形、阔倒卵形或阔椭圆形。花单生于苞片内，组成顶生稠密的穗状花序；花瓣 4 枚，淡紫红色，倒卵形。蒴果椭圆形，3~4 瓣裂。花果期 12 月至次年 6 月。

**产地：** 广东各地（高要，苏凡、梁丹和郭亚男 AP0044，IBSC）。野外常见。

**分布：** 我国东部、中部和西南部，华南地区极为常见。日本；南亚至东南亚。

**生境：** 水田和溪流边。

## 257. 欧菱 *Trapa natans* L.

**形态特征:** 漂浮植物。根二型。叶二型: 浮水叶互生, 聚生于主茎和分枝茎顶端, 形成莲座状菱盘, 叶柄中上部膨大成海绵质气囊或不膨大; 沉水叶小, 早落。花小, 单生于叶腋, 花瓣白色。果三角状菱形, 具4个刺角, 2个肩角斜上伸, 2个腰角向下伸; 果喙圆锥状, 无果冠。花果期8~12月。

**产地:** 广州、南雄 ( 王瑞江 6355, IBSC )、仁化 ( 苏凡和周欣欣 1645, IBSC ) 等地。野外罕见。

**分布:** 湖北、江西、四川、云南、浙江等地。日本; 东南亚。

**生境:** 水塘或积水洼地。

# （五十一）柳叶菜科 Onagraceae

## 258. 柳叶菜 *Epilobium hirsutum* L.

**形态特征:** 多年生直立草本。常在中上部多分枝，周围密被伸展长柔毛，常混生较短而直的腺毛。叶草质，对生，茎上部的互生，无柄，并多少抱茎。总状花序直立，稀密被白色绵毛；花瓣宽倒心形，常玫瑰红色或粉红色、紫红色。蒴果被毛；种子倒卵状。花期 6~8 月，果期 7~9 月。

**产地:** 乐昌、连州（苏凡和郭亚男 1608，IBSC）、翁源、新丰等地。野外偶见。

**分布:** 安徽、甘肃、贵州、河北、河南、湖北、湖南等地。非洲；亚洲；欧洲；美洲。

**生境:** 废弃水田。

## 259. 水龙 *Ludwigia adscendens* (L.) H. Hara

**形态特征:** 多年生浮叶植物。浮水茎节上常簇生圆柱状或纺锤状白色海绵状贮气的根状浮器。叶倒卵形、椭圆形或倒卵状披针形。花单生于上部叶腋;花瓣乳白色。蒴果圆柱状,淡褐色;种子在每室单列纵向排列,淡褐色。花期 5~8 月,果期 8~11 月。

**产地:** 广东各地(英德,苏凡和袁明灯 1604,IBSC)。野外常见。

**分布:** 福建、广西、海南、湖南、江西、台湾、云南、浙江等地。日本;南亚至东南亚;非洲;澳大利亚。

**生境:** 漂浮在池塘、河流中或长在河流旁潮湿处。

## 260. 翼茎丁香蓼 *Ludwigia decurrens* Walter

**形态特征:** 直立草本，近亚灌木状。全株光滑无毛。叶全缘，互生，披针形或长狭卵形；叶边缘向下延伸至茎上，成翅状；侧脉 12~18 对。单花腋生；萼片和花瓣 4 枚，花瓣黄色；雄蕊 8 枚。蒴果成熟时方柱形，具 4 条棱或翅；种子灰褐色，离生，长球形或稍肾形。花果期 8~12 月。

**产地:** 佛山、连平等地。野外偶见。

**分布:** 原产热带美洲，归化于江西、台湾、香港等地。南亚至东南亚。

**生境:** 撂荒的菜田或稻田中。

## 261. 台湾水龙 *Ludwigia × taiwanensis* C. I. Peng.

**形态特征**：多年生浮叶植物。浮水茎节上常簇生白色纺锤状贮气的根状浮器。叶狭椭圆形至匙状长圆形。花单生于顶部叶腋；花瓣 5 枚，宽倒卵形，先端近截形或钝圆，微凹，淡黄色。蒴果不发育。花期 4~12 月。

**产地**：海丰、惠东、乐昌、龙川、南雄、肇庆（鼎湖山）等地。

**分布**：台湾（金门列岛、澎湖）、浙江、福建、江西、香港、广西、湖南、四川、云南等地。

**生境**：水塘、河沟、水田浅水处和湿地。野外常见。

# （五十二）桃金娘科 Myrtaceae

## 262. 蒲桃 *Syzygium jambos* (L.) Alston

**形态特征**：乔木。叶革质，披针形或长圆形，叶面多透明腺点，侧脉 12~16 对。聚伞花序顶生；花白色；萼管倒锥形。果近球形，成熟时黄色。花果期 4~6 月。

**产地**：广东中部、南部和西部地区。野生或栽培，常见。

**分布**：福建、广西、贵州、海南、四川、台湾、云南等地。南亚至东南亚。

**生境**：河流边或池塘岸边。

## 263. 水翁 *Syzygium nervosum* DC.

**形态特征**：乔木。叶薄革质，长圆形至椭圆形，两面多透明腺点，侧脉 9~13 对。圆锥花序生于无叶的老枝上。浆果阔卵圆形，成熟时紫黑色。花果期 5~8 月。

**产地**：广东中部地区。野外常见。

**分布**：广西、海南、西藏、云南等地。南亚至东南亚；澳大利亚。

**生境**：池塘岸边或溪流湿地边。

# （五十三）野牡丹科 Melastomataceae

## 264. 野牡丹 *Melastoma malabathricum* L.

**形态特征**：灌木；茎多分枝，被毛。叶披针形至椭圆形，5 条基出脉，两面被毛。伞房花序生于枝顶，近头状；花瓣粉红色，倒卵形；雄蕊二型，长者药隔基部伸长，末端 3 深裂，弯曲，短者药隔不伸长。蒴果坛状球形，花萼宿存，被毛。花期春夏季，果期夏秋季。

**产地**：广东各地。野外常见。

**分布**：我国东南至西南地区。东南亚；太平洋群岛。

**生境**：池塘岸边或积水沼泽地上。

# （五十四）无患子科 Sapindaceae

## 265. 倒地铃 *Cardiospermum halicacabum* L.

**形态特征:** 攀缘藤本。二回三出复叶，小叶边缘有疏锯齿或羽状分裂。圆锥花序少花，卷须螺旋状。花瓣乳白色。蒴果梨形、陀螺状倒三角形或有时近长球形。花期夏秋季，果期秋季至初冬。

**产地:** 广东各地。野外常见。

**分布:** 我国东部、南部和西南部。全世界热带和亚热带地区。

**生境:** 常攀缘于湿地其他植物上。

# （五十五）楝科 Meliaceae

## 266. 楝 *Melia azedarach* L.

**形态特征**: 乔木，高可达 10 m；树皮灰褐色，纵裂。叶为二至三回奇数羽状复叶，小叶对生，卵形、椭圆形至披针形，顶生一片，通常略大，多少偏斜。圆锥花序约与叶等长，花瓣淡紫色。核果球形至椭圆形，内果皮木质；种子椭圆形。花期 4~5 月，果期 10~12 月。

**产地**: 广东各地。野外常见。

**分布**: 我国黄河以南各省区。亚洲热带至温带地区。

**生境**: 河旁岸边或沼泽地旁边。

# （五十六）锦葵科 Malvaceae

## 267. 马松子 *Melochia corchorifolia* L.

**形态特征**：亚灌木状草本。叶卵形、长圆状卵形或披针形，稀不明显 3 浅裂，上面近无毛，下面略被星状柔毛。花瓣 5 枚，长圆形，先白色后变为淡红色。蒴果球形，有 5 条棱，被长柔毛，每室 1~2 粒种子；种子卵圆形，略成三角状，褐黑色。花期夏秋季。

**产地**：广东各地。野外常见。

**分布**：广泛分布在长江以南各省、台湾和四川内江地区。亚洲热带地区多有分布。

**生境**：多见于河旁沙地或潮湿土坡上。

## 268. 白背黄花稔 *Sida rhombifolia* L.

**形态特征**: 亚灌木。小枝被星状柔毛。叶菱形或长圆状披针形；上面疏被星状柔毛或近无毛，下面被灰白色星状柔毛。花单生叶腋。分果半球形；被星状柔毛，顶端具 2 条短芒；种子黑褐色，顶端具短毛。花果期 5~12 月。

**产地**: 广东各地。野外常见。

**分布**: 福建、广西、贵州、海南、湖北、四川、台湾、云南等地。不丹，柬埔寨，印度，老挝，尼泊尔，泰国，越南。

**生境**: 灌丛，开阔山坡，溪边。

## 269. 地桃花 *Urena lobata* L.

**形态特征:** 亚灌木。小枝被星状绒毛。花单生或近簇生叶腋;花萼杯状,5 裂,较小苞片略短,被星状柔毛;花冠淡红色;花瓣 5 枚,倒卵形。分果扁球形;种子肾形,无毛。花期 7~10 月。

**产地:** 广东各地。野外常见。

**分布:** 我国长江以南各省区。柬埔寨,印度,日本,老挝,缅甸,泰国,越南。

**生境:** 路旁或湿地中。

# （五十七）十字花科 Brassicaceae

## 270. 弯曲碎米荠 *Cardamine flexuosa* With.

**形态特征:** 直立草本。茎、花序轴和果序轴曲折。小叶 3~7 对，顶生小叶 3 齿裂；基生叶小叶卵形；茎生叶有小叶 3~5 对。总状花序多数，生于枝顶，花小；花瓣倒卵状楔形，白色。长角果线形，扁平，果序轴左右弯曲；种子长圆形而扁，黄绿色，顶端有极窄的翅。花期 3~5 月，果期 4~6 月。

**产地:** 封开、广州、连山、罗定、平远、翁源等地。野外常见。

**分布:** 全国各地。日本，朝鲜；欧洲；美洲。

**生境:** 田边、溪边潮湿土上。

## 271. 碎米荠 *Cardamine hirsuta* L.

**形态特征**：直立草本。茎直立或斜升，花序轴和果序轴直立。有小叶 2~5 对；基生叶少数；茎生叶上下部小叶不同形，下部小叶较圆，上部小叶卵形、长卵形至线形。总状花序生于枝顶，花小；花瓣倒卵形，白色。角果线形，稍扁，无毛；种子椭圆形，顶端有的具明显的翅。花期 2~4 月，果期 4~6 月。

**产地**：广东各地。野外常见。

**分布**：全国都有分布。全球温带地区。

**生境**：田地潮湿处。

**识别要点**：本种与弯曲碎米荠形态相似、生境相同，主要区别在于前者的基生叶的叶柄有纤毛，茎不曲折，果梗直立但常贴近小轴，而后者基生叶的叶柄无纤毛，茎较曲折或直，果梗展开向上。

### 272. 豆瓣菜 *Nasturtium officinale* W.T. Aiton

**形态特征**：直立草本，全体光滑无毛。茎匍匐或浮水生，多分枝，节上生不定根。奇数羽状复叶，小叶 3~9 枚，宽卵形、长圆形或近圆形，顶端 1 枚较大。总状花序顶生，花多数；花瓣倒卵形或宽匙形，白色。长角果圆柱形而扁；种子每室 2 行。花期 4~5 月，果期 6~7 月。

**产地**：广东各地有栽培（翁源，苏凡和周欣欣 1658，IBSC），有时逸生。

**分布**：全国各地。欧洲；亚洲；美洲。

**生境**：水沟、河流、池塘、沼泽或水田中。

### 273. 广州葶菜 *Rorippa cantoniensis* (Lour.) Ohwi

**形态特征**：直立草本。植株无毛；茎直立或呈铺散状分枝。叶羽状深裂或浅裂。总状花序有苞片，花生于叶状苞片腋部；花瓣 4 枚，黄色。短角果圆柱形；种子极多数，细小，扁卵形。花期 3~4 月，果期 4~6 月。

**产地**：广州、清远、深圳、翁源、肇庆等地。野外常见。

**分布**：全国各地。日本，朝鲜，越南；俄罗斯。

**生境**：苗圃、菜地或田埂潮湿地中。

## 274. 无瓣蔊菜 *Rorippa dubia* (Pers.) H. Hara

**形态特征：** 直立草本。植株柔弱，光滑无毛，直立或呈铺散状分枝。单叶互生，基生叶与茎下部叶倒卵形或倒卵状披针形；茎上部叶卵状披针形或长圆形。总状花序顶生或侧生，花小多数；无花瓣或偶有不完全花瓣。长角果线形；种子每室1行。花期4~6月，果期6~8月。

**产地：** 德庆、平远、清远、仁化、乳源、翁源、云浮、肇庆等地。野外常见。

**分布：** 华东、华中、华南、西北、西南地区。印度，印度尼西亚，日本，菲律宾；美洲。

**生境：** 河边、稻田等湿地中。

## 275. 风花菜 *Rorippa globosa* (Turcz. ex Fisch. & C. A. Mey.) Hayek

**形态特征**: 直立草本。植株被白色硬毛或近无毛。茎下部叶具柄, 上部叶无柄, 叶长圆形至倒卵状披针形, 基部短耳状而半抱茎。总状花序多数, 呈圆锥花序式排列; 花小黄色; 花瓣 4 枚, 倒卵形。短角果实近球形, 具有 2 枚果瓣; 种子多数, 淡褐色。花期 4~6 月, 果期 7~9 月。

**产地**: 广东各地 ( 乐昌, 苏凡和周欣欣 1642, IBSC )。野外常见。

**分布**: 全国各地。日本, 朝鲜, 蒙古, 越南; 俄罗斯。

**生境**: 河岸、湿地中和水沟边。

## 276. 蔊菜 *Rorippa indica* (L.) Hiern

**形态特征:** 直立草本。植株较粗壮,无毛或具疏毛。叶互生,基生叶及茎下部叶具长柄,叶形多变化;茎上部叶宽披针形或匙形。总状花序顶生或侧生;花瓣黄色,4枚。长角果线状圆柱形,短而粗,成熟时果瓣隆起;种子每室2行,多数,细小。花期4~6月,果期6~8月。

**产地:** 广东各地(翁源,梁丹和郭亚男 AP0007,IBSC)。野外常见。

**分布:** 华东、华中、华南和西南地区。印度,印度尼西亚,日本,朝鲜,菲律宾等。

**生境:** 河边、田边等较潮湿处。

# （五十八）蓼科 Polygonaceae

## 277. 毛蓼 *Polygonum barbatum* L.

**形态特征:** 多年生直立草本。茎直立，粗壮，被柔毛。叶披针形或椭圆状披针形，两面疏被柔毛；托叶鞘膜质，密被刚毛。穗状花序常数个组成圆锥状；花被片椭圆形，5 枚，深裂，白色或淡绿色。瘦果黑色，卵形，具 3 条棱。花期 8~9 月，果期 9~10 月。

**产地:** 潮州、恩平、海丰、惠东（苏凡和袁明灯 1531，IBSC）、乳源、翁源、湛江、肇庆。野外常见。

**分布:** 我国东部和南部各地。亚洲；非洲；大洋洲。

**生境:** 河流岸边和池塘边。

## 278. 火炭母 *Polygonum chinense* L.

**形态特征**：直立或匍匐草本。叶卵形或长卵形，两面无毛；托叶鞘膜质，无毛。头状花序，通常数个排成圆锥状，顶生或腋生；花被片 5 深裂，白色或淡红色。瘦果嫩时三角形，成熟后圆球形，包藏在富含汁液、白色而透明或微带蓝色的宿存花被内。花期 7~9 月，果期 8~10 月。

**产地**：广东各地（新丰，苏凡和袁明灯 1560，IBSC）。野外常见。

**分布**：华东、华中、华南和西南地区。印度，日本，马来西亚，菲律宾。

**生境**：水沟旁、废弃农田边和沼泽地边上。

**识别要点**：本种最明显的特征是叶片较宽，上面沿中脉有近三角形的淡紫色斑点。

## 279. 蓼子草 *Polygonum criopolitanum* Hance

**形态特征:** 一年生直立草本。茎平卧，被长糙伏毛及稀疏的腺毛。叶狭披针形或披针形，两面被糙伏毛；托叶鞘膜质，密被糙伏毛，顶端截形，具长缘毛。头状花序，顶生；花被片卵形，5 深裂，淡紫红色。瘦果椭圆形，双凸镜状，有光泽，包藏于宿存花被内。花期 7~11 月，果期 9~12 月。

**产地:** 连州、仁化（苏凡和袁明灯 1570，IBSC）、乳源、肇庆等地。野外偶见。

**分布:** 华南及华中。

**生境:** 溪水旁或稻田埂上。

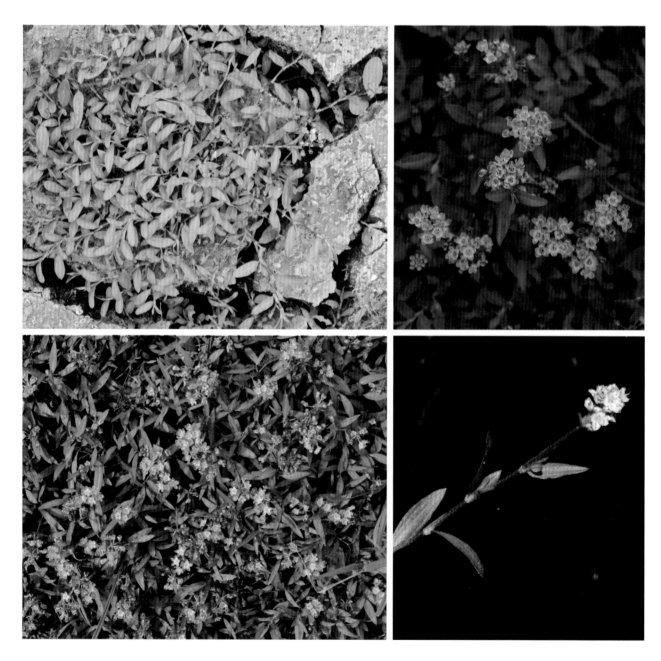

## 280. 二岐蓼 *Polygonum dichotomum* Blume

**形态特征:** 直立草本。茎上升或直立,高 40~100 cm,具纵棱,疏被倒生皮刺。叶披针形或狭椭圆形,基部楔形、截形或近戟形,有时沿中脉疏生短皮刺;托叶鞘筒状,膜质,无毛或疏生刺毛,顶端偏斜,开裂,无缘毛。花序头状,顶生或腋生;雄蕊 5 枚,比花被短;花柱 2 枚,柱头头状。瘦果近圆形,包藏于宿存花被内。花期 6~7 月,果期 8~10 月。

**产地:** 广东北部和中部。野外常见。

**分布:** 福建、广东、海南、台湾等地。菲律宾,日本,印度尼西亚,印度,越南。

**生境:** 沟边或池塘边上。

## 281. 光蓼 *Polygonum glabrum* Willd.

**形态特征:** 直立草本。茎无毛,节部膨大。叶披针形,两面无毛;托叶鞘具数条纵脉,无毛,顶端截形,无缘毛。总状花序呈穗状,顶生或腋生,通常数个花序再组成圆锥状;花被片5深裂,白色或淡红色。瘦果卵形,双凸镜状。花期6~8月,果期7~9月。

**产地:** 潮州、佛山、广州、翁源、阳春、英德、肇庆等地。野外常见。

**分布:** 福建、广西、海南、湖北、湖南、台湾等地。南亚至东南亚;澳大利亚;太平洋岛屿;非洲;美洲。

**生境:** 河岸、湖边或沼泽地带。

## 282. 长箭叶蓼 *Polygonum hastatosagittatum* Makino

**形态特征**: 草本。茎匍匐生长，有棱，棱具倒生短皮刺。叶披针形或椭圆形；叶柄具倒生皮刺；托叶鞘筒状，顶端截形，具长缘毛。总状花序呈短穗状，顶生或腋生；花淡红色。瘦果卵状三棱形。花期 8~9 月，果期 9~10 月。

**产地**: 龙川（苏凡和袁明灯 1553，IBSC）、龙门、乳源（苏凡和袁明灯 1574，IBSC）、始兴、新丰、英德等地。野外常见。

**分布**: 我国东北、华北和长江以南地区。印度，越南；俄罗斯。

**生境**: 溪边和水田埂潮湿处。

## 283. 水蓼 *Polygonum hydropiper* L.

**形态特征:** 直立草本。茎多分枝且无毛, 节部膨大。叶披针形或椭圆状披针形, 具辛辣味; 叶腋具闭花受精花; 托叶鞘疏生短硬伏毛, 顶端具短缘毛, 通常托叶鞘内藏有花簇。总状花序呈穗状, 顶生或腋生; 花绿色, 上部白色或淡红色。瘦果卵形, 双凸镜状或具 3 条棱。花期 5~9 月, 果期 6~10 月。

**产地:** 广东各地。野外常见。

**分布:** 我国各地。印度, 印度尼西亚, 日本, 朝鲜; 欧洲; 美洲。

**生境:** 水中或田埂湿地旁。

## 284. 蚕茧草 *Polygonum japonicum* Meisn.

**形态特征:** 直立草本。茎节部膨大。叶披针形,两面疏生短硬伏毛;托叶鞘具硬伏毛,顶端截形,有缘毛。总状花序呈穗状,顶生,通常数个再集成圆锥状;花白色或淡红色。瘦果卵形,具 3 条棱或双凸镜状。花期 8~10 月,果期 9~11 月。

**产地:** 广州、连州、连南、罗定、深圳、乳源(苏凡和袁明灯 1564,IBSC)等地。野外偶见。

**分布:** 我国东部、中部和南部。日本,朝鲜。

**生境:** 路边湿地、水边。

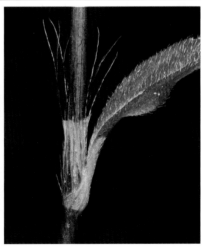

## 285. 愉悦蓼 *Polygonum juncundum* Meisn.

**形态特征:** 直立草本。叶椭圆状披针形；托叶鞘疏生硬伏毛，顶端截形，有长缘毛。总状花序呈穗状，顶生或腋生。瘦果卵形，具 3 条棱。花期 8~9 月，果期 9~11 月。

**产地:** 广东北部、中部和西部（英德，苏凡和周欣欣 1618，IBSC）。野外常见。

**分布:** 我国中部、东部和南部。

**生境:** 河沟或湖泊边。

## 286. 柔茎蓼 *Polygonum kawagoeanum* Makino

**形态特征:** 草本。茎细弱，红褐色，无毛。叶线状披针形或狭披针形；托叶鞘被稀疏的硬伏毛，顶端有缘毛。总状花序呈穗状，直立，顶生或腋生；花排列紧密。瘦果卵形，双凸镜状。花期 5~9 月，果期 6~10 月。

**产地:** 东源（苏凡和袁明灯 1545，IBSC）、佛山、梅州、汕头、新丰等地。野外常见。

**分布:** 安徽、福建、广西、台湾、江西、江苏、海南、云南、浙江等地。印度，印度尼西亚，日本，马来西亚。

**生境:** 田埂旁或河流边。

## 287. 酸模叶蓼 *Polygonum lapathifolium* L.

**形态特征:** 直立草本。茎无毛,节部膨大;下部粗壮的茎常有红色腺点。叶披针形或宽披针形;托叶鞘无毛,具多数脉,顶端截形,无缘毛,稀具短缘毛。总状花序呈穗状,顶生或腋生,通常由数个花穗再组成圆锥状;花被淡红色或白色。瘦果宽卵形,双凹。花期6~8月,果期7~9月。

**产地:** 恩平、连平、连州、茂名(高州)、汕头(苏凡和袁明灯 1534,IBSC)、英德、云安、肇庆等地。野外常见。

**分布:** 全国各地。印度,日本,朝鲜,俄罗斯,哈萨克斯坦。

**生境:** 水田埂边上或潮湿的地方。

## 288. 长鬃蓼 *Polygonum longisetum* Bruijn

**形态特征:** 直立草本。茎无毛, 节部稍膨大。叶披针形或宽披针形; 托叶鞘顶端截形, 有长缘毛。总状花序呈穗状, 顶生或腋生; 苞片漏斗状, 边缘具长缘毛; 花淡红色或紫红色。瘦果宽卵形, 具 3 条棱。花期 6~8 月, 果期 7~9 月。

**产地:** 恩平、惠东 ( 苏凡和袁明灯 1532, IBSC ) 、乐昌、茂名、清远、韶关、翁源、阳山、英德等地。野外常见。

**分布:** 国内大多省份有分布。印度, 印度尼西亚, 日本, 菲律宾; 俄罗斯。

**生境:** 水边湿地。

## 289. 小蓼花 *Polygonum muricatum* Meisn.

**形态特征**：草本。茎有纵棱，棱上有极稀疏的倒生短皮刺；茎常呈攀缘状。叶卵形或长圆状卵形；托叶鞘无毛，具数条明显的脉，顶端具长缘毛。总状花序呈穗状，由数个穗状花序再组成圆锥状，花序梗密被短柔毛及稀疏的腺毛；苞片具缘毛；花白色或淡紫红色。瘦果卵形，具 3 条棱。花期 7~8 月，果期 9~10 月。

**产地**：封开、佛山、惠东、怀集、连州、龙川、翁源、阳春、英德、肇庆等地。野外偶见。

**分布**：安徽、台湾、西藏、云南、浙江等地。印度，日本，朝鲜，尼泊尔，泰国；俄罗斯。

**生境**：河流旁。

## 290. 红蓼 *Polygonum orientale* L.

**形态特征:** 直立草本。茎粗壮,密被长柔毛。叶宽卵形、宽椭圆形或卵状披针形;托叶鞘顶端扩展成绿色的翅。总状花序呈穗状,顶生或腋生。瘦果近圆形,双凹。花期 6~9 月,果期 8~10 月。

**产地:** 广东中部和西部(高州,王瑞江 1591,IBSC)。野外少见。

**分布:** 除西藏外,广布于全国各地。印度,日本,朝鲜,菲律宾;俄罗斯,欧洲;大洋洲。

**生境:** 溪水或河流旁。

## 291. 习见蓼 *Polygonum plebeium* R. Br.

**形态特征**: 草本。植株细小，茎平卧，自基部分枝。叶狭椭圆形或倒披针形，侧脉不明显；托叶鞘透明。花细小，簇生于叶腋。瘦果宽卵形，具 3 条锐棱或双凸镜状。花期 5~8 月，果期 6~9 月。

**产地**: 广东各地。野外常见。

**分布**: 除西藏外，分布于全国。印度，日本；非洲；大洋洲；欧洲。

**生境**: 田边、路旁、水边湿地。

**识别要点**: 本种在广东地区所有种类中叶片和花序都较小而易于与其他种区分。

## 292. 疏蓼 *Polygonum praetermissum* Hook. f.

**形态特征:** 草本。茎下部仰卧,上部近直立或上升,具稀疏的倒生皮刺。叶披针形或狭长圆形,基部箭形;托叶鞘无毛或沿纵脉生短刺毛,顶端偏斜,通常具短缘毛。花序穗状,具腺毛;花淡红色。瘦果近球形,顶端微具 3 条棱。花期 6~8 月,果期 7~9 月。

**产地:** 广州、江门、连山、连州、清远(清城区龙塘镇,苏凡、袁明灯和郭亚男 1602,IBSC)、吴川等地。野外常见。

**分布:** 我国东部、中部和南部地区。不丹,印度,日本,尼泊尔,朝鲜,菲律宾,斯里兰卡;澳大利亚。

**生境:** 荒废田地潮湿边。

## 293. 伏毛蓼 *Polygonum pubescens* Blume

**形态特征:** 直立草本。茎疏生短硬伏毛，带红色，中上部多分枝，节部明显膨大。叶卵状披针形或宽披针形，两面密被短硬伏毛，边缘具缘毛；无辛辣味，叶腋无闭花受精花；托叶鞘具硬伏毛，顶端有长缘毛。总状花序呈穗状，顶生或腋生，上部下垂。瘦果卵形，具 3 条棱。花期 8~9 月，果期 8~10 月。

**产地:** 广东各地（新丰，苏凡和袁明灯 1554，IBSC）。野外常见。

**分布:** 安徽、福建、甘肃、广西、贵州等地。不丹，印度，印度尼西亚，日本，朝鲜。

**生境:** 沿着河沟，水边，田野边缘生长。

## 294. 刺蓼 *Polygonum senticosum* (Meisn.) Franch. & Sav.

**形态特征**: 草本。茎四棱形, 沿棱被倒生皮刺。叶三角形或长三角形, 先端尖或渐尖, 基部戟形, 两面被柔毛, 下面沿叶脉疏被倒生皮刺; 叶柄被倒生皮刺; 托叶鞘筒状, 具叶状肾圆形翅, 具缘毛。花序头状; 花被片 5 深裂, 椭圆形, 淡红色。瘦果近球形, 微具 3 条棱。花期 6~7 月, 果期 7~9 月。

**产地**: 广东北部。野外少见。

**分布**: 我国东北、北部、东部和南部地区。日本, 朝鲜; 俄罗斯。

**生境**: 河旁潮湿的林下。

## 295. 糙毛蓼 *Polygonum strigosum* R. Br.

**形态特征:** 草本。茎具纵棱,沿棱具倒生皮刺。叶长椭圆形或披针形,上面无毛或疏被短糙伏毛,下面沿中脉具倒生皮刺;叶柄具倒生皮刺;托叶鞘筒状,膜质,具长缘毛,基部密被倒生皮刺。总状花序呈穗状;花被片 5 深裂,椭圆形,白色或淡红色。瘦果近圆形,具 3 条棱或双凸,深褐色。花期 8~9 月,果期 9~10 月。

**产地:** 广州、新兴、阳春、阳山、英德、湛江、肇庆等地。野外少见。

**分布:** 福建、广西、贵州、江苏、西藏、云南等地。南亚至东南亚;澳大利亚。

**生境:** 水沟旁。

## 296. 香蓼 *Polygonum viscosum* Buch.-Ham. ex D. Don

**形态特征**: 一年生草本。茎直立或上升,植株具香味,密被开展的长糙硬毛及腺毛。叶卵状披针形或椭圆状披针形,两面被糙硬毛,叶脉上毛较密;托叶鞘密生短腺毛及长糙硬毛。总状花序呈穗状,顶生或腋生,花淡红色,花被片椭圆形。瘦果宽卵形。花期7~9月,果期8~10月。

**产地**: 河源(苏凡和徐显异 AP0066,IBSC)、广州、乐昌、深圳、翁源、肇庆等地。野外少见。

**分布**: 华东、西南、西北地区都有分布。印度,日本,朝鲜,尼泊尔;俄罗斯。

**生境**: 废弃的稻田中。

## 297. 虎杖 *Reynoutria japonica* Houtt.

**形态特征:** 直立草本。茎散生红色或紫红斑点。叶宽卵形或卵状椭圆形；托叶鞘顶端截形，无缘毛。花单性，雌雄异株，花序圆锥状，腋生。瘦果卵形，具 3 条棱。花期 8~9 月，果期 9~10 月。

**产地:** 博罗、怀集、乐昌、连平、始兴、翁源、新丰、信宜、阳春、英德、云浮等地。野外常见。

**分布:** 我国中部、西南至东南部各省区。日本，朝鲜；俄罗斯。

**生境:** 河流边。

## 298. 长刺酸模 *Rumex trisetifer* Stokes

**形态特征**：直立草本。茎褐色或红褐色。茎下部叶比较大，长圆形或披针状长圆形，茎上部的叶较小，狭披针形。花序总状，顶生和腋生，具叶，再组成大型圆锥状花序；两性花，多花轮生；花黄绿色，外花被片披针形，较小，内花被片果时增大，狭三角状卵形。瘦果椭圆形，具 3 条锐棱。花期 5~6 月，果期 6~7 月。

**产地**：广东各地（乐昌，苏凡和周欣欣 1641，IBSC；翁源，苏凡、梁丹和郭亚男 AP0006，IBSC）。野外常见。

**分布**：我国中部、东部和南部地区。南亚至东南亚。

**生境**：撂荒的稻田中、池塘边或路旁湿地。

# （五十九）蓝果树科 Nyssaceae

## 299. 喜树 *Camptotheca acuminata* Decne.

**形态特征：** 落叶乔木。叶互生。头状花序近球形，生于枝顶及上部叶腋，2~9 个组成圆锥花序；花杂性；花瓣 5 枚，雄蕊 10 枚。翅果长圆形，顶端具宿存的花盘，两侧具窄翅，15~20 个组成头状果序。花期 5~7 月，果期 9 月。

**产地：** 广东北部和西部。野生种群少见。

**分布：** 我国中部、东部和南部地区。

**生境：** 河岸旁，也常作为行道树。

# （六十）茅膏菜科 Droseraceae

## 300. 锦地罗 *Drosera burmannii* Vahl

**形态特征**：草本。全株密生黏性腺毛。叶莲座状密集，叶近无柄或具短柄；托叶基部与叶柄合生。花序花葶状，1~3个，具花 2~19 朵；花瓣白色或变浅红色至紫红色。蒴果圆球状；种子多数，棕黑色，具规则脉纹。花果期全年。

**产地**：广东中部和西部山区。野外少见。

**分布**：福建、广西、海南、台湾、云南等地。亚洲；非洲；大洋洲。

**生境**：季节性湿地或坡地、渗水湿地。

## 301. 长叶茅膏菜 *Drosera indica* L.

**形态特征**: 草本。无球茎，直立或匍匐状，茎被短腺毛。叶互生，线形；上部叶伸直，下部叶下弯成支柱状。花序与叶近对生或腋生，具花5~20朵，被短腺毛；花瓣白色、淡红色至紫红色。蒴果倒卵球形；种子细小，黑色。花果期全年。

**产地**: 广东西部。野外少见。

**分布**: 广西、海南、台湾等地。东亚和东南亚；非洲；澳大利亚。

**生境**: 潮湿旷地和水田边。

### 302. 匙叶茅膏菜 *Drosera spatulata* Labill.

**形态特征**：一年生草本，全株密生黏性腺毛。叶莲座状密集，紧贴地面；叶倒卵形、匙形或楔形。螺状聚伞花序，花葶状，1~2个；花瓣紫红色。蒴果圆形；种子小，黑色。花果期3~9月。

**产地**：恩平、广州、惠东、深圳、珠海等地。野外常见。

**分布**：福建、海南、台湾等地。日本，菲律宾，马来西亚，印度尼西亚；澳大利亚，新西兰。

**生境**：季节性湿地或坡地渗水湿地中。

# （六十一）猪笼草科 Nepenthaceae

## 303. 猪笼草 *Nepenthes mirabilis* (Lour.) Druce

**形态特征：** 直立或攀缘草本。基生叶披针形，密集，近无柄，瓶状体窄卵形或近圆柱形，被疏柔毛和星状毛；茎生叶散生，具柄，叶长圆形或披针形，两面常具紫红色斑点，瓶状体近圆筒形，被疏毛、分叉毛和星状毛。总状花序被长柔毛，与叶对生或顶生；花被片 4 枚，椭圆形或长圆形，红色或紫红色。蒴果栗色，窄披针形；种子丝状。花果期 6~12 月。

**产地：** 广东沿海山地及西部地区。野外少见。

**分布：** 海南。东南亚；澳大利亚；太平洋岛屿。

**生境：** 山地溪流岸旁或沼泽草丛中。

# （六十二）石竹科 Caryophyllaceae

## 304. 荷莲豆草 *Drymaria cordata* (L.) Willd. ex Schult.

**形态特征：**一年生草本。茎匍匐，丛生。叶对生，圆形或者圆肾形，顶端凸尖。聚伞花序顶生；花瓣白色；花柄具黏性腺毛。蒴果卵形；种子近圆形。花期 4~10 月，果期 6~12 月。

**产地：**广东各地。野外常见。

**分布：**福建、广西、贵州、海南、湖南、四川、台湾、西藏、云南、浙江等地。亚洲；非洲；美洲。

**生境：**水沟附近、稻田旁或菜地田埂边。

## 305. 雀舌草 *Stellaria alsine* Grimm

**形态特征:** 直立或近匍匐草本,全株无毛。茎丛生,多分枝。叶披针形至长圆形,半抱茎。聚伞花序常具 3~5 朵花;花梗细,果时向下弯;花瓣 5 枚,白色,2 深裂至基部;雄蕊常 5 枚,稍短于花瓣。蒴果卵圆形,与宿存萼等长或稍长;种子近肾形,微扁。花期 5~6 月,果期 7~8 月。

**产地:** 广东各地。野外常见。

**分布:** 我国南北各省。日本,南亚至东南亚;欧洲。

**生境:** 水田旁、菜地杂草或荒废田地中。

# （六十三）苋科 Amaranthaceae

## 306. 莲子草 *Alternanthera sessilis* (L.) R. Br. ex DC.

**形态特征：** 草本。叶形状及大小有变化，条状披针形、矩圆形、倒卵形、卵状矩圆形。头状花序腋生 1~4 个，无总花梗，初为球形，后渐成圆柱形；发育雄蕊 3 枚。胞果倒心形，侧扁，翅状，深棕色；种子卵球形。花期 5~7 月，果期 7~9 月。

**产地：** 广东各地。野外常见。

**分布：** 我国长江以南各省区。印度，缅甸，越南，马来西亚，菲律宾。

**生境：** 水沟、稻田和菜地旁。

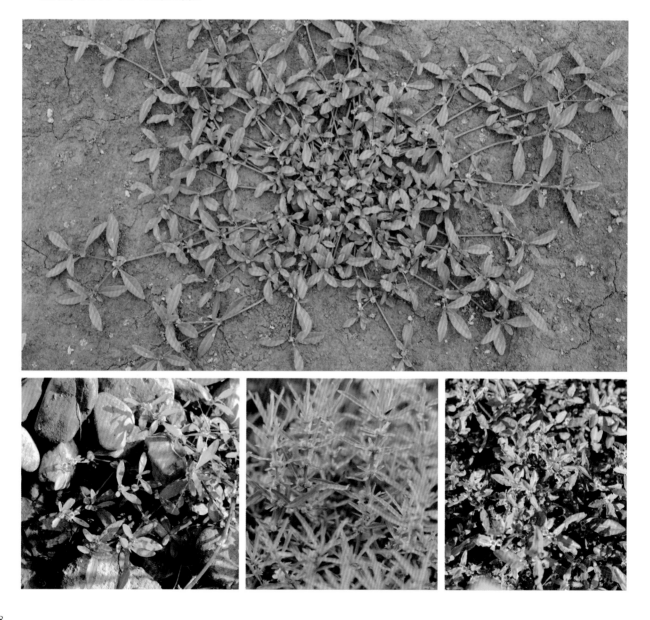

# （六十四）落葵科 Basellaceae

## 307. 落葵 *Basella alba* L.

**形态特征：** 一年生缠绕草本。茎无毛，肉质，绿色或稍紫红色。叶卵形或近圆形，基部微心形或圆形，全缘。穗状花序腋生；花被片淡红色或淡紫色，卵状长圆形。果球形，红色、深红色至黑色，多汁液。花果期 5~10 月。

**产地：** 广东各地。栽培作为蔬菜和观赏。野外常见。

**分布：** 在中国广泛栽培。

**生境：** 池塘或河岸边。

# （六十五）凤仙花科 Balsaminaceae

### 308. 华凤仙 *Impatiens chinensis* L.

**形态特征:** 直立草本。茎上部直立，下部横卧，节略膨大。叶对生，无柄或几无柄，叶线形或线状披针形，边缘疏生刺状锯齿。花紫红色或白色，簇生于叶腋，无总花梗；唇瓣漏斗状，基部渐狭成内弯或旋卷的长距；花药钝。蒴果椭圆形，中部膨大。花果期夏秋季。

**产地:** 广东各地（乳源，苏凡和袁明灯 1580，IBSC）。野外常见。

**分布:** 安徽、福建、广西、海南、湖南、江西、云南、浙江等地。印度，马来西亚，缅甸，泰国，越南。

**生境:** 塘边、溪旁和田间沼泽中。

## 309. 绿萼凤仙花 *Impatiens chlorosepala* Hand.-Mazz.

**形态特征:** 直立草本。茎肉质,直立,不分枝或稀分枝。叶具柄,常密集茎上部,互生,叶长圆状卵形或披针形。总花梗生于上部叶腋,长于叶柄;花淡红色;侧生萼片2枚,绿色;花药顶端钝。蒴果披针形,顶端喙尖。花期10~12月。

　　**产地:** 广东北部、中部和西部(乳源,苏凡和袁明灯1577,IBSC)。野外常见。

　　**分布:** 广西、贵州、湖南。

　　**生境:** 山谷水旁阴处或疏林溪边潮湿处。

## 310. 鸭跖草状凤仙花 *Impatiens commelinoides* Hand.-Mazz.

**形态特征:** 一年生草本。茎纤细,平卧,节略膨大。叶互生;叶卵形或卵状菱形,先端急尖或短渐尖,基部楔形,边缘具齿。单花,蓝紫色。蒴果线状圆柱形;种子5~6粒,长圆球形。花果期8~11月。

　　**产地:** 乐昌、南雄、乳源等地。野外偶见。

　　**分布:** 福建、湖南、江西、浙江等地。

　　**生境:** 沟谷阴湿处。

## 311. 管茎凤仙花 *Impatiens tubulosa* Hemsl.

**形态特征:** 直立草本。茎不分枝。叶互生,下部叶在花期凋落,上部叶常密集;叶披针形或长圆状披针形。总花梗粗壮,较长,排列成总状花序;花白色;花药卵球形,顶端钝。蒴果棒状;种子 3~4 粒,长圆球形。花期 8~12 月。

**产地:** 广东北部和中部。野外偶见。

**分布:** 福建、江西、浙江等地。

**生境:** 林下沟边水中或阴湿处。

# （六十六）报春花科 Primulaceae

## 312. 泽珍珠菜 *Lysimachia candida* Lindl.

**形态特征：** 直立草本。全体无毛。基生叶匙形或倒披针形，具有狭翅的柄；茎叶互生，很少对生，叶倒卵形、倒披针形或线形。总状花序顶生，初时因花密集而呈阔圆锥形，其后渐伸长；花冠白色。蒴果球形。花期 3~6 月，果期 4~7 月。

**产地：** 广东各地。野外常见。

**分布：** 安徽、福建、广西等地。日本，缅甸，越南。

**生境：** 田边、溪边和山坡路旁潮湿处。

## 313. 星宿菜 *Lysimachia fortunei* Maxim.

**形态特征：**直立草本。全株无毛。根状茎横走，紫红色。茎直立，圆柱形。叶互生，近于无柄，叶长圆状披针形至狭椭圆形。总状花序顶生，细瘦；花冠白色。蒴果球形。花期 6~8 月，果期 8~11 月。

**产地：**广东中部以北各地（龙川，苏凡和袁明灯 1540，IBSC）。野外少见。

**分布：**福建、广西、海南、湖南、江苏、江西、台湾、浙江等地。日本，朝鲜，越南。

**生境：**河沟边、田地边等潮湿处，有时在山坡林下。

## 314. 黑腺珍珠菜 *Lysimachia heterogenea* Klatt

**形态特征:** 直立草本。全体无毛。茎四棱形，棱边有狭翅和黑色腺点。基生叶匙形，早凋，茎叶对生，无柄，叶披针形或线状披针形，基部钝或耳状半抱茎，两面密生黑色粒状腺点。总状花序生于茎端和枝端，花冠白色，雄蕊与花冠近等长。蒴果球形，直径约 3 mm。花期 5~7 月，果期 8~10 月。

**产地:** 广东北部。野外偶见。

**分布:** 安徽、福建、广东、河南、湖北、湖南、江西、江苏、浙江等地。

**生境:** 山谷的溪流边草丛中。

# （六十七）猕猴桃科 Actinidiaceae

## 315. 水东哥 *Saurauia tristyla* DC.

**形态特征**：灌木或小乔木，高 3~6 m。叶纸质或薄革质，倒卵状椭圆形、倒卵形、长卵形，稀阔椭圆形，叶缘具刺状锯齿，稀为细锯齿；叶柄具钻状刺毛。花序聚伞式，1~4 个簇生于叶腋或老枝落叶叶腋。花粉红色或白色，花瓣卵形，顶部反卷。果球形，白色、绿色或淡黄色。花果期夏秋季。

**产地**：广东各地。野外常见。

**分布**：广西、贵州、云南等地。印度、马来西亚。

**生境**：丘陵、低山山地河流旁。

# （六十八）茜草科 Rubiaceae

## 316. 水团花 *Adina pilulifera* (Lam.) Franch. ex Drake

**形态特征**: 灌木至小乔木。叶对生，椭圆形至椭圆状披针形，或有时倒卵状长圆形至倒卵状披针形；叶柄长 2~6 mm。头状花序明显腋生，极稀顶生；花冠白色，窄漏斗状。小蒴果楔形；种子长圆形，两端有狭翅。花果期 6~9 月。

**产地**: 广东北部和中部。野外少见。

**分布**: 长江以南各省区。日本，越南。

**生境**: 溪流或河沟旁。

## 317. 细叶水团花 *Adina rubella* Hance

**形态特征:** 小灌木。叶对生,近无柄,卵状披针形或卵状椭圆形。头状花序,单生,顶生或兼有腋生,总花梗略被柔毛。小蒴果长卵状楔形。花果期 5~12 月。

**产地:** 广东北部和中部(阳山,苏凡和袁明灯 1593,IBSC)。野外常见。

**分布:** 福建、广西、湖南、江苏、江西、陕西、浙江等地。朝鲜。

**生境:** 山谷的溪边或河边。

## 318. 风箱树 *Cephalanthus tetrandrus* (Roxb.) Ridsdale & Bakh. f.

**形态特征**: 灌木或小乔木。嫩枝近四棱柱形，老枝圆柱形。叶对生或轮生，近革质，卵形至卵状披针形；脉腋常有毛窝；托叶阔卵形。头状花序顶生或腋生；花冠白色。坚果顶部有宿存萼檐；种子褐色，具翅状苍白色假种皮。花期春末夏初。

**产地**: 广东各地。野外常见。

**分布**: 福建、广西、海南、湖南、江西、台湾、云南、浙江等地。孟加拉国，印度，老挝，缅甸，泰国，越南。

**生境**: 水沟旁或溪畔。

### 319. 伞房花耳草 *Oldenlandia corymbosa* (L.) Lam.

**形态特征**：一年生披散草本。多分枝。叶线形或线状披针形，近无柄；托叶膜质，平截，顶端有刺状裂片数个。花序腋生，着花 2~4 朵，喉部具毛，花序梗长 0.5~1 cm；花白色，筒状。蒴果球形，具不明显纵棱，成熟时室背开裂。花果期几乎全年。

**产地**：广东各地。野外常见。

**分布**：福建、广西、贵州、海南、四川、浙江等地。亚洲；非洲；美洲；太平洋群岛。

**生境**：水田边及湿润草坪上。

## 320. 广州蛇根草 *Ophiorrhiza cantoniensis* Hance

**形态特征**：直立草本。小枝被柔毛。叶纸质，卵形，两侧稍不对称，两面无毛或近无毛，叶柄长 1~2 cm，被柔毛。花序顶生，螺状，均被褐锈色短柔毛；花二型，花柱异长，花冠粉红色，漏斗状近管形，花冠管里面中部以下被白色长柔毛。蒴果僧帽状。花果期春季。

**产地**：广东各地。野外常见。

**分布**：广西、贵州、海南、四川等地。

**生境**：阔叶林下潮湿水沟边。

## 321. 日本蛇根草 *Ophiorrhiza japonica* Blume

**形态特征:** 直立草本。茎下部匍匐生根，上部直立。叶纸质，卵形、披针形至椭圆形，两面常无毛。花序顶生；花二型，花柱异长，花冠白色或粉红色，漏斗形，花冠管里面被疏柔毛。蒴果僧帽状。花果期早春至初夏。

**产地:** 广东各地。野外常见。

**分布:** 我国东部、中部至南部。越南。

**生境:** 阔叶林下沟谷或溪流旁。

## 322. 白花蛇舌草 *Scleromitrion diffusum* (Willd.) R. J. Wang

**形态特征:** 一年生披散草本。叶线形,无柄;托叶基部合生,顶端芒尖。花白色,单生或双生于叶腋,喉部无毛,花梗长2~10 mm,萼裂片长圆状披针形,顶端渐尖,具缘毛。蒴果扁球形,成熟时室背开裂。花果期夏季。

**产地:** 广东各地。野外少见。

**分布:** 安徽、广西、海南、香港、云南等省区。南亚至东南亚。

**生境:** 水田边及湿润草坪上。

## 323. 水锦树 *Wendlandia uvariifolia* Hance

**形态特征:** 乔木。小枝被锈色硬毛。叶纸质,宽卵形或宽椭圆形,上面疏生硬毛,下面被柔毛,脉上毛密,侧脉 8~10 对。圆锥花序顶生,被绒毛;常数朵簇生,花小;花萼被绒毛,萼裂片 5 个;花冠白色,筒状漏斗形,冠筒喉部有白色硬毛。蒴果被毛。花期 1~5 月,果期 4~10 月。

**产地:** 广东各地。野外偶见。

**分布:** 广西、贵州、海南、台湾、云南。越南。

**生境:** 山谷小溪或河流岸边,有时生于山坡上。

# （六十九）夹竹桃科 Apocynaceae

## 324. 石萝藦 *Pentasachme caudatum* Wall. ex Wight

**形态特征:** 直立草本。无毛。叶狭披针形，叶柄极短。伞形状聚伞花序腋生，近无花序梗；花冠白色，裂片狭披针形，远比花冠筒长，副花冠成 5 枚鳞片，顶端具细齿，与花冠裂片互生，柱头盘状五角形，顶端 2 裂。蓇葖双生，圆柱状披针形。

**产地:** 广东各地。野外常见。

**分布:** 广西、湖南、云南等地。

**生境:** 山谷溪流或瀑布旁。

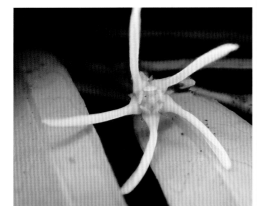

# （七十）紫草科 Boraginaceae

## 325. 柔弱斑种草 *Bothriospermum zeylanicum* (J. Jacq.) Druce

**形态特征**：草本。茎细弱，丛生，被向上贴伏的糙伏毛。叶椭圆形或狭椭圆形，上下两面被向上贴伏的糙伏毛或短硬毛。花序柔弱细长；花冠蓝色或淡蓝色，檐部裂片圆形，喉部有 5 个梯形的附属物。小坚果肾形。花果期 2~10 月。

**产地**：广东各地。野外常见。

**分布**：东北至西南及西北部分省区。印度，日本，朝鲜，巴基斯坦，越南。

**生境**：溪边或池塘阴湿处。

## 326. 大尾摇 *Heliotropium indicum* L.

**形态特征:** 一年生直立草本。被开展的糙伏毛。叶互生或近对生, 卵形或椭圆形, 基部下延至叶柄呈翅状, 叶缘波状或微波状, 叶柄长 2~5 cm。镰状聚伞花序不分枝, 花密集, 呈 2 列排列于花序轴的一侧, 花冠浅蓝色或蓝紫色, 高脚碟状。核果无毛或近无毛, 具肋棱。花果期 4~10 月。

**产地:** 广东中部、西部。野外常见。

**分布:** 福建、海南、台湾及云南西南部; 世界热带及亚热带地区广布。

**生境:** 路边、河边或空旷草地上。

# （七十一）旋花科 Convolvulaceae

## 327. 马蹄金 *Dichondra micrantha* Urb.

**形态特征**：匍匐草本。叶肾形至圆形，叶上面微被毛，背面被贴生短柔毛。花单生叶腋，花柄短于叶柄；花黄色。蒴果近球形；种子1~2粒。

**产地**：广东北部、中部和东部。

**分布**：我国东部、中部和南部地区。日本，朝鲜，泰国；美洲；太平洋岛屿。

**生境**：溪沟阴湿处。野外常见。

# （七十二）楔瓣花科 Sphenocleaceae

## 328. 尖瓣花 *Sphenoclea zeylanica* Gaertn.

**形态特征:** 直立草本。植株全体无毛。茎直立，通常多分枝。叶互生；叶长椭圆形、长椭圆状披针形或卵状披针形。穗状花序与叶对生，或生于枝顶；花小，花萼裂片卵圆形，花冠白色。蒴果；种子棕黄色。花果期 6~12 月。

**产地:** 广东东部、中部和西部。野外常见。

**分布:** 福建、广西、海南、江西、台湾、云南等地。东半球热带广布。

**生境:** 撂荒或废弃稻田中。

# （七十三）车前科 Plantaginaceae

## 329. 毛麝香 *Adenosma glutinosum* (L.) Druce

**形态特征:** 直立草本。全株密被多细胞长柔毛和腺毛。茎圆柱形,上部四方形。叶对生,上部的多少互生;叶披针状卵形至宽卵形。花单生叶腋或在茎、枝顶端集成较密的总状花序;花冠紫红色或蓝紫色。蒴果卵形;种子矩圆形。花果期 7~10 月。

**产地:** 广东各地。野外常见。

**分布:** 福建、广西、海南、江西、云南等省区。南亚至东南亚;澳大利亚;大洋洲。

**生境:** 沟边、田边、荒地潮湿处。

## 330. 巴戈草 *Bacopa caroliniana* (Walter) B.L. Rob.

**形态特征:** 草本植物。茎柔弱,可直立,具短毛。单叶对生,无柄,卵形。花单生于叶腋,具短柄,花冠裂片 5 个,蓝紫色。蒴果卵形。花果期夏季。

**产地:** 广州常有栽培。

**分布:** 原产于南美洲,我国华南地区公园偶有栽培。

**生境:** 水池或塘中。

## 331. 田玄参 *Bacopa repens* (Sw.) Wettst.

**形态特征:** 一年生匍匐草本。茎肉质,节上生根。叶对生,无柄。倒卵形或倒卵状披针形。叶脉基出 9~11 条平行脉。花单生叶腋;花白色或淡紫色。蒴果球形;种子微小。花期 8~9 月。

**产地:** 潮安、广州、英德等地。野外偶见。

**分布:** 海南、福建等地。

**生境:** 田埂旁或沼泽地中。

## 332. 水马齿 *Callitriche palustris* L.

**形态特征:** 沉水或浮叶植物。茎纤细,多分枝。叶对生,在茎顶常密集呈莲座状浮于水面。花细小,单性,单生叶腋。果倒卵状椭圆形,仅上部边缘具翅,基部具短柄,成熟时黑色。花果期全年。

**产地:** 广州、龙门、英德(苏凡、梁丹和郭亚男 AP0022, IBSC)、肇庆等地。野外常见。

**分布:** 安徽、福建、贵州、黑龙江等地。北半球以及澳大利亚。

**生境:** 池塘、溪水、河沟、稻田中。

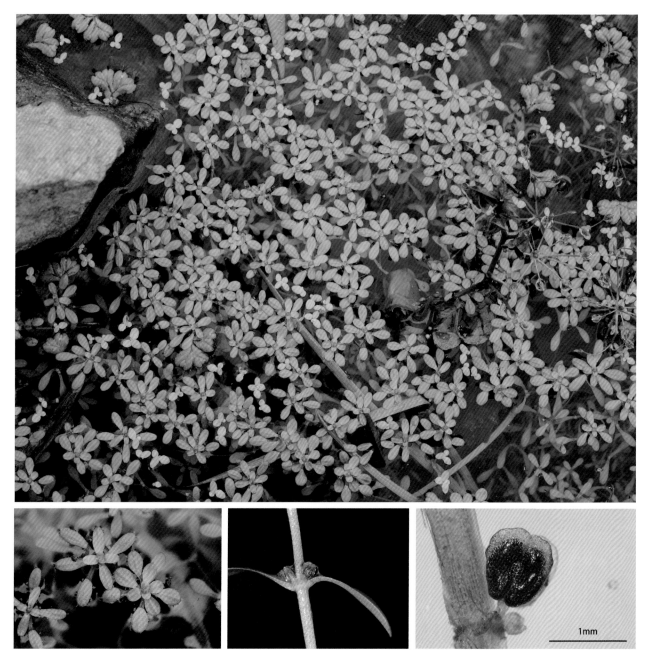

## 343. 直立婆婆纳 *Veronica arvensis* L.

**形态特征:** 草本。茎直立或上升,有白色长柔毛。叶常 3~5 对,卵形至卵圆形。总状花序长而多花,各部分被多细胞白色腺毛;花冠蓝紫色或蓝色。蒴果倒心形,强烈侧扁;种子矩圆形。花期 4~5 月。

**产地:** 翁源(苏凡、梁丹和郭亚男 AP0005,IBSC)。野外偶见。

**分布:** 原产欧洲,在我国东部、中部和南部部分省区已经归化。

**生境:** 潮湿的路旁。

## 339. 抱茎石龙尾 *Limnophila connata* (Buch.-Ham. ex D. Don) Hand.-Mazz.

**形态特征**: 直立草本。茎直立或上升, 无毛。叶对生, 无柄, 卵状披针形或披针形, 基部半抱茎。花无梗或几无梗, 在茎或分枝的顶端排列成疏的穗状花序; 花冠蓝色至紫色。蒴果近于球形, 两侧扁。花果期9~11月。

**产地**: 仁化(苏凡和周欣欣 1649, IBSC)、梅州。野外偶见。

**分布**: 福建、广西、贵州、海南、湖南、江西、云南等地。印度, 老挝, 缅甸, 尼泊尔, 泰国, 越南。

**生境**: 溪水旁。

### 340. 大叶石龙尾 *Limnophila rugosa* (Roth) Merr.

**形态特征:** 多年直立草本。具横走根茎；茎略成四棱形，无毛。叶对生，叶卵形、菱状卵形或椭圆形。花无梗，通常聚集成头状，也可单生叶腋；花冠紫红色或蓝色。蒴果卵珠形，多少两侧扁。花果期 8~11 月。

**产地:** 广东各地（仁化，苏凡和袁明灯 1566，IBSC）。野外少见。

**分布:** 我国东南部至西南部各省。日本；南亚至东南亚。

**生境:** 河流或溪水旁边。

## 341. 石龙尾 *Limnophila sessiliflora* Blume

**形态特征:** 多年生两栖草本。沉水叶多裂,裂片细而扁平或毛发状,无毛;气生叶全部轮生,椭圆状披针形,具圆齿或开裂。花单生于气生茎和沉水茎的叶腋,花紫蓝色或粉红色。蒴果近于球形,两侧扁。花果期7月至次年1月。

**产地:** 佛山(高明)、南雄、仁化(苏凡和周欣欣 1648,IBSC)、新丰(苏凡和袁明灯 1563,IBSC)等地。野外常见。

**分布:** 安徽、福建、广西、贵州、河南、湖南、江苏、江西、辽宁、四川、台湾、云南、浙江等地。日本,朝鲜;南亚至东南亚。

**生境:** 水塘、水田或路旁沟边潮湿处。

## 342. 小果草 *Microcarpaea minima* (Retz.) Merr.

**形态特征:** 一年生纤细小草本。极多分枝而成垫状,全体无毛。叶无柄,半抱茎,宽条形至长矩圆形,稍厚,叶脉不显。花腋生,有时每节一朵而为互生,无梗;花冠粉红色,与萼近等长。蒴果卵球形,短于花萼;种子棕黄色。花期7~10月。

**产地:** 恩平(苏凡、郭亚男和周欣欣 1667,IBSC)、翁源、阳春、肇庆等地。野外偶见。

**分布:** 贵州、台湾、云南、浙江等地。印度,印度尼西亚,日本,朝鲜,马来西亚,泰国,越南;大洋洲。

**生境:** 稻田或河流浅水潮湿处。

### 333. 广东水马齿 *Callitriche palustris* var. *oryzetorum* (Petr.) Lansdown

**形态特征:** 匍匐草本。叶近匙形,沉水中的叶匙状椭圆形,浮在水面的叶呈莲座状,近无柄,倒卵形。花单朵腋生;苞片宿存,与果等长。蒴果长 0.7~1 mm,成熟果棕色。花果期 3~10 月。

**产地:** 恩平(大田镇大良坑村沼泽地,苏凡、周欣欣和郭亚男 1666,IBSC;苏凡和周欣欣 1694,IBSC)。野外罕见。

**分布:** 福建、江西、青海、四川、台湾、香港、浙江等地。

**生境:** 靠近河水的岸边或菜园地面上。

### 334. 泽番椒 *Deinostema violacea* (Maxim.) T. Yamaz.

**形态特征：**一年生草本。植株纤细，全体无毛。叶对生。花单朵腋生；花萼裂片线状披针形，深裂达近基部，花蕾中镊合状排列。蒴果卵状椭球形或长椭球形；种子长椭球形。花期 9~10 月，果期 11~12 月。

**产地：**恩平（大田镇大良坑村沼泽地，苏凡、周欣欣和郭亚男 1666，IBSC；苏凡和周欣欣 1694，IBSC）。野外罕见。

**分布：**福建、湖北、湖南、黑龙江、吉林、江苏、辽宁、台湾、浙江。俄罗斯，日本，朝鲜。

**生境：**靠近河水岸边的沼泽地中。

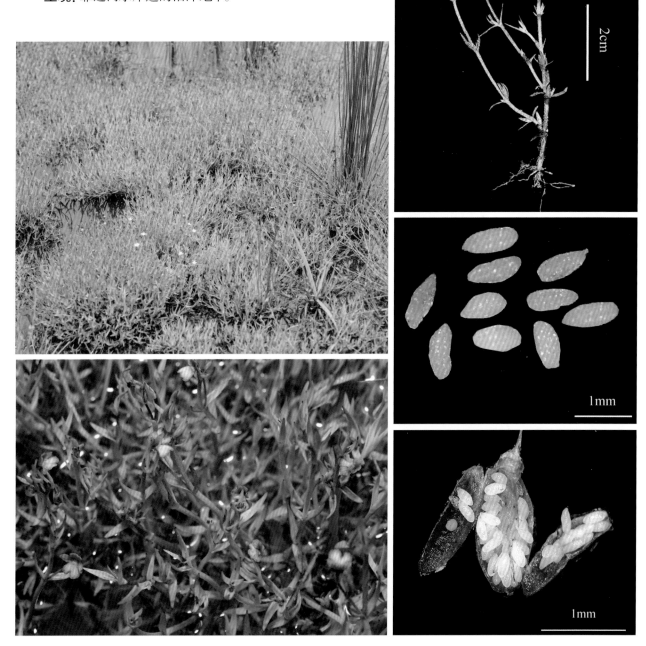

## 335. 黄花水八角 *Gratiola griffithii* Hook. f.

**形态特征:** 一年生直立草本。全株无毛。茎直立, 肉质, 基部多分枝。叶对生, 椭圆状长圆形, 抱茎, 顶钝圆。花单生于叶腋, 黄色或白色; 花梗长约1mm; 小苞片卵形。蒴果球形, 直径2.5~3mm; 种子细长, 具网纹。花果期1~3月。

**产地:** 恩平 (梁丹和周欣欣 WRJ5778, IBSC)、佛山 (顺德, 王瑞江 6487, IBSC)、肇庆等地。野外少见。

**分布:** 黑龙江、江苏、江西、吉林、辽宁、云南等地。日本, 朝鲜; 俄罗斯。

**生境:** 水沟、水田以及江边泥地上。

**注:** 本种在发表时被描述为直立草本和具黄花, 但我国主要的植物志将之描述为平卧草本, 具黄色或带白色的花。野外观察发现, 本种应为直立草本, 广东地区的植株多开白色花, 有时略带淡黄色。因野外采到的标本在叶长圆形、叶顶钝圆和果实较小等方面与黄花水八角更为相近, 故本书定为此名。

### 336. 大石龙尾 *Limnophila aquatica* (Willd.) **Santapau**

**形态特征:** 直立草本。多分枝。茎密被柔毛。气生叶 3 叶轮生，边缘具细锯齿；沉水叶轮生，羽状深裂，裂片丝状。花冠裂片 5 个，白色，具紫色圆斑。

**产地:** 广州有栽培。少见。

**分布:** 原产印度、斯里兰卡。我国华南地区公园有栽培。

**生境:** 池塘边或河岸浅水处。

## 337. 紫苏草 *Limnophila aromatica* (Lam.) Merr.

**形态特征:** 直立草本。茎无毛。叶无柄，对生或 3 枚轮生，卵状披针形至披针状椭圆形，基部多少抱茎。花具梗，排列成顶生或腋生的总状花序，或单生叶腋；花冠白色、蓝紫色或粉红色。蒴果卵形。花果期 3~9 月。

**产地:** 广东各地。野外常见。

**分布:** 福建、广西、海南、江西、台湾等地。不丹，印度，印度尼西亚，日本，朝鲜，老挝，菲律宾，越南；澳大利亚。

**生境:** 水旁或者水田边、池塘中。

## 338. 中华石龙尾 *Limnophila chinensis* (Osbeck) Merr.

**形态特征**: 多年生草本。茎被长柔毛。叶对生或 3~4 枚轮生,无柄,卵状披针形至条状披针形,多少抱茎,边缘具锯齿。花单生叶腋或排列成顶生的圆锥花序;花冠紫红色、蓝色,稀为白色。蒴果宽椭圆形,两侧扁。花果期 10 月至次年 5 月。

**产地**: 恩平(苏凡和周欣欣 1665, IBSC)、阳春等地。野外少见。

**分布**: 广西、海南、云南等地。柬埔寨,印度,印度尼西亚,老挝,马来西亚,泰国,越南;澳大利亚。

**生境**: 河水的边缘或潮湿的田地中。

**识别要点**: 紫苏草和中华石龙尾的区别是,紫苏草茎无毛而中华石龙尾茎被长柔毛。

## 344. 水苦荬 *Veronica undulata* Jack ex Wall.

**形态特征:** 草本。茎直立,肉质,无毛。叶对生,无柄,长圆状线形或线状披针形。总状花序腋生,花序比叶长;花冠白色或浅紫色。蒴果近球形。

**产地:** 广东北部、中部和东部(英德,苏凡、梁丹和郭亚男 AP0021,IBSC;翁源,苏凡、梁丹和郭亚男 AP0004,IBSC)。野外常见。

**分布:** 全国各地。阿富汗,印度,日本,朝鲜,老挝,尼泊尔,巴基斯坦,泰国,越南。

**生境:** 河边、田边和路边湿地。

# （七十四）母草科 Linderniaceae

## 345. 长蒴母草 *Lindernia anagallis* (Burm. f.) Pennell

**形态特征:** 直立草本。茎有棱，基部匍匐。叶三角状卵形、卵形或矩圆形，边缘有不明显的浅圆齿。花单生于叶腋，花梗长；花冠白色或淡紫色；前面 2 朵的花丝在顶部有短棒状附属物；下唇中央裂瓣有一黄点。蒴果条状披针形，蒴果和果梗特别长；种子卵圆形。花期 4~9 月，果期 6~11 月。

**产地:** 广东各地。野外常见。

**分布:** 广西、贵州、湖南、江西、四川、台湾、云南等地。日本；南亚至东南亚；澳大利亚。

**生境:** 溪旁及水田湿润处。

## 346. 泥花草 *Lindernia antipoda* (L.) Alston

**形态特征**: 一年生草本。茎直立, 无毛, 基部匍匐。叶矩圆形、矩圆状披针形、矩圆状倒披针形或几为条状披针形, 边缘有明显锯齿。花 2~20 朵排成顶生总状花序; 花冠紫色、紫白色或白色。蒴果圆柱形, 长约为宿萼的 2 倍或较多; 种子为不规则三棱状卵形。花果期 4~10 月。

**产地**: 广东各地。野外常见。

**分布**: 安徽、福建、广西、湖北、湖南、江苏、江西、四川、台湾、云南、浙江等地。印度, 日本, 菲律宾, 越南; 澳大利亚; 太平洋岛屿。

**生境**: 田边和田中潮湿地。

## 347. 刺齿泥花草 *Lindernia ciliata* (Colsm.) Pennell

**形态特征**：一年生草本。全株无毛。叶矩圆形至披针状矩圆形，边缘有紧密而带芒刺的锯齿。花序总状，生于茎枝之顶；花浅紫色或白色。蒴果长荚状圆柱形，顶端有短尖头，长约为宿萼的3倍；种子多数，不整齐的三棱形。花果期夏季至冬季。

**产地**：广东各地。野外常见。

**分布**：福建、广西、海南、台湾、西藏、云南等地。柬埔寨，印度，日本，老挝，马来西亚，缅甸，菲律宾，越南；澳大利亚。

**生境**：田埂、菜地边。

### 348. 母草 *Lindernia crustacea* (L.) F. Muell.

**形态特征**：一年生草本。茎常匍匐生长，无毛，多分枝。叶三角状卵形或宽卵形，边缘有浅钝锯齿。花单生于叶腋或在茎枝之顶成极短的总状花序；花冠紫色，下唇中央裂瓣有一深紫色斑纹。蒴果椭圆形；种子近球形。花果期全年。

**产地**：广东各地。野外常见。

**分布**：我国东部、中部和南部。广泛分布于热带和亚热带。

**生境**：稻田和路旁潮湿地区。

### 349. 狭叶母草 *Lindernia micrantha* D. Don

**形态特征**：一年生草本。茎直立、无毛。叶条状披针形至披针形或条形，全缘或有少数不整齐的细圆齿。花单生于叶腋，有长梗；花冠紫色、蓝紫色或白色；前面2朵花的花丝具丝状附属物。蒴果条形，比宿萼长约2倍；种子矩圆形。花期5~10月，果期7~11月。

**产地**：广东各地。野外常见。

**分布**：安徽、福建、广西、贵州、江苏、江西、河南、湖北、湖南、云南、浙江等地。日本，朝鲜；南亚至东南亚。

**生境**：稻田或河流潮湿的地方。

## 350. 红骨母草 *Lindernia mollis* (Benth.) Wettst.

**形态特征:** 匍匐草本。全株除花冠外均被白色闪光的细刺毛。叶披针状矩圆形至卵形，边缘有不规则锯齿或浅圆齿。花成短总状花序或有时近伞形花序，顶生或腋生，有时亦单生，花冠紫色或黄白色。蒴果长卵圆形，比宿萼短。花果期 7~11 月。

**产地:** 恩平、广州、深圳、新丰等地。野外偶见。

**分布:** 福建、广西、江西、云南等地。东南亚。

**生境:** 水沟边沙地上。

## 351. 陌上菜 *Lindernia procumbens* (Krock.) Philcox

**形态特征:** 一年生直立草本。茎基部多分枝,无毛。叶椭圆形至矩圆形多少带菱形。花单生于叶腋;花冠粉红色或紫色。蒴果球形或卵球形,与萼近等长或略过之;种子多数,有格纹。花期 7~10 月,果期 9~11 月。

**产地:** 潮州、揭阳、广州、清远(清城区,苏凡、袁明灯和郭亚男 1599,IBSC)、深圳、始兴、肇庆等地。野外常见。

**分布:** 我国东部、中部和南部。日本;东南亚;欧洲。

**生境:** 田边、池塘边和河边等潮湿处。

## 352. 细茎母草 *Lindernia pusilla* (Willd.) Bold.

**形态特征**：一年生直立草本。茎明显被毛。叶卵形至心形，偶有圆形，边缘有细齿，上下两面有稀疏压平的粗毛。花单生于叶腋，在茎枝的顶端作近伞形的短缩总状花序；花冠白色或紫色；下唇 3 瓣裂大小相等。蒴果卵球形。花期 5~9 月，果期 9~11 月。

**产地**：广东各地。野外常见。

**分布**：广西、海南、台湾、云南等地。南亚至东南亚。

**生境**：水田、溪边、路旁潮湿处或者水中。

## 353. 圆叶母草 *Lindernia rotundifolia* (L.) Alston

**形态特征：**一年生直立草本。茎匍匐，多分枝，无毛。叶宽卵形或圆形。花单生于叶腋，花柄短于叶柄；花蓝白色，喉部及瓣裂有深紫色斑纹。蒴果卵球形；种子矩圆形。花果期 3~8 月。

**产地：**归化于广东中部和西部。野外常见。

**分布：**原产于热带美洲，现归化于我国华南地区。

**生境：**水稻田边、菜地及池塘和沟渠边。

# （七十五）爵床科 Acanthaceae

## 354. 狗肝菜 *Dicliptera chinensis* (L.) Juss.

**形态特征:** 直立草本。茎具 6 条钝棱和浅沟，节常膨大膝曲状，近无毛或节处被疏柔毛。叶对生，卵状椭圆形，两面近无毛或背面被疏毛。花序腋生或顶生，聚伞花序组成；总苞片倒卵形或近圆形，顶端有小凸尖；花冠淡紫红色，偶为白色。蒴果被柔毛。花果期春夏季。

**产地:** 广东各地。野外常见。

**分布:** 我国西南至东南地区。南亚至东南亚。

**生境:** 溪边或江边潮湿处、石缝中。

## 355. 异叶水蓑衣 *Hygrophila difformis* (L. f.) Blume

**形态特征:** 直立草本。茎高 5~30cm，被黏腺毛。叶对生；挺水叶椭圆形，边缘具粗锯齿；沉水叶呈羽状裂。花单生于叶腋；花冠淡蓝紫色。蒴果比宿存萼长 1/4~1/3，干时淡褐色；无毛。花期春秋季。

**产地:** 原产孟加拉国、不丹、印度、缅甸、尼泊尔、泰国、马来西亚等地，现广州偶有栽培。

**分布:** 在美洲和欧洲有栽培。

**生境:** 池塘边。

## 356. 水蓑衣 *Hygrophila ringens* (L.) R. Br. ex Spreng.

**形态特征**: 直立草本。全株光滑无毛, 茎四棱形。叶对生, 长椭圆形、披针形、线形。花簇生于叶腋; 花冠淡紫色或粉红色。蒴果比宿存萼长 1/4~1/3, 干时淡褐色, 无毛。花期秋季。

**产地**: 恩平、佛山、海丰、河源、仁化、乳源 (苏凡和袁明灯 1576, IBSC)、深圳、阳春、英德、紫金等地。野外常见。

**分布**: 我国东部、中部和南部。日本; 南亚至东南亚。

**生境**: 溪沟边或洼地等潮湿处。

## 357. 蓝花草 *Ruellia simplex* C. Wright

**形态特征**：直立草本。茎暗紫色，近四棱形，节处略膨大，易生根。叶对生，狭披针形。圆锥花序由数个总状花序组成，腋生，斜向上展；花冠漏斗状，5裂，淡紫色或紫色。菁葵果；种子倒卵球形。盛花期为夏秋季。

**产地**：原产热带美洲，广东大部分地区常见栽培。

**分布**：我国东部长江以南地区。东南亚。

**生境**：溪沟、江边或池塘边等潮湿处，逸生。

**注**：本种常逸生至路旁、沟边等潮湿或废弃场所。由于其具有较强的抗旱、抗贫瘠和抗盐碱土壤的性能，并且枝条节处很容易生出新根，因此很容易在野外归化并能迅速繁殖和扩散。

# （七十六）狸藻科 Lentibulariaceae

## 358. 黄花狸藻 *Utricularia aurea* Lour.

**形态特征:** 沉水生长的食虫草本。叶器互生，先羽状深裂，后一至四回二歧状深裂；捕虫囊侧生于裂片上，捕虫囊口上方的 2 条触毛不分枝，有时下方均有 1 根小毛。花序直立；花冠黄色，喉部有时具橙红色条纹；距短于下唇。蒴果球形，顶端具喙状宿存花柱；种子压扁，具 5~6 个角和细小的网状突起。花期 6~11 月，果期 7~12 月。

**产地:** 广东各地。野外常见。

**分布:** 我国东部、中部和南部省区。日本；南亚至东南亚；澳大利亚。

**生境:** 湖泊、池塘和水稻田。

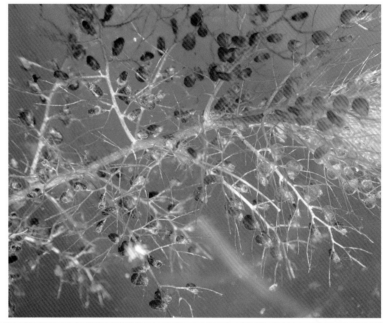

### 359. 南方狸藻 *Utricularia australis* R. Br.

**形态特征:** 沉水生长的多年生草本。常浮于近水面。叶器多数,互生,裂片先羽状深裂,后二至四回二歧状深裂,末羽片丝状;捕虫囊多数,侧生于叶器裂片上;捕虫囊口上方有 2 根粗大分枝的触毛,下方有 1~3 根小毛。花序直立;花冠黄色;距短于或稍长于下唇。蒴果球形,顶端有宿存花柱,周裂;种子扁压。花期 6~11 月,果期 7~12 月。

**产地:** 佛山、廉江等地。野外罕见。

**分布:** 我国中部至南部。日本;南亚至东南亚;非洲;澳大利亚;欧洲。

**生境:** 湖泊、池塘及稻田中。

## 360. 挖耳草 *Utricularia bifida* L.

**形态特征**: 直立草本。假根丝状，有分枝。匍匐枝少数，丝状，具分枝。叶器条状披针形，生于匍匐枝上；捕虫囊生于匍匐枝及叶器上，球形，侧扁。花序直立，有花 1~16 朵；苞片和小苞片基部着生；花冠黄色；距与下唇几乎等长。蒴果宽椭圆球形，背腹扁；种子卵球形或长球形。花期 6~12 月，果期 7 月到次年 1 月。

**产地**: 广东各地。野外常见。

**分布**: 我国南北均有。日本；南亚至东南亚；澳大利亚。

**生境**: 沼泽地、稻田或沟边湿地。

## 361. 短梗挖耳草 *Utricularia caerulea* L.

**形态特征**: 直立草本。假根及匍匐枝丝状，有分枝。叶器互生，线形至线状倒卵形，常于花期枯萎；捕虫囊生于匍匐枝及叶器上。花序直立，有花 1~15 朵；花冠紫色、蓝色、粉红色或白色，喉部常有黄斑；距长于下唇。蒴果球形或长球形；种子长球形或长圆状椭圆球形。花果期 6 月至次年春。

**产地**: 广东各地。野外常见。

**分布**: 福建、广西、贵州、海南、湖南、山东、台湾、云南等地。日本，朝鲜；南亚至东南亚；澳大利亚。

**生境**: 水边草地、溪边草丛和坑中石上。

## 362. 少花狸藻 *Utricularia gibba* L.

**形态特征**：直立草本。匍匐枝丝状，多分枝。叶器多数，互生于匍匐枝上，一至二回二歧状深裂，末回裂片毛发状；捕虫囊侧生于叶器裂片上；口侧生，边缘有时疏生小刚毛。花序直立，有花 1~3 朵；花冠黄色；距略长于下唇。蒴果球形；种子双凸镜状，环生宽翅。花期 6~11 月，果期 7~12 月。

**产地**：广东中部。野外常见。

**分布**：我国长江流域及其以南各地。日本；东南亚；非洲；大洋洲。

**生境**：池塘或浅水中。

### 363. 斜果挖耳草 *Utricularia minutissima* Vahl

**形态特征:** 直立草本。假根少数,丝状。匍匐枝丝状,分枝。叶器少数,基生呈莲座状及散生于匍匐枝上,线形或狭倒卵状匙形;捕虫囊多数,生于匍匐枝及叶器上,宽卵球形。花序直立,具 1~10 朵花;花冠淡紫色或白色;距明显长于下唇。蒴果斜长圆状卵球形;种子少数,近球形。花期 9~11 月,果期 11~12 月。

**产地:** 深圳、潮州(凤凰山)。

**分布:** 福建、广西、江苏、江西等地。日本;南亚至东南亚;澳大利亚。

**生境:** 潮湿石面或沼泽中。

### 364. 圆叶挖耳草 *Utricularia striatula* Sm.

**形态特征:** 直立草本。叶器簇生成莲座状和散生于匍匐枝上。捕虫囊具柄,散生于匍匐枝上,斜卵球形,侧扁;上唇具二叉分支并疏生腺毛的附属物,下唇无附属物,上部具 1~10 朵疏离的花,无毛,花冠白色、粉红色或淡紫色,喉部具黄斑,喉凸稍隆起。蒴果背腹扁,果皮膜质,室背开裂;种子梨形,基部以上散生倒钩毛。花期 6~10 月,果期 7~11 月。

**产地:** 广东各地。野外常见。

**分布:** 我国东部、中部和南部。南亚至东南亚;非洲。

**生境:** 沼泽地或潮湿的岩石上。

## 365. 齿萼挖耳草 *Utricularia uliginosa* Vahl

**形态特征**: 直立草本。假根和匍匐枝丝状, 具分枝。叶器互生, 生于匍匐枝上, 倒卵形至狭线形, 具网状脉; 捕虫囊生于匍匐枝及叶器上, 球形, 侧扁。花序直立, 具 2~10 朵花; 花冠蓝色、淡紫色或白色; 距与下唇等长。蒴果宽椭圆球形, 背腹扁。花期 7~10 月, 果期 8~11 月。

**产地**: 广东各地。野外常见。

**分布**: 海南、台湾等地。日本, 朝鲜; 南亚至东南亚; 澳大利亚; 太平洋岛屿。

**生境**: 沼泽地、溪边及潮湿的沙地上。

2mm

# （七十七）唇形科 Lamiaceae

## 366. 齿叶水蜡烛 *Dysophylla sampsonii* Hance

**形态特征：** 直立草本。茎钝四棱形，无毛。叶无柄，3~4 枚轮生或有时对生，倒卵状长圆形至倒披针形；叶下面密被黑色小腺点。穗状花序；花冠紫红色。小坚果卵形。花期 9~10 月，果期 10~11 月。

**产地：** 广东中部和东部（恩平，苏凡、郭亚男和梁丹 1664，IBSC）。野外偶见。

**分布：** 广西、贵州、湖南、江西等地。

**生境：** 沼泽中或水边。

## 367. 水虎尾 *Dysophylla stellata* (Lour.) Benth.

**形态特征**：直立草本。茎中部以上具轮状分枝，无毛或在节上被灰色柔毛。叶4~8枚轮生，线形，边缘具疏齿或几无齿。穗状花序极密集，苞片披针形，明显超过花萼，花冠紫红色，裂片4个，近相等，雄蕊4枚，花丝被髯毛。

**产地**：广东各地。野外少见。

**分布**：安徽、福建、湖南、江西、云南、浙江等地。

**生境**：稻田中或溪流边。

## 368. 水香薷 *Elsholtzia kachinensis* Prain

**形态特征:** 直立草本植物。茎平卧被柔毛。叶卵形或卵状披针形，两面疏被柔毛。穗状花序；花萼管形，被柔毛及腺点；花冠白色或紫色，被柔毛。小坚果长圆形，被微柔毛，深褐色。花果期 10~12 月。

**产地:** 韶关（罗坑镇，苏凡和徐一大 AP0161，IBSC）。仅在野外发现一个分布点。

**分布:** 广西、贵州、湖北、湖南、江西、四川、云南等地。缅甸。

**生境:** 沼泽地。

## 369. 香茶菜 *Isodon amethystoides* (Benth.) H. Hara

**形态特征:** 直立草本或亚灌木状。茎多分枝,四棱形,具槽,被毛。叶形大小和形状变异较大,卵状圆形至披针形,上面被毛,下面被毛或无毛。聚伞花序顶生或腋生,组成疏散的圆锥花序,花冠白色、蓝白色或紫色。花果期6~11月。

**产地:** 广东东部地区。野外少见。

**分布:** 安徽、福建、广西、贵州、湖北、江西、台湾、浙江等地。

**生境:** 沼泽地上或林下潮湿处。

## 370. 溪黄草 *Isodon serra* (Maxim.) Kudô

**形态特征:** 直立草本。茎钝四棱形,具4个浅槽,基部近无毛,向上密被倒向微柔毛。茎上的叶对生,卵圆形或卵圆状披针形或披针形,边缘具粗大内弯的锯齿。圆锥花序生于茎及分枝顶上,花冠紫色。

**产地:** 广东东部与中部。野外少见。

**分布:** 我国西北、东部、中部和南部。朝鲜;俄罗斯。

**生境:** 田边、溪旁或河岸。

## 371. 薄荷 *Mentha canadensis* L.

**形态特征**: 多年生直立草本。茎被毛, 锐四棱形。叶长圆状披针形、披针形、椭圆形或卵状披针形, 边缘在基部以上疏生粗大的牙齿状锯齿, 被毛。轮伞花序腋生; 花冠淡紫色, 外面略被微柔毛, 内面在喉部以下被微柔毛。小坚果卵珠形, 黄褐色。花期 7~9 月, 果期 10 月。

**产地**: 广东各地。栽培与野生, 常见。

**分布**: 我国南北各省区。俄罗斯; 亚洲; 美洲。

**生境**: 多生于湿地。

## 372. 水珍珠菜 *Pogostemon auricularius* (L.) Hassk.

**形态特征:** 直立草本。茎基部平卧，上部上升，多分枝，密被黄色平展长硬毛。叶对生，长圆形或卵状长圆形，边缘具整齐的锯齿，两面被黄色糙硬毛。穗状花序顶生；花萼钟形；花冠淡紫色至白色，长约为花萼的 2.5 倍；雄蕊常伸出，伸出部分具髯毛。小坚果近球形。花果期 4~11 月。

**产地:** 广东各地。野外常见。

**分布:** 福建、广西、江西、台湾、云南等地。南亚至东南亚。

**生境:** 溪水边潮湿的地区。

## 373. 荔枝草 *Salvia plebeia* R. Br.

**形态特征：**直立草本，主根肥厚，须根多。茎略四棱形，多分枝，被灰白色疏柔毛。叶卵圆形或披针形，边缘具齿，两面被毛。轮伞花序，在茎、枝顶端密集组成总状花序或总状圆锥花序；花冠淡红色、淡紫色、紫色、蓝紫色至蓝色。小坚果倒卵球形。花果期 1~7 月。

**产地：**广东各地。野外常见。

**分布：**我国除西北外大部分地区。亚洲；澳大利亚。

**生境：**江边、溪旁或田野潮湿的土壤上。

## 374. 半枝莲 *Scutellaria barbata* D. Don

**形态特征**: 直立草本。茎四棱形。叶三角状卵圆形或卵圆状披针形，有时卵圆形。花单生于茎或分枝上部叶腋内；花冠紫蓝色。小坚果褐色，扁球形。花果期4~7月。

**产地**: 广东各地。野外常见。

**分布**: 我国中部、东部和南部。日本，朝鲜；南亚至东南亚。

**生境**: 溪边或潮湿的草地、山坡流水处。

# （七十八）通泉草科 Mazaceae

## 375. 通泉草 *Mazus pumilus* (Burm. f.) Steenis

**形态特征：**一年生草本。茎多分枝。基生叶成莲座状，倒卵状匙形至卵状倒披针形；茎生叶对生或互生。总状花序生于茎、枝顶端；花萼钟状；花冠白色、紫色或蓝色；下唇裂瓣有黄色斑点。蒴果球形；种子小而多数。花果期 4~10 月。

**产地：**广东各地。野外常见。

**分布：**全国各地。日本，朝鲜，菲律宾，越南；俄罗斯。

**生境：**水田中或湿润的草坡上。

# （七十九）桔梗科 Campanulaceae

## 376. 铜锤玉带草 *Lobelia nnummularia* Lam.

**形态特征：** 多年生草本。茎匍匐，通常被短柔毛。叶互生。花单生叶腋；花冠紫红色、淡紫色、绿色或黄白色。浆果紫红色，椭圆状球形。花果期全年。

**产地：** 广东各地。野外常见。

**分布：** 我国西南、华南至华东地区。

**生境：** 田边、草地、河岸或疏林下潮湿处。

## 377. 半边莲 *Lobelia chinensis* Lour.

**形态特征**：多年生草本。茎细弱，匍匐，无毛。叶互生，椭圆状披针形至条形。花通常1朵，生于分枝的上部叶腋；花冠喉部以下生白色柔毛，裂片全部平展于下方，粉红色或白色。蒴果倒锥状；种子椭圆状。花果期5~10月。

**产地**：广东各地。野外常见。

**分布**：我国东部、中部和南部地区。日本，朝鲜；南亚至东南亚。

**生境**：稻田边、河沟及潮湿草地上。

# （八十）花柱草科 Stylidiaceae

## 378. 花柱草 *Stylidium uliginosum* Sw.

**形态特征：**直立草本。叶基生，卵圆形至倒卵形，顶端圆，全缘。茎无叶，不分枝。穗状花序；花冠筒短，裂片白色，5个，前方1个小，反折成唇片，其余4个向后开展；子房2室。蒴果细柱状。花果期11月至次年3月。

**产地：**博罗、广州、化州、惠东、开平、清远、深圳、肇庆、珠海等地。野外少见。

**分布：**广西、海南等地。斯里兰卡；澳大利亚。

**生境：**林下山谷溪边。

# （八十一）睡菜科 Menyanthaceae

### 379. 小荇菜 *Nymphoides coreana* (H. Lév.) H. Hara

**形态特征**：浮叶植物。茎长，节上生根。叶卵状心形或圆心形，基部深心形。花在节上簇生；花冠白色，裂片边缘具睫毛。蒴果椭球形，略长于花萼，宿存花柱不到 1 mm；种子椭圆形。

**产地**：珠海（平洲岛）。在野外仅发现一个分布点。

**分布**：辽宁、台湾等地。日本，朝鲜；俄罗斯。

**生境**：静水的湖泊和池塘中。

**生境**：林下山谷溪边。

## 380. 水皮莲 *Nymphoides cristata* (Roxb.) Kuntze

**形态特征**: 浮叶植物。茎圆柱形。叶近圆形或宽卵形,下面密被腺体。花多数,簇生于节上;花冠白色,基部黄色,分裂近基部,冠筒短,喉部具5束长毛,裂片卵形,有一个隆起的纵褶达裂片两端。蒴果近球形。花果期9月。

**产地**: 恩平、高州(苏凡和郭亚男 1616,IBSC)、广州、阳春、英德、翁源等地。野外少见。

**分布**: 福建、湖北、湖南、江苏、四川、台湾等地。印度。

**生境**: 静水的湖泊和池塘中。

## 381. 金银莲花 *Nymphoides indica* (L.) Kuntze

**形态特征**: 浮叶植物。茎圆柱形，顶生单叶。叶宽卵圆形或近圆形，下面密生腺体。花多数，簇生节上；花冠白色，基部黄色，冠筒短，喉部具 5 束长柔毛，裂片卵状椭圆形，腹面密生流苏状长柔毛。蒴果椭圆形，不开裂；种子近球形，光滑，褐色。花果期 8~10 月。

**产地**: 东莞、佛山（高明，王瑞江、徐显异和梁丹 GM0006，IBSC）、阳春、英德、肇庆等地。野外少见，常见栽培。

**分布**: 我国中部、东部和南部地区。日本，朝鲜；南亚至东南亚；澳大利亚；太平洋岛屿。

**生境**: 静止或水流很缓慢的湖泊中。

2mm

# （八十二）菊科 Asteraceae

## 382. 熊耳草 *Ageratum houstonianum* Mill.

**形态特征:** 直立草本。茎枝淡红色、绿色或麦秆黄色，被绒毛。叶对生或近互生，卵形，边缘有规则的圆锯齿，顶端圆形或急尖，基部心形或平截，三出或五出基脉，两面被毛。头状花序；总苞片钟状；花冠淡紫色。瘦果黑色。花果期近全年。

**产地:** 广东各地。野外常见。

**分布:** 原产热带美洲，现亚洲、非洲、欧洲广布。

**生境:** 池塘或江河边草丛中。

## 383. 石胡荽 *Centipeda minima* (L.) A. Braun & Asch.

**形态特征**: 匍匐草本。叶互生，楔状倒披针形。头状花序小，扁球形，单生于叶腋，无花序梗或极短；总苞片绿色；花冠细管状，淡绿黄色；盘花两性，花冠管状，淡紫红色，下部有明显的狭管。瘦果椭圆形，棱上有长毛，无冠状冠毛。花果期 6~10 月。

**产地**: 广东各地。野外少见。

**分布**: 我国东部、中部和南部。印度，印度尼西亚，日本，巴布亚新几内亚，菲律宾，泰国；俄罗斯；澳大利亚；太平洋岛屿。

**生境**: 田地或荒野潮湿处。

## 384. 芫荽菊 *Cotula anthemoides* L.

**形态特征**：匍匐小草本。茎具分枝，多少被淡褐色长柔毛。叶互生，二回羽状分裂，两面疏生长柔毛或几无毛；基生叶倒披针状长圆形；中部茎生叶长圆形或椭圆形，基部半抱茎；叶末次裂片为浅裂的三角状短尖齿，或为半裂的披针形。头状花序单生枝端。雌花瘦果倒卵形，边缘有宽厚的翅。花果期9月至次年3月。

**产地**：广东中部、西部。野外偶见。

**分布**：福建、湖北、四川、台湾、云南等地。南亚至东南亚；非洲。

**生境**：河边潮湿的地方或稻田中。

## 385. 鱼眼菊 *Dichrocephala integrifolia* (L. f.) Kuntze

**形态特征:** 直立草本。茎常粗壮，有分枝，被白色绒毛。叶卵形至披针形，羽裂。头状花序，小，球形，排成伞房状花序或伞房状圆锥花序；外围雌花多层，紫色，花冠极细，线形；中央两性花黄绿色，管部短。瘦果压扁，倒披针形，无冠毛或两性花，瘦果顶端具 1~2 个冠毛。花果期近全年。

**产地:** 广东各地。野外常见。

**分布:** 主要分布在长江流域及长江以南地区。南亚至东南亚；澳大利亚；太平洋群岛。

**生境:** 水沟边、菜地旁或山谷阴处。

## 386. 沼菊 *Enydra fluctuans* Lour.

**形态特征**: 直立草本。茎粗壮, 圆柱形, 稍带肉质。叶抱茎, 长椭圆形至线状长圆形。头状花序少数, 单生, 腋生或顶生; 总苞片 4 枚, 交互对生, 绿色, 阔卵形; 管状花与舌状花等长。瘦果倒卵状圆柱形, 具明显的纵棱; 无冠毛。花期 11 月至次年 4 月。

    **产地**: 潮州、恩平 ( 苏凡和周欣欣 1693, IBSC )、和平、台山、阳春等地。野外少见。

    **分布**: 海南, 云南等地。南亚至东南亚; 澳大利亚。

    **生境**: 湿地或溪流边。

## 387. 田基黄 *Grangea maderaspatana* (L.) Poir.

**形态特征**: 直立草本。茎通常具铺展的分枝, 被白色柔毛。叶两面被柔毛。叶无柄, 有裂片, 边缘有锯齿。头状花序, 球形, 单生于茎顶或枝端; 雌花黄色, 顶端有短齿; 两性花钟状, 顶端有裂片。瘦果扁, 顶端截形, 环缘有冠毛。花果期 3~8 月。

    **产地**: 广东中南部。野外少见。

    **分布**: 广西、海南、台湾、云南等地。南亚至东南亚; 非洲。

    **生境**: 河边沙滩、水旁以及水库边上。

## 388. 稻槎菜 *Lapsanastrum apogonoides* (Maxim.) Pak & K. Bremer

**形态特征**：一年生小草本。基生叶椭圆形、长椭圆状匙形或长匙形，羽状全裂或几全裂；茎生叶与基生叶同形。头状花序小，少数（6~8个）在茎枝顶端排列成疏松的伞房状圆锥花序；舌状小花黄色，两性。瘦果淡黄色，稍压扁，顶端两侧各有1枚下垂的长钩刺，无冠毛。花果期1~6月。

**产地**：广宁、广州、翁源、阳春、英德等地。野外常见。

**分布**：安徽、福建、广西、河南、湖南、江苏、江西、陕西、台湾、云南、浙江等地。日本，朝鲜；北美洲。

**生境**：稻田或荒地中。

### 389. 虾须草 *Sheareria nana* S. Moore

**形态特征：**直立草本。茎分枝，绿色或有时稍紫色。叶稀疏，线形或倒披针形、无柄，全缘；上部叶为鳞片状。头状花序顶生或腋生；雌花舌状，白色或有时淡红色，舌片卵状长圆形；两性花管状，上部有 5 枚齿。瘦果长椭圆形，无冠毛。花果期 4~11 月。

**产地：**广宁、佛山（顺德）、肇庆等地。野外少见。

**分布：**安徽、广西、贵州、湖北、湖南、江苏、江西、陕西、四川、云南、浙江等地。

**生境：**江边泥地上或沙质溪流旁。

# （八十三）五加科　Araliaceae

## 390. 红马蹄草 *Hydrocotyle nepalensis* Hook.

**形态特征**：多年生草本。茎匍匐。叶圆形或肾形，裂片有钝锯齿。伞形花序数个簇生于茎端叶腋；花序梗短于叶柄，密被柔毛；小伞形花序有花 20~60 朵，常密集成球形的头状花序；花瓣卵形，白色或乳白色，有时有紫红色斑点；花柱幼时内卷，花后向外反曲，基部隆起。果近圆形。花果期 5~11 月。

**产地**：广东各地（新丰，苏凡和袁明灯 1557，IBSC）。野外常见。

**分布**：我国东部、中部和南部。不丹，印度，缅甸，尼泊尔，越南。

**生境**：路边或林下阴湿地、水沟和溪边草丛。

## 391. 天胡荽 *Hydrocotyle sibthorpioides* Lam.

**形态特征**：多年生草本。茎细长而匍匐。叶圆形或肾圆形，裂片阔倒卵形，边缘有钝齿。伞形花序与叶对生，单生于节上，花序梗短于叶柄；小伞形花序有花5~18朵；花瓣卵形，绿白色。果实略呈心形，两侧压扁。花果期4~9月。

**产地**：广东各地。野外常见。

**分布**：我国东部、中部和南部。不丹，印度，印度尼西亚，日本，朝鲜，尼泊尔，菲律宾，泰国，越南；非洲。

**生境**：溪边潮湿处。

## 392. 破铜钱 *Hydrocotyle sibthorpioides* var. *batrachium* (Hance) Hand.-Mazz. ex R.H. Shan

**形态特征**: 匍匐植物。单叶互生，圆形或近肾形，有 2~3 枚钝齿，上面深绿色、绿色，或有柔毛，或两面均光滑以至微有柔毛。伞形花序与叶对生，单生于节上；花瓣卵形，呈镊合状排列，绿白色。双悬果略呈心脏形；分果侧面扁平，光滑或有斑点。花期 4~5 月。

**产地**: 广东北部地区。野外常见。

**分布**: 安徽、福建、广西、湖北、湖南、江西、四川、台湾等地。菲律宾，越南。

**生境**: 河边湿润的草地上。

## 393. 肾叶天胡荽 *Hydrocotyle wilfordii* Maxim.

**形态特征**：多年生草本，无毛或被稀毛。叶圆肾形；叶掌状 5~7 浅裂，边缘具波状钝齿。伞形花序单生于节上，与叶对生。果密集成头状，圆形，无毛，嫩时有红色斑点。花果期 5~9 月。

**产地**：广东各地。野外少见。

**分布**：我国东南和西南地区。日本，朝鲜，越南。

**生境**：溪边、岩石的湿润处、沼泽地或河边沙地中。

**识别要点**：本种与天胡荽形态较为相似，但本种的叶柄常被长柔毛，花序梗等长或长于叶柄；天胡荽的叶柄大多光滑，花序梗较叶柄短。

# （八十四）伞形科　Apiaceae

## 394. 积雪草 *Centella asiatica* (L.) Urb.

**形态特征**: 多年生草本。茎匍匐。叶圆形、肾形或马蹄形，两面无毛或在背面脉上疏生柔毛。伞形花序聚生于叶腋；每一伞形花序有花 3~4 朵，聚集呈头状；花瓣卵形，紫红色或乳白色。果实两侧压扁，圆球形。花果期 4~10 月。

**产地**: 广东各地。野外常见。

**分布**: 我国华东、中南及西南地区。印度，印度尼西亚，日本，马来西亚，斯里兰卡；大洋洲岛屿；澳大利亚；非洲。

**生境**: 阴湿的草地或水沟边。

## 395. 蛇床 *Cnidium monnieri* (L.) Cusson

**形态特征**：一年生草本。茎单生，多分枝。上部叶柄鞘状；下部叶具短柄，叶鞘宽短，边缘膜质，叶卵形或三角状卵形，二至三回羽状分裂，裂片线形或线状披针形。复伞形花序，线形；花瓣白色。果长圆形。

**产地**：广州、廉江、阳江、肇庆等地。野外常见。

**分布**：全国各地。印度，朝鲜，老挝，蒙古，越南；俄罗斯；欧洲。

**生境**：岸边的草地，田野边缘。

## 396. 短辐水芹 *Oenanthe benghalensis* (Roxb.) Benth. & Hook. f.

**形态特征**：草本。植株较矮。茎直立或基部匍匐。叶轮廓三角形，一至二回羽状分裂，末回裂片卵形至菱状披针形。复伞形花序顶生和侧生，花序梗通常与叶对生；伞辐 4~10 个；小伞形花序有花 10 余朵；花瓣倒卵形，白色；花柱长 0.5mm。果实椭圆形或筒状长圆形。花果期 5~6 月。

**产地**：恩平、广州、徐闻、肇庆等地。野外偶见。

**分布**：四川、云南等地。印度。

**生境**：水沟、池塘边。

## 397. 水芹 *Oenanthe javanica* DC.

**形态特征:** 草本,植株较高。茎直立或基部匍匐。基生叶有柄;叶轮廓三角形,一至二回羽状分裂,末回裂片卵形至菱状披针形;茎上部叶无柄,裂片和基生叶的裂片相似,较小。复伞形花序顶生;伞辐6~16个,不等长;小伞形花序有花20余朵;花瓣倒卵形,白色;花柱长1.5~2 mm。果实近于四角状椭圆形或筒状长圆形。花期6~7月,果期8~9月。

**产地:** 广东各地。野外常见。

**分布:** 全国各地。日本,朝鲜;俄罗斯;南亚至东南亚。

**生境:** 湿地及水沟旁。

# 参考文献

[1] 陈耀东，马欣堂，杜玉芬，等 . 2012. 中国水生植物 [M]. 郑州：河南科学技术出版社，472.

[2] 陈雨晴，王瑞江，朱双双，等 . 2016. 广州市珍稀濒危植物水松的种群现状与保护策略 [J]. 热带地理，36(6): 944–951.

[3] 陈雨晴，朱双双，王刚涛，等 . 2017. 极小种群植物水松群落系统发育多样性分析 [J]. 植物科学学报，35(5): 667–678.

[4] 崔心红，钱又宇 . 2003. 浅论湿地公园产生、特征及功能 [J]. 上海建设科技，2(3): 43–44, 50.

[5] 戴灵鹏，宋锡园，曹琦，等 . 2009. 紫萍干体对镉离子的生物吸附 [J]. 环境科学与技术，32(9): 9–12.

[6] 邓必玉，吴玲巧，秦旭东，等 . 2020. 广西红树林主要外来植物现状及防控对策研究 [J]. 林业调查规划，45(7): 54–60.

[7] 刁正俗 . 1990. 中国水生杂草 [M]. 重庆：重庆出版社，525.

[8] 凡强，廖文波，施苏华，等 . 2007. 华南玄参科两个新归化种及假马齿苋补注 [J]. 中山大学学报：自然科学版，46(6): 67–72.

[9] 范芝兰，潘大建，陈雨，等 . 2017. 广东普通野生稻调查、收集与保护建议 [J]. 植物遗传资源学报，18(2): 372–379.

[10] 顾晓涵 . 2014. 水生植物香蒲的种质资源与园林应用 [J]. 现代园艺，6(12): 121–122.

[11] 广东省统计局，国家统计局广东调查队 . 2010. 广东统计年鉴 [M]. 北京：中国统计出版社 .

[12] 郭盛才 . 2011. 广东湿地类型及其分布特征研究 [J]. 广东林业科技，27(1): 85–89.

[13] 郭亚男，苏凡，王瑞江 . 2020. 广州市湿地公园植物调查与分析 [J]. 热带亚热带植物学报，28(6):607–614.

[14] 何宗祥，刘璐，李诚，等 . 2014. 普生轮藻浸提液对两种淡水藻类的化感抑制作用及其数学模型 [J]. 生态学报，34(6): 1527–1534.

[15] 何仲坚，朱纯，冯毅敏 . 2006. 广东湿地植物资源概况 [J]. 广东园林，28 ( 增刊 ) : 20–23.

[16] 黄川腾，徐瑞晶，翟翠花，等 . 2016. 广东北江流域沉水植物群落物种多样性及生境特点研究 [J]. 华南农业大学学报，37(2): 89–95.

[17] 侯宽昭 . 1956. 广州植物志 [M]. 北京：科学出版社，953.

[18] 胡喻华 . 2018. 中国大陆水生植物新逸生种——红菊花草 [J]. 亚热带植物科学，47(3): 264–265.

[19] 胡喻华，张春霞，华国栋，等 . 2020. 广东省湿地的植物多样性研究 [J]. 林业与环境科学，36(5): 79–83.

[20] 李军，张玉龙，黄毅，等 . 2003. 凤眼莲净化北方屠宰废水的初步研究 [J]. 沈阳农业大学学报，34(2): 103–105.

[21] 李西贝阳，王永淇，李仕裕，等 . 2016. 广东菊科一新归化属与海南旋花科一新归化种 [J]. 热带作物学报，37(7): 1245–1248.

[22] 黎植权，林中大，薛春泉 . 2002. 广东省红树林植物群落分布与演替分析 [J]. 广东林业科技，18(2): 52–55.

[23] 梁士楚 . 2011. 广西湿地植物 [M]. 北京：科学出版社，267.

[24] 娄敏，廖寒柏，刘红玉 . 1999. 3 种水生漂浮植物处理富营养化水体的研究 [J]. 植物生态学报，23(4): 289–302.

[25] 马海虎，戴灵鹏，冯燕宁，等 . 2009. 满江红干体对锌离子的生物吸附 [J]. 环境工程学报，3(7): 1175–1179.

[26] 马金双，李惠茹 . 2018. 中国外来入侵植物名录 [M]. 北京：高等教育出版社，299.

[27] 马玉，李团结，王迪，等 . 2011. 珠江口滨海湿地沉积物重金属污染现状及潜在生态危害 [J]. 热带地理，31(4): 353–356.

[28] 钱永秋，杨冬辉，徐俊校 . 2009. 水生植物在园林景观中的配置应用 [J]. 现代农业科技，(2): 75–76.

[29] 邱丽氚，凌元洁 . 2007. 中国轮藻植物分布研究 [J]. 水生生物学报，31(5): 756–759.

[30] 覃海宁，杨永，董仕勇，等 . 2017. 中国高等植物受威胁物种名录 [J]. 生物多样性，25(7): 696–744.

[31] 屈明，胡喻华 . 2015. 广东省湿地资源利用现状与可持续发展对策探讨 [J]. 中南林业调查规划，34(4): 18–21.

[32] 苏凡，周欣欣，郭亚男，等 . 2020. 广东 3 种湿地植物新记录 [J]. 广东农业科学，47(1): 48–52.

[33] 王辰，王英伟 . 2011. 中国湿地植物图鉴 [M]. 重庆：重庆大学出版社，365.

[34] 王刚涛 . 2019. 水松的保护策略：基于遗传性分析和形态学研究 [D]. 北京：中国科学院大学 .

[35] 王瑞江 . 2017. 广东维管植物多样性编目 [M]. 广州：广东科技出版社，372.

[36] 王瑞江 . 2019. 广州入侵植物 [M]. 广州：广东科技出版社，185.

[37] 王瑞江 . 2020. 中国热带海岸带耐盐植物 [M]. 广州：广东科技出版社 .

[38] 王瑞江，任海 . 2017. 华南海岸带乡土植物及其生态恢复利用 [M]. 广州：广东科技出版社，296.

[39] 韦春强，赵志国，丁莉，等 . 2013. 广西新记录入侵植物 [J]. 广西植物，33(2): 275–278.

[40] 吴江 . 2005. 上海崇明东滩湿地公园生态规划研究 [D]. 上海：华东师范大学 .

[41] 吴志峰，曹峥，宋松，等 . 2020. 粤港澳大湾区湿地遥感监测与评估：现状、挑战及展望 [J]. 生态学报，40(23): 8440–8450.

[42] 夏汉平，敖惠修 . 1998. 中国野生的香根草种及其保护与分类问题 [J]. 生物多样性，6(4): 292–297.

[43] 许文安，叶冠锋 . 2015. 中国湿地资源 · 广东卷 [M]. 北京：中国林业出版社，146.

[44] 颜素珠 . 1983. 中国水生高等植物图说 [M]. 北京：科学出版社，335.

[45] 颜素珠 . 1989. 广东境内珠江流域水生维管束植物区系的探讨 [J]. 水生生物学报，13(4): 305–311.

[46] 颜素珠，陈秀夫，范允平，等 . 1988. 广东河网地带的水生植被 [J]. 暨南理医学报，(3): 73–79.

[47] 杨珊，刘强，王炳宇，等 . 2020. 外来红树植物拉关木对乡土种桐花树和正红树的化感作用研究 [J]. 广西植物，40(3): 356–366.

[48] 叶彦，叶国樑，陈栢健，等 . 2015. 香港水生植物图鉴 [M]. 香港：渔农自然护理署，442.

[49] 袁晓初，张弯弯，王发国，等 . 2018. 广东省湿地维管植物资源现状及保护利用 [J]. 植物科学学报，36(2): 211–220.

[50] 曾宪锋 . 2012. 莎草科 1 种海南省新记录归化植物——断节莎 [J]. 广东农业科学，17: 54–55.

[51] 曾昭璇，黄伟峰 . 2001. 广东自然地理 [M]. 广州：广东人民出版社，385.

[52] 张琰 . 2014. 浅谈水生生物对水质的改善作用 [J]. 绿色科技，3(3): 59–61.

[53] 王宁珠，张树藩，黄仁煌，等 . 1983. 中国水生维管束植物图谱 [M]. 武汉：湖北人民出版社，683.

[54] 赵魁义，姜明，田昆 . 2020. 中国湿地植被与植物图鉴 [M]. 北京：科学出版社，466.

[55] Caspary R. 1858. Die Hydrillen (Anacharideen Endl.)[J]. Jahrbücher für Wissenschaftliche Botanik (Pringsheim), 1: 377–513.

[56] Caudales R, Hernández EV, Sánchez-Pérez A, et al. 1999. Aquatic and wetland plants of Puerto Rico. I. Pteridophyta[J]. Anales del Jardín Botánico de Madrid, 57(2): 333–339.

[57] Cook, CDK. 1996. Aquatic and wetland plants of India[M]. New York: Oxford University Press, 385.

[58] Cook CDK. 2004. Aquatic and Wetland Plants of Southern Africa[M]. The Netherlands, Leiden: Backhuys Publisher, 282.

[59] Cook CDK, Lüönd R. 1982. A revision of the genus *Hydrilla* (Hydrocharitaceae)[J]. Aquatic Botany, 13: 485–504.

[60] Crow GE, Hellquist CB. 2000. Aquatic and wetland plants of northeastern North America: Volume1: Pteridophytes, Gymnosperms and Angiosperms: Dicotyledons a revised and enlarged edition of Norman C. Fassett's A manual of aquatic plants[M]. Madison: Wisconsin: University of Wisconsin Press, 480.

[61] Dalton PA, Novelo RA, Storey A. 1983. Aquatic and wetland plants of the Arnold Arboretum[J]. Arnoldia, 43(2): 7–44.

[62] Daniel L, Combs RDD. 1991. Aquatic and Wetland Plants of Missouri[M]. Columbia, MO: U.S. Fish and Wildlife Service, Missouri Cooperative Fish and Wildlife Research Unit, 352.

[63] Ghosh S K. 2010. Aquatic and wetland plants of West Bengal[J]. Journal of Environment and Sociobiology, 7(2): 121–126.

[64] IUCN. 2012a. IUCN Red List Categories and Criteria: Version 3.1. Second edition[EB/OL]. Gland: Switzerland and Cambridge, UK, 32.

[65] IUCN. 2012b. Guidelines for application of IUCN Red List Criteria at Regional and National Levels: Version 4.0. [EB/OL]. Gland: Switzerland and Cambridge, UK, 41.

[66] Padgett DJ. 2007. A Monograph of Nuphar (Nymphaeaceae)[J]. Rhodora, 109(937): 1–95.

[67] Stutzenbaker CD. 1999. Aquatic and Wetland Plants of the Western Gulf Coast[M]. Austin: University of Texas Press, Texas, 465.

[68] Su F, Guo YN, Zhou XX, et al. 2020. Mayacaceae, a newly naturalized family for the Flora of China[J]. Phytotaxa, 447(1): 77–80.

[69] Tarver DP, Rodgers JA, Mahler MJ, et al. 1986. Aquatic and wetland plants of Florida (Third Edition)[M]. Tallahassee, Florida: Bureau of Aquatic Plant Research and Control Florida Department of Resources, 127.

[70] Wu XX, Zhang ZY, Chen DL, et al. 2012. Allelopathic effects of *Eichhornia crassipes* on the growth of Microcystis aeruginosa[J]. Journal of Agricultural Science and Technology A, 2(12): 1400–1406.

[71] Zhou YD, Xiao KY, Hu GW, et al. 2014. Reappraisal of *Nymphoides coronata* (Menyanthaceae), A 100-year-lost Species Endemic to South China[J]. Phytotaxa, 184(3): 170–173.

[72] Zhu JY, Liu BY, Wang J, et al. 2010. Study of the mechanism of allelopathic influence on cyanobacteria and chlorophytes by submerged macrophyte (*Myriophyllum spicatum*) and its secretion[J]. Aquatic Toxicology, 98(2): 196–203.

# 中文名索引

**A**

埃及莎草　187
矮慈姑　109
矮狐尾藻　273
矮莎草　188
矮水竹叶　146

**B**

巴戈草　381
芭蕉科　154
白背黄花稔　322
白饭树　303
白花蛇舌草　373
白睡莲　78
柏科　67
稗　231
稗荩　264
半边莲　423
半枝莲　420
薄荷　417
报春花科　363
抱茎石龙尾　389
北越隐棒花　93
荸荠　190
笔管草　53
弊草　240
篦齿眼子菜　130
鞭檐犁头尖　98
扁穗牛鞭草　238
波缘冷水花　286

**C**

蚕茧草　337
糙毛蓼　347
叉钱苔　50

潺槁木姜子　86
菖蒲科　87
车前科　380
车筒竹　218
扯根菜　271
扯根菜科　271
撑篙竹　217
池杉　72
齿萼挖耳草　412
齿叶水蜡烛　413
臭根子草　220
川苔草科　296
穿鞘花　137
垂花再力花　160
垂柳　298
莼菜　73
莼菜科　73
唇形科　413
茨藻叶水蕴草　115
刺齿泥花草　397
刺蓼　346
刺芋　94
刺子莞　207
粗喙秋海棠　291
粗毛鸭嘴草　243

**D**

大苞水竹叶　143
大苞鸭跖草　141
大藨草　175
大果榕　281
大花美人蕉　157
大戟科　302
大麻科　279
大藻　96
大石龙尾　386
大尾摇　377

大叶石龙尾　390
倒地铃　319
稻　250
稻槎菜　433
灯心草　172
灯心草科　172
地耳草　294
地桃花　323
叠穗莎草　180
东方茨藻　117
豆瓣菜　326
豆科　276
杜若　148
杜英科　293
短辐水芹　441
短梗挖耳草　409
短芒稗　232
断节莎　184
对叶榕　283
多花水苋　308
多枝扁莎　203

**E**

耳基水苋　306
二歧蓼　333

**F**

饭包草　138
飞瀑草　296
菲律宾谷精草　169
风车草　181
风花菜　328
风箱树　369
枫杨　289
凤尾蕨科　64
凤仙花科　360

伏毛蓼　345
芙兰草　199
拂子茅　221
浮萍　95
浮水叶下珠　304
浮苔　51
浮叶眼子菜　127

**G**

高秆莎草　179
高野黍　237
沟繁缕科　297
狗肝菜　403
狗尾草　262
狗牙根　226
菰　265
谷精草　167
谷精草科　166
管茎凤仙花　362
光蓼　334
光头稗　230
光叶眼子菜　126
广东水马齿　383
广西隐棒花　92
广州薄菜　326
广州蛇根草　371

**H**

海芋　89
薄菜　329
禾本科　213
荷莲豆草　356
盒子草　290
黑腺珍珠菜　365
黑藻　116
红骨母草　399

红菊花草　74
红蓼　342
红鳞扁莎　204
红马蹄草　435
红睡莲　78
红尾翎　229
厚叶算盘子　302
狐尾藻　275
胡桃科　289
葫芦科　290
虎杖　349
花水藓　170
花水藓科　170
花柱草　424
花柱草科　424
华凤仙　360
华湖瓜草　202
华南谷精草　168
华南紫萁　56
华夏慈姑　111
槐叶蘋　61
槐叶蘋科　57
皇冠草　103
黄菖蒲　134
黄花狸藻　407
黄花蔺　105
黄花水八角　385
黄花小二仙草　272
黄眼草　165
黄眼草科　165
火炭母　331

**J**

鸡冠眼子菜　125
鸡肶梅花草　292
积雪草　439
笄石菖　173
蕺菜　84
夹竹桃科　375
假含羞草　276
尖瓣花　379
尖尾芋　88
箭叶雨久花　150

姜花　161
姜科　161
节节菜　309
节节草　52
桔梗科　422
金脉美人蕉　158
金钱蒲　87
金星蕨科　66
金银莲花　427
金鱼藻　266
金鱼藻科　266
紧序黍　251
锦地罗　352
锦葵科　321
荩草　214
菊科　428
聚花草　142
爵床科　403

**K**

卡开芦　260
看麦娘　213
糠稷　252
克鲁兹王莲　83
苦草　122
宽叶泽苔草　102

**L**

兰科　132
蓝果树科　351
蓝花草　406
狼尾草　259
冷水花　287
狸藻科　407
李氏禾　246
利川慈姑　107
荔枝草　419
莲　270
莲科　270
莲子草　358
楝　320
楝科　320

两歧飘拂草　194
蓼科　330
蓼子草　332
裂果薯　131
裂颖茅　189
鳞片水麻　285
鳞籽莎　200
柳叶菜　312
柳叶菜科　312
柳叶箬　241
龙舌草　120
龙师草　191
龙芽草　278
芦竹　215
乱草　236
轮藻科　49
裸花水竹叶　145
落葵　359
落葵科　359
落羽杉　70
绿萼凤仙花　361

**M**

马松子　321
马蹄金　378
满江红　58
毛芙兰草　198
毛茛　268
毛茛科　267
毛蕨　66
毛蓼　330
毛麝香　380
毛轴莎草　186
茅膏菜科　352
美人蕉　158
美人蕉科　156
蒙特登慈姑　108
猕猴桃科　366
密刺苦草　121
密穗砖子苗　177
膜稃草　239
陌上菜　400
墨西哥睡莲　80

母草　398
母草科　395
木贼科　52

**N**

南方狸藻　408
南方眼子菜　128
南国田字草　62
南投谷精草　168
囊颖草　261
泥花草　396
拟高粱　263
牛鞭草　238
牛轭草　144

**O**

欧菱　311

**P**

披针穗飘拂草　192
蘋　63
蘋科　62
瓶尔小草　54
瓶尔小草科　54
破铜钱　437
蒲桃　316
普生轮藻　49
普通野生稻　249

**Q**

畦畔莎草　179
起绒飘拂草　195
千金子　247
千屈菜　308
千屈菜科　306
荨麻科　285
钱苔科　50
芡实　75
茜草科　367
蔷薇科　278

琴叶榕　284
秋海棠科　291
球穗扁莎　202
曲轴黑三棱　162
雀稗　258
雀舌草　357

**R**

日本刺子莞　206
日本萍蓬草　77
日本蛇根草　372
柔瓣美人蕉　156
柔茎蓼　338
柔毛齿叶睡莲　79
柔弱斑种草　376

**S**

三白草　85
三白草科　84
三点金　277
三俭草　205
三棱水葱　211
三蕊沟繁缕　297
三腺金丝桃　295
伞房花耳草　370
伞形科　439
桑科　280
山黄麻　279
山冷水花　286
勺叶槐叶蘋　59
少花狸藻　410
少穗飘拂草　197
蛇床　440
肾叶天胡荽　438
升马唐　227
十字花科　324
石胡荽　429
石龙刍　201
石龙芮　269
石龙尾　391
石萝藦　375
石茅　262

石榕树　280
石蒜　136
石蒜科　136
石竹科　356
食用双盖蕨　65
匙叶茅膏菜　354
疏蓼　344
鼠妇草　235
鼠尾粟　265
薯蓣科　131
双穗雀稗　255
水鳖　117
水鳖科　112
水葱　210
水东哥　366
水虎尾　414
水金英　104
水锦树　374
水蕨　64
水苦荬　394
水蓼　336
水龙　313
水马齿　382
水毛花　209
水皮莲　426
水芹　442
水筛　114
水杉　69
水虱草　196
水石榕　293
水松　67
水蕹衣　405
水田稗　234
水同木　282
水团花　367
水翁　317
水蕹　123
水蕹科　123
水苋菜　307
水香薷　415
水珍珠菜　418
水竹叶　147
水烛　163
睡菜科　425

睡莲　81
睡莲科　75
四子柳　301
速生槐叶蘋　60
酸模叶蓼　339
碎米荠　325
碎米莎草　182
穗状狐尾藻　274
莎草科　175
梭鱼草　153

**T**

台湾水龙　315
桃金娘科　316
藤黄科　294
蹄盖蕨科　65
天胡荽　436
天南星科　88
田葱　149
田葱科　149
田基黄　432
田间鸭嘴草　245
田玄参　381
条穗薹草　176
通泉草　421
通泉草科　421
铜锤玉带草　422

**W**

挖耳草　409
弯曲碎米荠　324
菵草　219
卫矛科　292
无瓣海菜　327
无患子科　319
无芒稗　233
无尾水筛　112
芜萍　99
五加科　435
雾水葛　288

**X**

稀脉浮萍　95
溪边野古草　216
溪黄草　416
习见蓼　343
喜树　351
细柄草　222
细柄黍　254
细茎母草　401
细毛鸭嘴草　244
细叶满江红　57
细叶水团花　368
虾须草　434
虾子草　119
狭叶母草　398
夏飘拂草　193
苋科　358
线柱兰　133
香茶菜　416
香根草　224
香蕉　154
香蓼　348
香蒲　164
香蒲科　162
小茨藻　118
小二仙草科　272
小果草　392
小丽草　225
小蓼花　341
小荇菜　425
小眼子菜　129
楔瓣花科　379
斜果挖耳草　411
星宿菜　364
熊耳草　428
旋花科　378
旋鳞莎草　183

**Y**

鸭嘴草　256
鸭舌草　152
鸭跖草　139

鸭跖草科　137
鸭跖草状凤仙花　361
亚马逊王莲　82
延药睡莲　81
眼子菜　125
眼子菜科　124
杨柳科　298
洋野黍　253
药用野生稻　248
野慈姑　110
野蕉　155
野牡丹　318
野牡丹科　318
野芋　91
叶下珠　305
叶下珠科　303
异马唐　228
异型莎草　178
异叶水蓑衣　404
翼茎丁香蓼　314

萤蔺　208
硬头黄竹　217
有芒鸭嘴草　242
有尾水筛　113
鱼眼菊　431
禺毛茛　267
愉悦蓼　338
雨久花　151
雨久花科　150
芋　90
鸢尾　135
鸢尾科　134
芫荽菊　430
圆果雀稗　257
圆叶节节菜　310
圆叶母草　402
圆叶挖耳草　411
圆柱叶灯心草　174
越南谷精草　169
粤柳　300

云南谷精草　166

## Z

再力花　159
泽番椒　384
泽泻慈姑　106
泽泻科　101
泽珍珠菜　363
窄穗莎草　188
窄叶泽泻　101
樟科　86
长刺酸模　350
长梗柳　299
长箭叶蓼　335
长蒴母草　395
长叶茅膏菜　353
长鬃蓼　340
沼菊　432
直立婆婆纳　393

纸莎草　185
中华萍蓬草　76
中华石龙尾　388
猪笼草　355
猪笼草科　355
猪毛草　212
竹节菜　140
竹节草　223
竹叶兰　132
竹叶眼子菜　129
竹芋科　159
紫柄芋　100
紫草科　376
紫果蔺　189
紫萍　97
紫萁　55
紫萁科　55
紫苏草　387
蔺草　124

# 拉丁名索引

## A

Acanthaceae 403

Acoraceae 87

*Acorus gramineus* 87

Actinidiaceae 366

*Actinoscirpus grossus* 175

*Actinostemma tenerum* 290

*Adenosma glutinosum* 380

*Adina pilulifera* 367

*Adina rubella* 368

*Ageratum houstonianum* 428

*Agrimonia pilosa* 278

*Alisma canaliculatum* 101

Alismataceae 101

*Alocasia cucullata* 88

*Alocasia odora* 89

*Alopecurus aequalis* 213

*Alternanthera sessilis* 358

Amaranthaceae 358

Amaryllidaceae 136

*Amischotolype hispida* 137

*Ammannia auriculata* 306

*Ammannia baccifera* 307

*Ammannia multiflora* 308

Apiaceae 439

Apocynaceae 375

*Aponogeton lakhonensis* 123

Aponogetonaceae 123

Araceae 88

Araliaceae 435

*Arthraxon hispidus* 214

*Arundina graminifolia* 132

*Arundinella fluviatilis* 216

*Arundo donax* 215

Asteraceae 428

Athyriaceae 65

*Azolla fliliculoides* 57

*Azolla pinnata* subsp. *asiatica* 58

## B

*Bacopa caroliniana* 381

*Bacopa repens* 381

Balsaminaceae 360

*Bambusa pervariabilis* 217

*Bambusa ridiga* 217

*Bambusa sinospinosa* 218

*Basella alba* 359

Basellaceae 359

*Beckmannia syzigachne* 219

*Begonia longifolia* 291

Begoniaceae 291

*Blyxa aubertii* 112

*Blyxa echinosperma* 113

*Blyxa japonica* 114

Boraginaceae 376

*Bothriochloa bladhii* 220

*Bothriospermum zeylanicum* 376

*Brasenia schreberi* 73

Brassicaceae 324

## C

*Cabomba furcata* 74

Cabombaceae 73

*Calamagrostis epigeios* 221

*Caldesia grandis* 102

*Callitriche palustris* 382

*Callitriche palustris* var. *oryzetorum* 383

Campanulaceae 422

*Camptotheca acuminata* 351

*Canna flaccida* 156

*Canna indica* 158

*Canna×generalis* 157

*Canna×generalis* 'Striata' 158

Cannabaceae 279

Cannaceae 156

Capillipedium parviflorum 222

Cardamine flexuosa 324

Cardamine hirsuta 325

Cardiospermum halicacabum 319

Carex nemostachys 176

Caryophyllaceae 356

Celastraceae 292

Centella asiatica 439

Centipeda minima 429

Cephalanthus tetrandrus 369

Ceratophyllaceae 266

Ceratophyllum demersum 266

Ceratopteris thalictroides 64

Chara vulgaris 49

Characeae 49

Chrysopogon aciculatus 223

Chrysopogon zizanioides 224

Cladopus nymanii 296

Clusiaceae 294

Cnidium monnieri 440

Coelachne simpliciuscula 225

Colocasia esculenta 90

Colocasia esculenta var. antiquorum 91

Commelina benghalensis 138

Commelina communis 139

Commelina diffusa 140

Commelina paludosa 141

Commelinaceae 137

Convolvulaceae 378

Cotula anthemoides 430

Cryptocoryne crispatula var. balansae 92

Cryptocoryne crispatula var. tonkinensis 93

Cucurbitaceae 290

Cupressaceae 67

Cuyperus tenuispica 188

Cyclosorus interruptus 66

Cynodon dactylon 226

Cyperaceae 175

Cyperus compactus 177

Cyperus difformis 178

Cyperus exaltatus 179

Cyperus haspan 179

Cyperus imbricatus 180

Cyperus involucratus 181

Cyperus iria 182

Cyperus michelianus 183

Cyperus odoratus 184

Cyperus papyrus 185

Cyperus pilosus 186

Cyperus prolifer 187

Cyperus pygmaeus 188

## D

Debregeasia squamata 285

Deinostema violacea 384

Desmodium triflorum 277

Dichondra micrantha 378

Dichrocephala integrifolia 431

Dicliptera chinensis 403

Digitaria bicornis 228

Digitaria ciliaris 227

Digitaria radicosa 229

Dioscoreaceae 131

Diplacrum caricinum 189

Diplazium esculentum 65

Drosera burmannii 352

Drosera indica 353

Drosera spatulata 354

Droseraceae 352

Drymaria cordata 356

Dysophylla sampsonii 413

Dysophylla stellata 414

## E

Echinochloa colona 230

Echinochloa crus-galli 231

Echinochloa crus-galli var. breviseta 232

Echinochloa crus-galli var. mitis 233

Echinochloa oryzoides 234

Echinodorus amazonicus 103

Egeria naias 115

Elaeocarpaceae 293

Elaeocarpus hainanensis 293

Elatinaceae 297

*Elatine triandra*　297

*Eleocharis atropurpurea*　189

*Eleocharis dulcis*　190

*Eleocharis tetraquetra*　191

*Elsholtzia kachinensis*　415

*Enydra fluctuans*　432

*Epilobium hirsutum*　312

Equisetaceae　52

*Equisetum ramosissimum*　52

*Equisetum ramosissimum* subsp. *debile*　53

*Eragrostis atrovirens*　235

*Eragrostis japonica*　236

Eriocaulaceae　166

*Eriocaulon brownianum*　166

*Eriocaulon buergerianum*　167

*Eriocaulon nantoense*　168

*Eriocaulon sexangulare*　168

*Eriocaulon tonkinense*　169

*Eriocaulon truncatum*　169

*Eriochloa procera*　237

Euphorbiaceae　302

*Euryale ferox*　75


**F**

Fabaceae　276

*Ficus abelii*　280

*Ficus auriculata*　281

*Ficus fistulosa*　282

*Ficus hispida*　283

*Ficus pandurata*　284

*Fimbristylis acuminata*　192

*Fimbristylis aestivalis*　193

*Fimbristylis dichotoma*　194

*Fimbristylis dipsacea*　195

*Fimbristylis littoralis*　196

*Fimbristylis schoenoides*　197

*Floscopa scandens*　142

*Flueggea virosa*　303

*Fuirena ciliaris*　198

*Fuirena umbellata*　199


**G**

*Glochidion hirsutum*　302

*Glyptostrobus pensilis*　67

*Gonocarpus chinensis*　272

*Grangea maderaspatana*　432

*Gratiola griffithii*　385


**H**

Haloragaceae　272

*Hedychium coronarium*　161

*Heliotropium indicum*　377

*Hemarthria compressa*　238

*Hemarthria sibirica*　238

*Houttuynia cordata*　84

*Hydrilla verticillata*　116

*Hydrocharis dubia*　117

Hydrocharitaceae　112

*Hydrocleys nymphoides*　104

*Hydrocotyle nepalensis*　435

*Hydrocotyle sibthorpioides*　436

*Hydrocotyle sibthorpioides* var. *batrachium*　437

*Hydrocotyle wilfordii*　438

*Hygrophila difformis*　404

*Hygrophila ringens*　405

*Hymenachne amplexicaulis*　239

*Hymenachne assamica*　240

*Hypericum japonicum*　294


**I**

*Impatiens chinensis*　360

*Impatiens chlorosepala*　361

*Impatiens commelinoides*　361

*Impatiens tubulosa*　362

Iridaceae　134

*Iris pseudacorus*　134

*Iris tectorum*　135

*Isachne globosa*　241

*Ischaemum aristatum*　242

*Ischaemum barbatum*　243

*Ischaemum ciliare*　244

*Ischaemum rugosum*　245

*Isodon amethystoides* 416

*Isodon serra* 416

## J

Juglandaceae 289

Juncaceae 172

*Juncus effusus* 172

*Juncus prismatocarpus* 173

*Juncus prismatocarpus* subsp. *teretifolius* 174

## L

Lamiaceae 413

*Lapsanastrum apogonoides* 433

*Lasia spinosa* 94

Lauraceae 86

*Leersia hexandra* 246

*Lemna minor* 95

*Lemna perpusilla* 95

Lentibulariaceae 407

*Lepidosperma chinense* 200

*Lepironia articulata* 201

*Leptochloa chinensis* 247

*Limnocharis flava* 105

*Limnophila aquatica* 386

*Limnophila aromatica* 387

*Limnophila chinensis* 388

*Limnophila connata* 389

*Limnophila rugosa* 390

*Limnophila sessiliflora* 391

*Lindernia anagallis* 395

*Lindernia antipoda* 396

*Lindernia ciliata* 397

*Lindernia crustacea* 398

*Lindernia micrantha* 398

*Lindernia mollis* 399

*Lindernia procumbens* 400

*Lindernia pusilla* 401

*Lindernia rotundifolia* 402

Linderniaceae 395

*Lipocarpha chinensis* 202

*Litsea glutinosa* 86

*Lobelia chinensis* 423

*Lobelia nnummularia* 422

*Ludwigia adscendens* 313

*Ludwigia decurrens* 314

*Ludwigia×taiwanensis* 315

*Lycoris radiata* 136

*Lysimachia candida* 363

*Lysimachia fortunei* 364

*Lysimachia heterogenea* 365

Lythraceae 306

*Lythrum salicaria* 308

## M

Malvaceae 321

Marantaceae 159

*Marsilea minuta* 62

*Marsilea quadrifolia* 63

Marsileaceae 62

*Mayaca fluviatilis* 170

Mayacaceae 170

Mazaceae 421

*Mazus pumilus* 421

*Melastoma malabathricum* 318

Melastomataceae 318

*Melia azedarach* 320

Meliaceae 320

*Melochia corchorifolia* 321

*Mentha canadensis* 417

Menyanthaceae 425

*Metasequoia glyptostroboides* 69

*Microcarpaea minima* 392

*Monochoria hastata* 150

*Monochoria korsakowii* 151

*Monochoria vaginalis* 152

Moraceae 280

*Murdannia bracteata* 143

*Murdannia loriformis* 144

*Murdannia nudiflora* 145

*Murdannia spirata* 146

*Murdannia triquetra* 147

*Musa acuminata* 154

*Musa balbisiana* 155

Musaceae 154

*Myriophyllum humile* 273

*Myriophyllum spicatum*　274

*Myriophyllum verticillatum*　275

Myrtaceae　316

## N

*Najas chinensis*　117

*Najas minor*　118

*Nasturtium officinale*　326

*Nechamandra alternifolia*　119

*Nelumbo nucifera*　270

Nelumbonaceae　270

Nepenthaceae　355

*Nepenthes mirabilis*　355

*Neptunia plena*　276

*Nuphar japonica*　77

*Nuphar pumila* subsp. *sinensis*　76

*Nymphaea alba*　78

*Nymphaea alba* var. *rubra*　78

*Nymphaea lotus* var. *pubescens*　79

*Nymphaea mexicana*　80

*Nymphaea nouchali*　81

*Nymphaea tetragona*　81

Nymphaeaceae　75

*Nymphoides coreana*　425

*Nymphoides cristata*　426

*Nymphoides indica*　427

Nyssaceae　351

## O

*Oenanthe benghalensis*　441

*Oenanthe javanica*　442

*Oldenlandia corymbosa*　370

Onagraceae　312

Ophioglossaceae　54

*Ophioglossum vulgatum*　54

*Ophiorrhiza cantoniensis*　371

*Ophiorrhiza japonica*　372

Orchidaceae　132

*Oryza officinalis*　248

*Oryza rufipogon*　249

*Oryza sativa*　250

*Osmunda japonica*　55

*Osmunda vachellii*　56

Osmundaceae　55

*Ottelia alismoides*　120

## P

*Panicum auritum*　251

*Panicum bisulcatum*　252

*Panicum dichotomiflorum*　253

*Panicum sumatrense*　254

*Parnassia wightiana*　292

*Paspalum distichum*　255

*Paspalum scrobiculatum*　256

*Paspalum scrobiculatum* var. *orbiculare*　257

*Paspalum thunbergii*　258

*Pennisetum alopecuroides*　259

*Pentasachme caudatum*　375

Penthoraceae　271

*Penthorum chinense*　271

Philydraceae　149

*Philydrum lanuginosum*　149

*Phragmites karka*　260

Phyllanthaceae　303

*Phyllanthus fluitans*　304

*Phyllanthus urinaria*　305

*Pilea cavaleriei*　286

*Pilea japonica*　286

*Pilea notata*　287

*Pistia stratiotes*　96

Plantaginaceae　380

Poaceae　213

Podostemaceae　296

*Pogostemon auricularius*　418

*Pollia japonica*　148

Polygonaceae　330

*Polygonum barbatum*　330

*Polygonum chinense*　331

*Polygonum criopolitanum*　332

*Polygonum dichotomum*　333

*Polygonum glabrum*　334

*Polygonum hastatosagittatum*　335

*Polygonum hydropiper*　336

*Polygonum japonicum*　337

*Polygonum juncundum*　338

*Polygonum kawagoeanum*　338

*Polygonum lapathifolium*　339

*Polygonum longisetum*　340

*Polygonum muricatum*　341

*Polygonum orientale*　342

*Polygonum plebeium*　343

*Polygonum praetermissum*　344

*Polygonum pubescens*　345

*Polygonum senticosum*　346

*Polygonum strigosum*　347

*Polygonum viscosum*　348

*Pontederia cordata*　153

Pontederiaceae　150

*Potamogeton crispus*　124

*Potamogeton cristatus*　125

*Potamogeton distinctus*　125

*Potamogeton lucens*　126

*Potamogeton natans*　127

*Potamogeton octandrus*　128

*Potamogeton pusillus*　129

*Potamogeton wrightii*　129

Potamogetonaceae　124

*Pouzolzia zeylanica*　288

Primulaceae　363

Pteridaceae　64

*Pterocarya stenoptera*　289

*Pycreus flavidus*　202

*Pycreus polystachyos*　203

*Pycreus sanguinolentus*　204

**R**

Ranunculaceae　267

*Ranunculus cantoniensis*　267

*Ranunculus japonicus*　268

*Ranunculus sceleratus*　269

*Reynoutria japonica*　349

*Rhynchospora corymbosa*　205

*Rhynchospora malasica*　206

*Rhynchospora rubra*　207

*Riccia fluitans*　50

Ricciaceae　50

*Ricciocarpus natans*　51

*Rorippa cantoniensis*　326

*Rorippa dubia*　327

*Rorippa globosa*　328

*Rorippa indica*　329

Rosaceae　278

*Rotala indica*　309

*Rotala rotundifolia*　310

Rubiaceae　367

*Ruellia simplex*　406

*Rumex trisetifer*　350

**S**

*Sacciolepis indica*　261

*Sagittaria lancifolia*　106

*Sagittaria lichuanensis*　107

*Sagittaria montevidensis*　108

*Sagittaria pygmaea*　109

*Sagittaria trifolia*　110

*Sagittaria trifolia* subsp. *leucopetala*　111

Salicaceae　298

*Salix babylonica*　298

*Salix dunnii*　299

*Salix mesnyi*　300

*Salix tetrasperma*　301

*Salvia plebeia*　419

*Salvinia cucullata*　59

*Salvinia molesta*　60

*Salvinia natans*　61

Salviniaceae　57

Sapindaceae　319

*Saurauia tristyla*　366

Saururaceae　84

*Saururus chinensis*　85

*Schizocapsa plantaginea*　131

*Schoenoplectus juncoides*　208

*Schoenoplectus mucronatus* subsp. *robustus*　209

*Schoenoplectus tabernaemontani*　210

*Schoenoplectus triqueter*　211

*Schoenoplectus wallichii*　212

*Scleromitrion diffusum*　373

*Scutellaria barbata*　420

*Setaria viridis*　262

*Sheareria nana*　434

*Sida rhombifolia*　322

*Sorghum halepense*　262

*Sorghum propinquum*　263

*Sparganium fallax*　162

*Sphaerocaryum malaccense*　264

*Sphenoclea zeylanica*　379

Sphenocleaceae　379

*Spirodela polyrhiza*　97

*Sporobolus fertilis*　265

*Stellaria alsine*　357

*Stuckenia pectinata*　130

Stylidiaceae　424

*Stylidium uliginosum*　424

*Syzygium jambos*　316

*Syzygium nervosum*　317


**T**

*Taxodium distichum*　70

*Taxodium distichum* var. *imbricatum*　72

*Thalia dealbata*　159

*Thalia geniculata*　160

Thelypteridaceae　66

*Trapa natans*　311

*Trema tomentosa*　279

*Triadenum breviflorum*　295

*Typha angustifolia*　163

*Typha orientalis*　164

Typhaceae　162

*Typhonium flagelliforme*　98


**U**

*Urena lobata*　323

Urticaceae　285

*Utricularia aurea*　407

*Utricularia australis*　408

*Utricularia bifida*　409

*Utricularia caerulea*　409

*Utricularia gibba*　410

*Utricularia minutissima*　411

*Utricularia striatula*　411

*Utricularia uliginosa*　412


**V**

*Vallisneria denseserrulata*　121

*Vallisneria natans*　122

*Veronica arvensis*　393

*Veronica undulata*　394

*Victoria amazonica*　82

*Victoria cruziana*　83


**W**

*Wendlandia uvariifolia*　374

*Wolffia arrhiza*　99


**X**

*Xanthosoma sagittifolium*　100

Xyridaceae　165

*Xyris indica*　165


**Z**

*Zeuxine strateumatica*　133

Zingiberaceae　161

*Zizania latifolia*　265